国家精品课程配套教材

浙江省"十一五"重点教材建设项目

环境微生物学

Environmental Microbiology

（第二版）

郑 平 主编

ZHEJIANG UNIVERSITY PRESS

浙江大学出版社

·杭州·

图书在版编目（CIP）数据

环境微生物学／郑平主编. —2版. —杭州：浙
江大学出版社,2012.8（2025.8重印）
ISBN 978-7-308-10415-9

Ⅰ.①环… Ⅱ.①郑… Ⅲ.①环境微生物学 Ⅳ.
①X172

中国版本图书馆 CIP 数据核字（2012）第 197356 号

环境微生物学（第二版）

郑　平　主编

责任编辑	秦　瑕
封面设计	春天书装
出版发行	浙江大学出版社
	（杭州市天目山路 148 号　邮政编码 310007）
	（网址：http://www.zjupress.com）
排　　版	杭州青翊图文设计有限公司
印　　刷	浙江新华数码印务有限公司
开　　本	787mm×1092mm　1/16
印　　张	14.5
字　　数	353 千
版 印 次	2012 年 8 月第 2 版　2025 年 8 月第 15 次印刷
书　　号	ISBN 978-7-308-10415-9
定　　价	39.00 元

前　言

　　为了提高高等教育水平,教育部组织国家精品课程评审,2007 年《环境微生物学》课程有幸入围,浙江省组织重点建设教材遴选,2009 年《环境微生物学》教材再获殊荣,这是对编者的巨大鼓励和鞭策。教材是课程建设的重要内容,也是课程教学的重要载体。有鉴于此,编者借重点教材建设之东风,对使用了整整 10 年的《环境微生物学》(第一版)进行了修订,推出《环境微生物学》(第二版),以吐故纳新、充实完善、提高水平,满足该课程教学的现实需要。

　　环境科学是一门综合性很强的学科,涉及社会科学、自然科学和技术科学等广泛领域。微生物工作者运用微生物学的理论、方法和技术,来认识和解决环境问题,催生了环境微生物学这门交叉学科。至今,环境微生物学内容已渗透到环境领域的众多方面,成为人们从事环境领域科技创新的重要手段。

　　浙江大学于 1980 年开始设立环境微生物学课程并自编讲义。讲义经过多年的试用、修改和补充,逐渐形成了本校相对稳定的环境微生物学教材。环境微生物学学科充满活力,发展迅速,但环境微生物学教材,国内外尚无统一的体系和结构。在本教材的编写过程中,编者取各家所长,结合自己的教学与科研,对现有环境微生物研究成果进行了精心筛选整理。在《环境微生物学》(第二版)的修订过程中,我们力求做到内容简明,突出基本概念、基本原理和基本方法;兼顾前沿性和系统性,既展示本领域的最新成就,也呈现本领域的理论与技术体系。

　　该教材共十三章,分别由浙江大学郑平教授(第一、二、七、八、九章)、徐向阳教授(第十一、十二章)、胡宝兰副教授(第三、四、五、六章)、南京师范大学钟文辉教授(第十、十三章)编写;全书由郑平教授统稿。浙江大学唐崇俭博士、陈建伟博士、李金页博士、蔡靖博士、张蕾博士、陆慧锋博士、屠展硕士、汪彩华硕士对本教材作了仔细的校对,浙江大学出版社特别是杜玲玲编辑对该教材的出版给予了大力的支持,在此谨向提供过帮助的全体同仁表示衷心感谢。在该教材编写过程中,参考了众多国内外专著、教材和论文,在此也向取材引用过的文献作者表示衷心感谢。

　　由于编者水平有限,教材中疏漏和不足在所难免,恳请读者批评指正。

编　者

2012 年 6 月

目　　录

第一章 绪 论

环境微生物学是开启环境科学大门的一把钥匙,也是解决环境工程难题的一件利器。掌握环境微生物学的理论、方法和技术,将有助于环境学科的知识创新和技术创新。本章介绍微生物及其特点,环境微生物学及其研究内容。

第一节 微生物与微生物学

一、微生物

(一)微生物的定义

微生物(microorganism)是一切肉眼看不见或看不清楚的微小生物的总称。微生物种类繁多、形态各异、营养庞杂,但都表现为简单、低等的生命形态;微生物包括非细胞型微生物、原核细胞型微生物和真核细胞型微生物;其主要类群如图 1-1 所示。

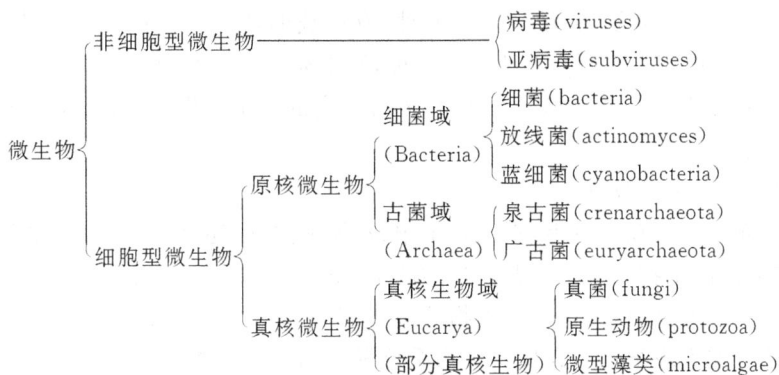

图 1-1 微生物的主要类群

(二)微生物的特点

1. 个体微小、结构简单

微生物形体微小。观察微生物必须借助于显微镜甚至电子显微镜,将其放大几千倍至几十万倍。测量微生物需用测微尺,细菌以微米(μm)为计量单位;病毒以纳米(nm)为计量单位。

微生物结构简单。大多数微生物是单细胞生物,一个细胞就是一个生物个体。病毒由核酸和蛋白质组成,没有细胞结构;亚病毒仅由核酸组成;朊病毒则仅由蛋白质组成。

2. 代谢活跃、类型多样

微生物代谢活跃。由于其个体小,比表面积大(细菌表面积大约为 $12m^2/g$ 干重),微生物能从环境中快速摄取各种营养物质,并将大量代谢产物排出体外。例如,乳酸杆菌每小时产生的代谢产物(乳酸)可多达其体重的 1000 至 10000 倍。

微生物代谢类型多样。① 基质广泛。既能利用无机物(二氧化碳),也能利用有机物作为碳源。② 能源谱宽。既能利用太阳能,也能利用化学能作为能源。③ 适应性强。既能进行有氧呼吸,也能进行发酵或无氧呼吸。④ 代谢产物多样。既可产生无机产物,也可产生有机产物;既可产生小分子有机物,也可以产生大分子有机物。

3.繁殖迅速、容易变异

微生物繁殖很快。生长旺盛时,有些细菌每 20min 就能增殖一代,24h 可增殖 72 代。如果没有其他条件限制,经过一昼夜,1 个细菌就可增至 47 万亿亿(4.7×10^{21}) 个。若设 10^{12} 个细菌的干重为 1g,则在 1 天内,生物量将从 10^{-12} g 增加到 4.7×10^{9} g。

微生物容易变异。每一世代,细菌出现自发突变的频率约为 10^{-6}(即在 100 万个细菌中有 1 个发生基因突变),液体培养中的细菌浓度可达 10^{8} 个/mL,这意味着在每毫升培养液中,就有 100 个细菌发生基因突变。

4.抗逆性强、休眠期长

微生物抗逆性很强。高温菌可在 2.65×10^{7} Pa 和 300℃ 的高压高温条件下生活;嗜酸菌可在 pH 0.5 的强酸性条件下生活;嗜盐菌则可在盐浓度 30% 以上的"死海"中生活。

微生物休眠期很长。在不利条件下,微生物可进入休眠状态,有些种类形成特殊休眠体(如细菌芽孢)。据报道,有些细菌芽孢在休眠几百甚至上千年后仍有活力。

5.种类繁多、数量巨大

微生物种类繁多。它包括病毒、细菌、古菌、放线菌、真菌、藻类和原生动物等类群。据估计,微生物种类数目约为 50 万～600 万种,有记载的约为 20 万种(1995 年),其中病毒 4000 多种,原核生物 3500 多种,真菌 9 万多种,原生动物和藻类 10 万多种。

微生物数量巨大。在温度和湿度适宜、养分丰富的土壤耕作层中,每克土壤的微生物含量高达数亿个。

6.分布广泛、分类界级宽

微生物分布广泛。在自然界,不论是土壤、水体和空气,还是植物、动物和人体的内部或表面,都存在大量微生物。上至 8 万多米的高空,下至 3000 多米的油井;冷至南北极地,热至几百摄氏度的深海火山口,都有微生物踪迹。

微生物的分类界级很宽。在反映生物系统发育的三域分类系统中,微生物包含了细菌域和古菌域的全部生物,以及真核生物域的部分生物。

(三)微生物的分类、鉴定和命名

由于微生物种类繁多,为了便于各类微生物的识别、研究和应用,有必要对其进行分类、鉴定和命名。

1.微生物分类

分类(classification)是根据一定原则对微生物进行分群归类,把相似或相近的微生物放在一个分类单位中。从大到小,微生物的分类单位依次是域(domain)、界(kingdom)、门(phylum)、纲(class)、目(order)、科(family)、属(genus)、种(species)。在主要分类单位之间,还经常加进次要分类单位,如亚门(subphylum)、亚纲(subclass)、亚目(suborder)、亚科(subfamily)、亚种(subspecies)、变种(variety)。

种是分类的基本单位,它是表型特征高度相似、亲缘关系极其接近、与其他种有明显差别的一群菌株的总称。种的特征常用一个指定的典型菌株(type strain)来代表。菌株

(strain)是指任何一个独立分离的单细胞(或单个病毒粒子)繁殖而成的纯种群体及其后代。

2.微生物鉴定

鉴定(identification)是借助现有分类系统,通过特征测定,确定某一微生物的归属单位。

微生物的鉴定方法可分成 4 个水平:① 细胞形态和习性水平。主要以经典研究方法,观察微生物的形态特征、运动性、酶反应等。② 细胞组分水平。主要以化学分析技术,测定微生物细胞壁、细胞膜、细胞质等的化学成分。③ 蛋白质水平。主要采用氨基酸序列分析、凝胶电脉、免疫标记等手段,测定微生物蛋白质的特性。④ 核酸水平。主要采用 G+C% 值测定、核酸分子杂交、16S(18S)rRNA 序列分析等手段,测定微生物核酸的特性。

3.微生物命名

命名(nomenclature)是按照国际命名法则,给每一个微生物类群或物种一个专有名称。微生物名称有俗名和学名之分。

俗名(common name)指普通的、通俗的、地区性的名字,具有简明和大众化的优点;但往往涵义不确切,易于相互重复,使用范围受到限制。例如,俗名"绿脓杆菌"指"铜绿假单胞菌"(*Pseudomonas aeruginosa*)。

学名(scientific name)是一个菌种的科学名称,它是按照国际学术界的通用规则命名的。学名采用拉丁词或拉丁化的词构成。在出版物中,学名排成斜体(在书写或打字时,在学名之下划一横线,以表示它是斜体)。根据双名法规则,学名通常由一个属名(第一个字母大写)加一个种名(第一个字母小写)构成。出现在分类学文献上的学名,在双名之后往往加上首次定名人(放在括号内)、现名定名人和现名定名年份。即:

学名＝<u>属名＋种名</u>＋<u>(首次定名人)＋现名定名人＋现名定名年份</u>
　　　　必要(斜体)　　　　　　　可省略(正体)

例如,大肠埃希氏菌(简称大肠杆菌)

Escherichia coli (Migula) Castellani et Chalmers 1919

在少数情况下,当某菌株归入一个亚种[subspecies,简写 subsp.(正体)]或变种[variety,简写 var.(正体)]时,学名应按"三名法"构成。即:

学名＝<u>属名＋种名</u>＋<u>(subsp. 或 var.)</u>＋<u>亚种或变种名</u>
　　　　必要(斜体)　　　可省略(正体)　　　必要(斜体)

例如,苏云金芽孢杆菌蜡螟亚种

Bacillus thuringiensis subsp. *galleria*

二、微生物学

微生物学(microbiology)是在分子、细胞、个体或群体水平上研究微生物的形态构造、生理代谢、遗传变异、生态分布和分类进化等生命活动的基本规律,并将其应用于工业发酵、农业生产、医疗卫生、生物工程和环境保护等领域的学科。它的根本任务是发掘、改善、利用有益微生物,控制、改造、消灭有害微生物。

经过长期发展,微生物学产生了许多分支学科。依据所研究的生命现象,可将微生物学划分为微生物分类学、微生物生理学、微生物遗传学等。依据微生物的应用领域,又可将微生物学划分为工业微生物学、农业微生物学、环境微生物学等。按照不同标准，还可将微生物学划分出更多的分支学科。环境微生物学是微生物学的重要分支学科之一。

第二节　环境科学与环境微生物学

一、环境与环境科学

从词意上说，"环境"泛指某一中心项（或叫主体）周围的空间及其空间中存在的事物。不同学科对"环境"这一概念有不同的理解和认识。环境科学中的"环境"(environment)是指以人类为主体的外部世界，即人类赖以生存和发展的物质条件的综合体。人类环境包括自然环境和社会环境。按组成要素，可把整个自然环境区分为大气环境、水体环境、土壤环境和生态环境。有时形象地将它们称为大气圈(atmosphere)、水圈(hydrosphere)、岩石圈(lithosphere)和生物圈(biosphere)。

大气、水体、土壤和生态环境都是地球长期演化的产物，具有特定的组成、结构和运行规律。这些性质构成了环境质量的要素。环境质量(environmental quality)是环境对人类生存和发展适宜程度的标志。环境问题实质上是环境质量问题。人类本身是环境的产物，必须依赖环境而生存和发展；同时人类又是环境的改造者，通过社会性生产活动来利用和改造环境，使其更适合自身的生存和发展。然而，人类活动也可使环境发生不利于自身的变化，甚到带来灾难。在解决各种环境问题的过程中，环境科学应运而生。

环境科学(environmental science)是研究人类与环境之间相互关系的学科。在宏观上研究人类社会经济发展与环境之间的相互作用和影响；在微观上研究环境中的物质，尤其是污染物在生物体内的迁移、转化和蓄积规律。重点研究与人们健康直接相关的生活环境和生产环境，因污染所致的环境质量变化规律及其综合整治技术与方法。

环境科学综合性很强，涉及社会科学、自然科学和技术科学。仅仅依据所涉及的学科，即可将环境科学划分为多个分支学科，如环境管理学、环境化学、环境生物学等。按照不同标准，还可划分出众多其他分支学科。环境微生物学作为环境生物学的重要组成部分，在环境科学中扮演着极其重要的角色。

二、环境微生物学

（一）环境微生物学的定义

如上所述，环境微生物学不仅是微生物学的一个分支，同时也是环境科学的一个分支。它是微生物学与环境科学相互渗透而产生的一门交叉学科。若作一个定义，可表述为：环境微生物学(Environmental Microbiology)是研究微生物与环境之间的相互关系和作用规律，并将其应用于污染防治的学科。通俗地说，环境微生物学就是利用微生物学的理论、方法和技术来探讨环境现象，解决环境问题的学科。

虽然对环境微生物的研究可追溯到 17 世纪荷兰商人 Van Leeuwenhoek 对一些环境样品的微生物观察，对环境微生物的应用也可追溯到 19 世纪末对城市污水的生物处理实践，但作为一门独立的学科，环境微生物学的发展历史并不长。20 世纪 60 年代末，美国将期刊《应用微生物学》更名为《应用与环境微生物学》，可作为环境微生物学从其母体学科（微生物学)脱颖而出的标志。20世纪70年代以后,环境微生物学得到了迅速发展。

环境微生物学之所以能在短期内异军突起并备受关注,主要是因为:① 污染物剧增。随着工农业生产的发展和人民生活水平的提高,污染物的种类和数量急剧增加,给环境带来了巨大冲击,而这些污染物的降解和转化主要依靠微生物作用。② 生物危害显现。微生物中的病原菌、水体富营养化引发的藻类和浮游生物猛长、微生物转化产生的毒性产物等,给环境带来了种种危害,迫切需要深入研究并加以有效控制。③ 监测方法改进。分子生物学技术的快速发展,为环境微生物的检测和分析提供了高效的工作平台,有力促进了环境微生物学的研究。

(二)环境微生物学的研究内容

明确研究内容,有助于加深对环境微生物学的理解。根据编者的体会,环境微生物学主要包含如下内容。

1. 自然环境中的微生物背景

自然环境(大气、水体、土壤)中的微生物背景是环境微生物研究的出发点。地球上的微生物是在特定环境中产生和发展的。经过长期的相互作用和相互适应,微生物与环境之间形成了和谐共存的关系。自然环境中的微生物背景,反映了微生物与环境之间的动态平衡,可作为考察环境质量变化的基准。这部分内容常被归入微生物生态学,主要研究微生物与自然环境的相互关系及其在生物地球化学循环中的各种作用。根据前面对"环境"的定义,整个地球都是人类的环境,因此将这部分内容纳入环境微生物学也是顺理成章的。

环境微生物学与微生物生态学的主要差别在于:两者的研究目的不同。微生物生态学研究微生物之间以及微生物与"微生物环境"(以微生物为主体的外部世界,把人类看成环境的组成部分)之间的相互关系和相互作用,着重考察"微生物环境"对微生物及其活动的影响;而环境微生物学着重考察微生物及其活动,通过改变"人类环境"(以人类为主体的外部世界,把微生物看成环境的组成部分),对人类生活和生产的影响。

2. 微生物对环境的污染与危害

微生物污染是指对人类和生物有害的微生物污染水体、大气、土壤和食品,影响生物产量和质量,危害人类健康的现象。

① 病原菌所致的生物安全问题。1993年,美国密尔沃基市发生了原生动物(隐孢子虫,$Cryptosporidium$)导致的水介疾病暴发流行,造成40多万人患病,100多人死亡。事后调查发现,这种病原菌竟然存在于经过消毒的饮用水中。令人担忧的是,近年来研究发现,大约有10%～50%的水介痢疾是由目前无法确认的病原菌引发的。饮用水中频繁检出新的病原菌,已引起公众严重不安。

② 菌体生长所致的生物安全问题。水体富营养化是指在人类活动的影响下,生物所需的营养物质(如氮、磷等)大量进入湖泊、河口、海湾等缓流水体,引起藻类和浮游生物(许多种群是微生物)迅速繁殖,造成水体溶解氧下降、水质恶化、鱼类以及其他水生生物大量死亡的现象。水体富营养化对水体健康,乃至生物安全产生了严重威胁。

③ 代谢活动所致的生物安全问题。微生物对一些污染物的转化作用可增强其对人类和生物的毒性。例如,1953年日本发生水俣事件,氮肥厂将含汞废水排入水体,无机汞在受纳水体的底泥中浓集,通过微生物作用,产生毒性更大的甲基汞。水俣市居民因食用被甲基汞污染的鱼肉而患病,截止到1999年底,患者已达2263人。

④ 代谢产物所致的生物安全问题。有害微生物污染食品(饲料),可使食品(饲料)腐败,产生毒素,造成食物(饲料)中毒。例如,黄曲霉污染饲料,产生黄曲霉素,会导致鱼和哺乳动物患原发性肝癌。

研究有害微生物在环境中的生活方式和危害途径,并提出有效的防控措施是环境微生物学的重要内容。

3. 微生物对受污环境的净化与修复

受污环境是指因人类排放废水、废气和废渣("三废")而受污染的环境。据估计,全球已生产和应用的多氯联苯(PCB)超过 100 万吨,其中 1/4 至 1/3 进入环境。修复被 PCB 污染的环境,已现实地摆在人们面前。

生物净化(biological purification)是指通过生物代谢(异化作用和同化作用),使环境中的污染物数量减少,浓度下降,毒性减弱,直至消失的过程。其中,微生物起着重要而独特的作用。随着生产水平的提高和科学技术的进步,生物净化将在更大规模上得到应用,并将成为环境生物技术的重要组成部分。

生物修复是指人为强化下的生物净化作用。由于种种原因,许多土壤、地表水和地下水等被有机物和无机物污染,要净化这些受污环境,需要投入巨资。与传统的理化修复相比,生物修复具有明显的经济优势。1989 年,美国发生了有史以来最为严重的油轮泄漏事故,Exxon Valdez 号油轮在威廉王子海湾泄漏原油 1100 万加仑。生物修复有效消除了原油对海湾的污染。这是生物修复技术首次在净化受污环境上的大规模应用,意义深远。

在陆地和海洋环境中,生物净化现象普遍存在,但净化能力各不相同。研究自然生物净化的基本规律并提出有效的强化措施,也是环境微生物学的重要内容。

4. 微生物在环境工程中的应用

对环境微生物的应用,最早起始于废水生物处理。在 19 世纪,人们对水介病原菌进行研究,并通过对饮用水采取过滤和消毒等措施,大大降低了伤寒和霍乱的发病率。至今,由水体自净过程发展而来的废水生物处理技术,已广泛应用于环境工程。对污水处理系统(人工环境)中微生物性能的研究,不仅推动了污水生物处理技术的改进,也推动了整个环境微生物学的发展。其中,对好氧活性污泥和厌氧颗粒污泥的系统研究,在废水生物处理上产生了重大影响。

随着人们环保意识的增强,在有机污染物达标排放的前提下,对微量有毒物质以及氮磷营养物质的去除提出了更高的要求;微生物在环境工程中的应用,也从废水处理拓展到废气处理和废渣处理等领域。所有这些都迫切需要环境微生物研究者加倍努力:① 针对特定污染物,探寻高效菌群,采用现代基因工程技术,构建多功能"高效菌株";② 探明微生物的生长条件、代谢条件和污染物降解规律,不断推出新型、高效、安全的生物处理技术。

5. 微生物在环境监测中的应用

微生物监测是以微生物个体、种群或群落对环境污染或环境变化所产生的反应,阐明环境污染状况,从微生物学角度为环境质量的监测和评价提供依据的过程。每种微生物对环境因素的变化都有一定的适应范围和反应特点。微生物的适应范围越小,反应特点越显著,对环境因素变化的指示意义越大。

在环境微生物领域,涉及大量原位研究,需要许多新的技术和方法来揭示微生物在原位生境(如空气、水体、土壤、生物反应器)中的行为。以核酸为基础的分子生物学技术〔如

PCR技术(详见第十三章)、基因探针技术、DNA序列分析技术等],为环境微生物研究者探索原位生境中的微生物秘密,提供了高效的检测手段。

6.其他

工农业发展推动了人类社会进步,也导致了自然环境破坏。在利润最大化的驱使下,世界各地(特别是工业发达地区)屡屡发生资源过度消耗、环境持续恶化、生态严重受损的事件。重新审视人类走过的道路,人们认识到:资源低效利用所致的"三废"排放是造成环境污染的根源。推行清洁生产(cleaner production),通过资源的高效利用、重复利用和废物回用,可实现"节能、降耗、减污",从源头上削减污染物,它是预防环境污染的根本措施。强化末端治理,通过新技术、新工艺和新装备的开发利用,则可实现"三废"达标排放,它是控制环境污染的必要保障。在污染物的源头削减(如使用低毒性原料、开发低污染工艺、生产环境友好型产品等)和末端治理(如研制环保型微生物菌剂、开发废物资源化利用技术、回收可再生能源等)中,环境微生物都大有可为。

复习思考题

1. 何谓微生物? 它主要包括哪些类群?

2. 微生物有哪些特点?

3. 何谓微生物分类? 微生物分类单位有哪些? 其基本分类单位是什么?

4. 何谓微生物的"种"和"菌株"?

5. 何谓微生物鉴定? 鉴定方法可分为哪几个水平?

6. 怎样命名微生物? 请举例说明。

7. 何谓环境、环境科学、环境微生物学?

8. 环境微生物学的主要研究内容有哪些?

第二章　微生物的起源与进化

微生物是地球演化的产物,它们的发生和发展离不开地球。微生物也是地球的建设者,它们对现有地球环境的形成、维持和改善作出了巨大贡献。本章介绍微生物的发生、发展和作用。

第一节　微生物的化学进化

生命的起源是一个古老而神秘的问题,经过无数科学家的长期探索,人们对这个问题取得了一些共识,认为地球上的生命起源于化学进化。

一、Oparin-Haldane 生命起源假说

原始地球呈熔化状态。物质从熔化状态冷却,逐渐形成了由地核、地幔和地壳构成的地球。水蒸气、二氧化碳、甲烷、氮气、氢气、氨、硫化氢等气体被挤压出地壳表面,形成了环绕地球的大气圈。水蒸气冷凝则形成了地壳表层的水圈。大气圈、水圈和岩石圈(地壳)为生命起源提供了物质基础。

据考证,在生命出现以前,地球经历了大约 10 亿年的演变过程。当时的地球究竟是怎样的? 生命又是怎么发生的? 对于这两个问题,目前普遍接受俄罗斯科学家 Oparin 和英国科学家 Haldane 分别于 1925 年和 1930 年独立提出的生命起源假说。

Oparin-Haldane 生命起源假说对古地球环境的观点是:① 地球无氧气。在生命出现之前,原始地球大气中不存在氧气,处于还原状态。② 地球受紫外线辐照。由于原始地球大气中不存在氧气,没有臭氧层的遮挡作用,地表受到太阳紫外线的强烈辐照。③ 地球温度很高。原始地球大气中的甲烷和二氧化碳是强烈的温室效应(greenhouse effect)气体,可阻止地表散热,致使当时地球表面的温度及其昼夜和季节变化都远远大于现在。就是在上述恶劣的环境中,地球表面开始了生命的化学进化。

Oparin-Haldane 生命起源假说对生命化学进化的观点是:① 合成有机物。在太阳辐射能、地热能、闪电能、核能等自然能量的驱动下,无机物转化为有机物,并以溶解或悬浮状态积累于地球水圈中。② 合成大分子有机物。继续在各种自然能量的驱动下,小分子有机物聚合成大分子有机物。③ 产生有机复合物。一些大分子有机物复合成更大的有机物(如蛋白质),并显原始催化活性,预示着酶的问世;另一些大分子有机物(如磷脂)能在水中聚集成胶囊,并包入其他物质,预示着细胞的出现。历经数百万年,化学进化逐渐形成了原始生命。

二、生命起源假说的实验证据

(一)生物构建材料的合成

在 20 世纪 50 年代,Oparin-Haldane 生命起源假说得到了实验证据的支持。Miller 和

Urey 等人模拟早期的地球环境,采用装有水和还原性混合气体的简单装置(图 2-1),通过加热、放电或紫外线照射,合成了许多有机物,其中包括组成生物所必需的氨基酸和碱基。在 Miller 和 Urey 的实验中,首先由甲烷转化成甲醛和氰化氢,接着由这些化合物产生尿素和甲酸,最后产生了氨基酸[①](包括甘氨酸、丙氨酸、谷氨酸、缬氨酸、脯氨酸、天冬氨酸)。

(二)生物大分子的合成

在液态条件下,氨基酸至蛋白质的聚合反应(图 2-2)不易进行,因为该反应需要脱水并吸收能量。若将氨基酸置于悬浮黏土颗粒表面,则这一聚合反应便易于发生。黏土颗粒的主要成分是硅酸盐和氧化铝,既带负电荷也带正电荷,兼有吸附性能和催化性能。在这种黏土表面,高能氨基酸(如氨基酰腺苷酸)可聚合成多肽链(蛋白质)。据推测,原始地球上的蛋白质和核酸可能是以类似的方式合成的。

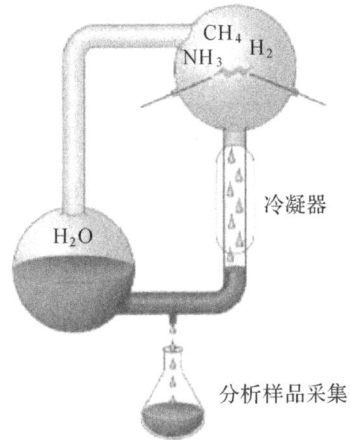

图 2-1 Miller 和 Urey 模拟实验装置

(引自 Berg J M, *et al*.. Biochemistry, fifth edition. W H Freeman and Company,2002)

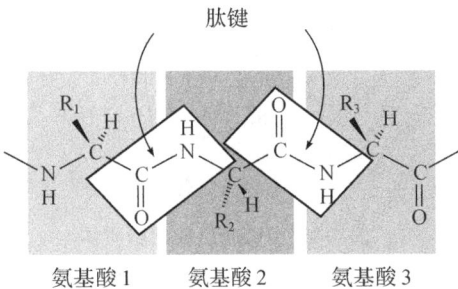

图 2-2 氨基酸聚合反应

(引自 Berg J M, *et al*. Biochemistry, fifth edition. W H Freeman and Company,2002)

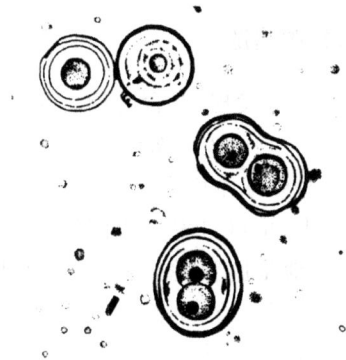

图 2-3 微球体

(引自 Atlas M, *et al*. Microbial Ecology, third edition. The Benjamin/Cummings Publishing Company, Inc. ,1993)

(三)生命现象的发生

Fox 发现,把氨基酸混合物倾倒在 $160\sim200℃$ 热沙土上,水分蒸发后,氨基酸可合成蛋白质样大分子,这类蛋白质被称为“嗜热类蛋白(thermal proteinoids)”。它们能自发聚集成微球体(microspheres,图 2-3)。一些非生物来源的类蛋白具有原始催化活性(酶的功能)。另外试验发现,一些核酸除了具有复制能力外,也具有催化活性。核酶(ribozymes)便是一类具有催化活性的 RNA 分子(图 2-4)。由于代谢和繁殖是生命的本质属性,蛋白质和核酸具有催化(代谢)和复制(繁殖)能力,因此也就拥有了生命的基本特征。

---

① 蛋白质是生命活动的物质基础,而氨基酸是合成蛋白质的必要成分。

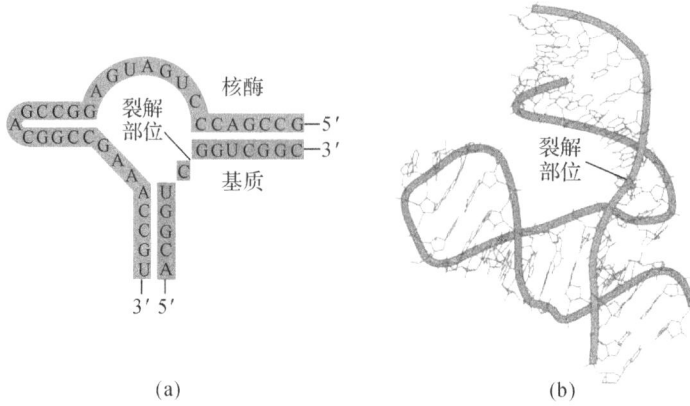

图 2-4　核酶的自催化作用

（引自 Berg J M, *et al*. Biochemistry. fifth edition. W H Freeman and Company. 2002）

第二节　微生物的细胞进化

一、细胞起源

Oparin 等发现，在含有两种聚合物（如阿拉伯树胶和组蛋白）的胶体溶液中，可自发形成微球体。他们将这些微球体称为团聚体（coacervate）。将磷脂放入水中，也可自发形成团聚体（脂质体），呈双分子层，类似细胞膜（图 2-5）。这种脂质体能够吸收体外磷脂而生长，并能缢断凸出物而形成新的团聚体，后者很像酵母菌的芽殖。在脂质体围成的内穴中可进行化学反应。若把酶、电子载体或叶绿体嵌入这些团聚体内，甚至可模拟一些细胞的代谢过程、电子传递过程或光合作用过程。不过，这些模拟系统只能证明有机聚合物具有非凡的自我组织能力，并不能证明原始地球上的细胞就是这样形成的。

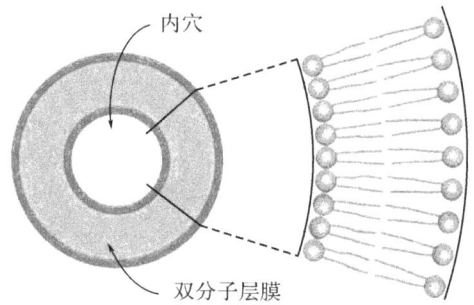

图 2-5　由磷脂形成的脂质体

（引自 Berg J M, *et al*. Biochemistry. fifth edition. W H Freeman and Company. 2002）

Fox 认为，嗜热类蛋白所形成的微球体及其有限的催化能力，是化学进化产生细胞的中间样式。在没有核酸的情况下，这种蛋白质微球体可以看成是最原始的生命形态（朊病毒即由蛋白质一种成分组成）。这些最原始的生命形态称为始祖生物（progenote）。

也有人认为，在生命进化过程中，存在一个 RNA 世界（the RNA world，图 2-6）。RNA 能自我复制并能催化少数反应。当 RNA 被包裹至脂蛋白囊泡内时，RNA 生命形态就进化成了最早的细胞生命形态。由于生命活性需要高效且精确的催化剂，在进化过程中，蛋白质（酶）逐渐取代了 RNA 的催化功能，RNA 从行使编码和催化双重功能简化为只行使编码功能。由于生命活动需要稳定的遗传信息，在进化过程中，DNA 又逐渐取代了 RNA 的编码功能，最后 RNA 只起 DNA 与蛋白质之间的桥梁作用。细胞膜、蛋白质（酶）和核酸有机组合，就产生了原始原核生物（eugenote）。在大约距今 35 亿年的沉积岩中，已发现原始原核生物的化石证据。

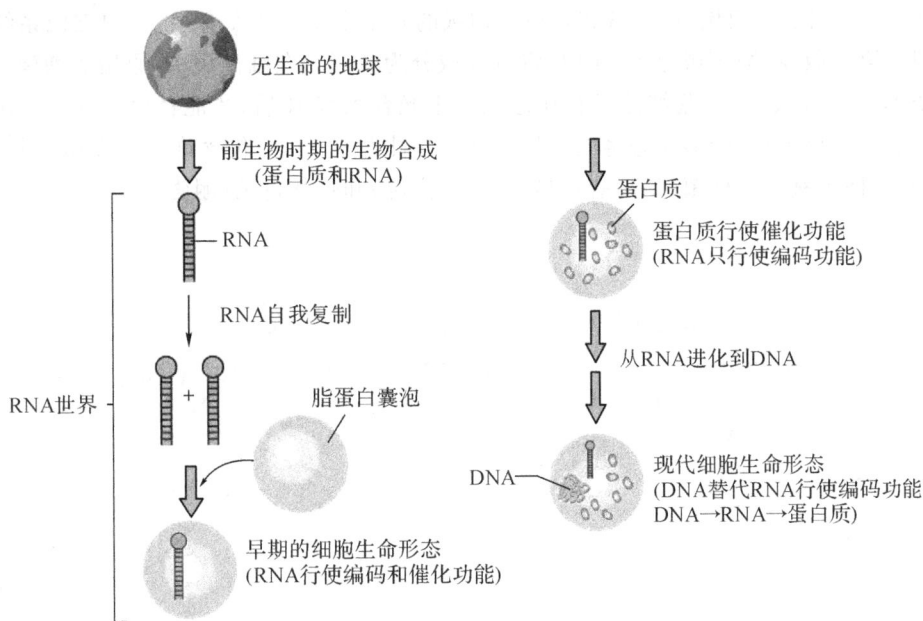

图 2-6　从 RNA 生命形态到现代细胞生命形态的可能进化过程

（引自 Madigan M T，*et al*. Brock Biology of Microorganisms，eleventh edition. Prentice-hall，Inc.，2006）

二、细胞进化

（一）生物系统发育

在古生物研究中，化石是重要物证，但由于原核生物（多为单细胞生物）的形态较少，再加上其亚细胞结构不易在地层中保存，研究微生物进化所需的化石证据极为匮乏。在某种程度上，进化过程的分子记载弥补了化石证据的这种不足。假设所有生物都来源于一个共同的祖先，并且这个祖先又含有诸如 RNA、DNA 和蛋白质之类的生物大分子，那么可以认为这些大分子序列相似的生物具有亲缘关系，而这些大分子序列不同的生物则没有亲缘关系，也即这些生物之间分异较早，各自独立进化。研究发现，RNA 序列与生物亲缘关系之间存在着很好的相关性。根据 rRNA 序列，生物学研究者创建了生物系统发育树

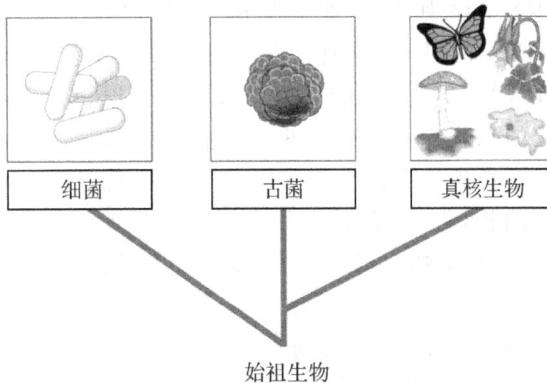

图 2-7　细菌、古菌和真核生物的进化

（引自 Capbell N A，*et al*. Biology：concepts and connections. Person Education Inc.，2003）

（phylogenetic tree，图 2-7）。假设始祖生物是所有生物的共同祖先，从始祖生物出发，沿三条不同的进化路线，分别形成了细菌域、古菌域和真核生物域。

（二）原核生物系统发育

图 2-8 给出了细菌域、古菌域和真核生物域的几个主要系统发育系。《伯杰氏系统细菌学手册》（第二版）将细菌域分为 24 门，将古菌域分为 2 门。在细菌域中，原始蓝细菌仅含光合系统 I，不能释放氧气；蓝细菌只有在进化产生光合系统 II 后，才能释放氧气。古菌域是相对原始的原核生物，能够在恶劣的原始地球环境中生存，其中包含许多极端微生物，如产甲烷菌（严格厌氧）、盐杆菌（耐高盐）、热球菌（耐高温）和嗜酸古菌（耐强酸）。

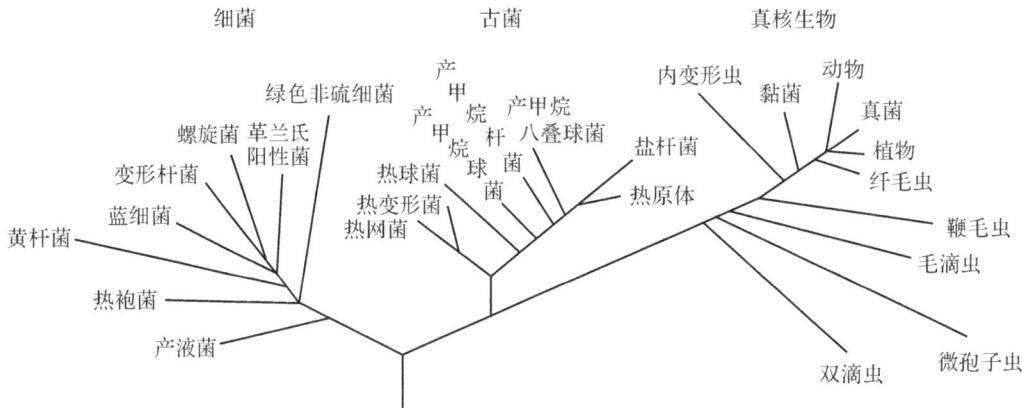

图 2-8　根据 rRNA 序列建立的系统发育树

（引自杨文博等译. 微生物生物学. 科学出版社，2001）

（三）真核生物系统发育

真核生物的系统发育树是根据 18S rRNA 序列建立的，真核生物 18S rRNA 的功能类似于原核生物 16S rRNA。早期的真核生物也许类似于现今的双滴虫和微孢子虫。这些微生物专性寄生。它们虽然含有一个由膜包围的核，但没有线粒体。化石证据指出，真核生物出现于距今 13 亿～14 亿年以前。真核细胞进化产生了真菌、藻类、原生动物、植物和动物（图 2-9）。

对 rRNA 序列所作的比较证实，真核生物是一类嵌合体（由两种或两种以上不同细胞组成），其中汇合了多条进化路线。大约距今 6 亿年，产生了第一批多细胞植物和动物的大化石。在植物和动物出现之前，生物进化与微生物进化（细胞进化）是同义词。

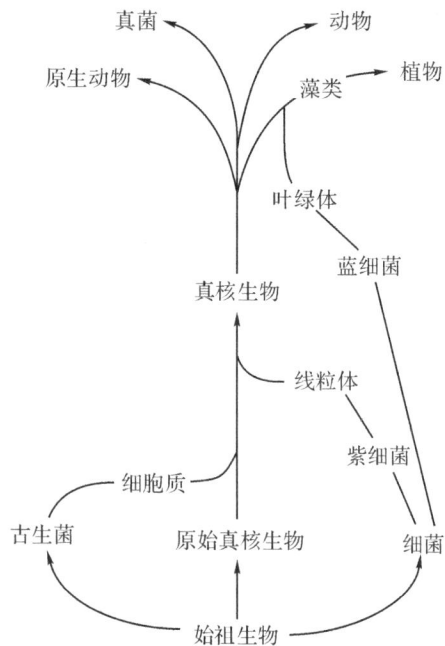

图 2-9　真核生物的进化

（引自 Atlas M，et al. Microbial Ecology，third edition. The Benjamin/Cummings Publishing Company，Inc.，1993）

第三节　微生物的细胞器进化

真核细胞具有多个特殊结构,其功能类似于高等生物的器官。这些具有特定结构和功能的亚细胞结构称为细胞器(organelles)。

一、线粒体和叶绿体

最引人注目的细胞器是线粒体(mitochondria,详见第五章)和叶绿体(chloroplasts,光合作用的场所)。两者都存在于细胞质中,但与细胞质有明显的分界。细胞膜内陷学说认为,这些亚细胞结构由细胞膜内陷,包入部分细胞质而成。但这两种细胞器都有自己的核酸,且不同于细胞核内的核酸;都有自己的核糖体(ribosomes,详见第四章),且不同于细胞质中的核糖体。它们不能在细胞质内"从无到有地"合成,只能通过现有线粒体或叶绿体分裂产生。这些现象都不能用细胞膜内陷学说解释。

鉴于上述情况,Margulis 提出了内共生学说(endosymbiotic hypothesis),认为两种细胞器来源于原核微生物,原核微生物永久共生在真核细胞内就成了细胞器(图 2-10)。线粒体可能来源于好氧细菌,后者定居在发酵性真核细胞内,使其拥有呼吸系统而更有效地利用有机物。同样,蓝细菌可共生于异养型真核细胞内,使之获得光合作用能力。一般认为,在与真核生物共生的过程中,线粒体和叶绿体会丧失一些但不是所有遗传物质,会丧失部分但不是全部生物合成能力。

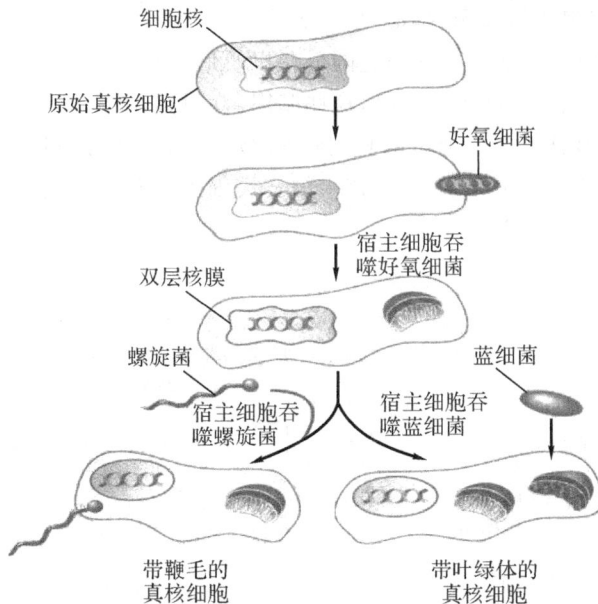

图 2-10　细胞器进化

(引自 Atlas M.*et al*. Microbial Ecology,third edition. The Benjamin/Cummings Publishing Company,Inc. ,1993)

二、鞭毛和纤毛

一些真核微生物具有鞭毛(flagella)和纤毛(fimbriae)。有人认为这些鞭毛和纤毛也来自原核微生物的共生(图 2-10),但迄今证据不足。真核微生物的鞭毛显著不同于原核微生物,直径较粗,结构也更复杂。此外,鞭毛和纤毛都不含核酸或核糖体,也不以分裂的方式繁殖。之所以有人认为真核微生物的鞭毛起源于原核微生物,是因为碰巧见到螺旋状细菌附着于原生动物混毛虫(*Mixotricha paradoxa*)表面(图 2-11)。*Mixotricha* 的鞭毛不能运动,但它可借助于"纤毛"运动。仔细观察发现,这些"纤毛"实际上是一些附着在 *Mixotricha* 表面的螺旋状细菌。螺旋状细菌的协同运动推动了 *Mixotricha*。内共生学说认为,这类附着的螺旋状细菌会失去遗传和代谢功能而成为鞭毛或纤毛。尽管这种想法很有创意,但因缺少有力证据,没有像线粒体和叶绿体那样被人们普遍接受。

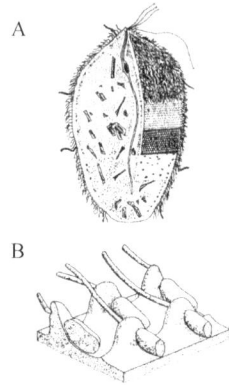

图 2-11　原生动物与螺旋体

A. 原生动物 *Mixotricha*；B. 螺旋状细菌附着在原生动物表面

(引自 Atlas M,*et al*. Microbial Ecology,third edition. The Benjamin/Cummings Publishing Company,Inc.,1993)

三、细胞核

关于真核生物细胞核的起源,推测性成分更多。细胞膜内陷学说认为,随着原核细胞的分化以及形态和生化功能的增加,需要新的基因来编码这些性状和功能。在细胞分裂时,这些基因组的复制也更加复杂,因此产生核膜将基因组与细胞质隔开,形成了真核细胞的核(图 2-12)。内共生学说则认为,原核生物共生于真核生物内,两者的基因组相互结合,原核生物丧失细胞质和营养功能,成为原始真核细胞的核,核膜来自细胞膜或液泡膜。

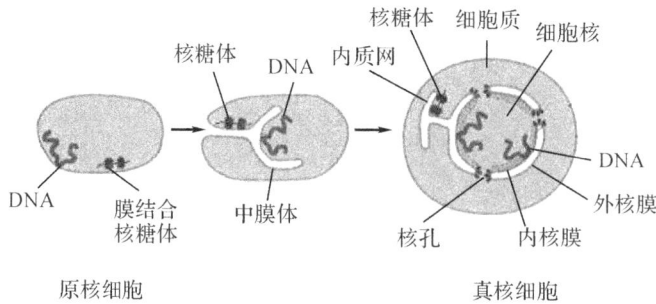

图 2-12　细胞核进化

(引自 Capbell N A,*et al*. Biology：concepts and connections. Person Education Inc.,2003)

第四节　微生物的生理进化

一、产能机制的发展

(一)发酵作用

在生物进化过程中,原始地球大气中的氢气以及非生物来源的有机物,可能是首批生物的初始基质。早期生物(如产甲烷菌)可利用氢气来还原二氧化碳产生能量;也可使当时存在的有机物部分氧化而获得能量。为了更有效地产生 ATP(生物通用能量),酶促反应(酶催化的化学反应)逐渐组织成序列反应(代谢途径)。糖酵解(glycolysis)就是这样组成的序列反应。它已存在 30 多亿年,至今没有太大的变化。糖酵解无需外源电子受体,可在原始地球的无氧条件下进行。但在糖酵解中,每摩尔基质产生的 ATP 较少,能量利用不经济。

(二)无氧呼吸

对岩石的研究表明,在距今 27 亿年前存在 ^{32}S 的富集。由于在 ^{32}S 和 ^{34}S 之间,生物优先利用 ^{32}S,根据岩石中的 ^{32}S 富集,推测当时已有硫呼吸(sulfur respiration,以单质硫为电子受体来氧化氢气或有机物的代谢途径,图 2-13)。因为在化学元素周期表中硫和氧属于同族元素,所以认为硫呼吸是氧呼吸的早期形态。

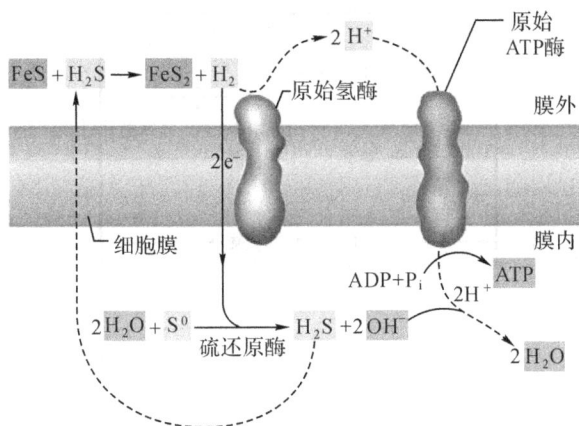

图 2-13　硫呼吸途径

(引自 Madigan M T, *et al*. Brock Biology of Microorganisms, eleventh edition. Prentice-hall, Inc., 2006)

(三)有氧呼吸

由于光合作用释放氧气,蓝细菌出现后,地球大气发生了根本性变化,原来一直呈还原性的大气(以二氧化碳为主,氧气含量微不足道)被逐渐转化成氧化性的大气(二氧化碳含量下降,氧气含量升高),为好氧菌的发生和发展开辟了广阔的天地。在大气中积累一定浓度的氧气后,生物进化朝着有氧呼吸的方向发展。这是生物进化史上的一次飞跃。生物进化产生呼吸代谢途径,通过氧化磷酸化(oxidative phosphorylation,呼吸驱动电子传递所偶联的 ATP 合成过程)合成 ATP,大大提高了基质能量利用效率。

二、光合作用的发展

(一)不产氧光合作用

由于原始地球大气中的氢气以及非生物来源的有机物都十分有限,迫使生物建立利用太阳能的机制。早期生物逐渐形成了以太阳光作为能源,以硫化氢作为供氢体来还原二氧化碳合成有机物,将光能转化为化学能的代谢途径。这种代谢途径就是不产氧光合作用(anoxygenic photosynthesis)。至今,不产氧光合作用仍然存在于厌氧光合细菌(如红螺菌科,Rhodospirillaceae)中。这些细菌只有光合系统Ⅰ,没有光合系统Ⅱ,不能以水作为供氢体,只能以氢气或硫化氢作为供氢体。由于水比硫化氢稳定(裂解水的O—H键要比裂解硫化氢的S—H键花费更多的能量),从硫化氢中获得氢所消耗的能量相对较少。在光合细菌中,可以通过光合磷酸化(photophosphorylation,光驱动电子传递所偶联的ATP合成过程)产生ATP,ATP合成效率大大提高。

(二)产氧光合作用

化石证据表明,蓝细菌的产氧光合作用(oxygenic photosynthesis)大约出现于距今20亿~25亿年。这些蓝细菌拥有光合系统Ⅰ和光合系统Ⅱ。它们不但能够通过光合磷酸化产生ATP,还能通过光解水产生还原二氧化碳所需的氢,同时释放能够改变地球环境的氧气。光合作用为生物提供了一个保障能量供给和碳素循环利用的机制。

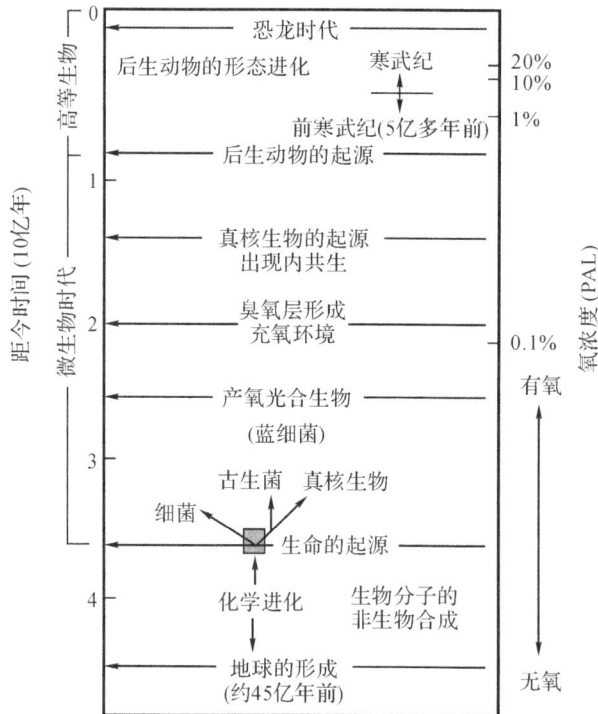

图 2-14　生物进化的主要标志

(引自 Madigan M T. *et al*. Brock Biology of Microorganisms, eleventh edition. Prentice-hall, Inc..2006)

在地球演化过程中,大气氧浓度经历了三个水平的变化(图2-14):① 1%PAL(PAL指当今氧气在空气中的水平),大约出现于距今 6 亿年,允许近代生物代谢系统发挥作用,生物迅猛繁盛;② 10% PAL,大约出现于距今 4 亿年,大气中有足够的臭氧层来遮挡地面,防止紫外线对生物的损害(在此之前,生物需要依靠水来防护),植物开始在陆地上生长,形成的植被又为动物提供了栖息地;③ 20% PAL,大约出现于距今 3.4 亿年,动物开始在陆地上发展。

三、营养机制的发展

(一)生物固氮作用

由于光合作用能够同化二氧化碳,将太阳能转化为化学能并贮存于有机物中,蓝细菌出现后,有效解决了能源与碳源的供给问题,氮源凸现为生物生长的限制因子。尽管大气中存在大量氮气,但绝大多数生物不能直接利用。为此,一些微生物逐渐产生了生物固氮(biological nitrogen fixation)能力,将氮气转化为生物能够利用的氨。

(二)矿物风化作用

由于光合作用释放氧气,蓝细菌出现后,还原性大气被逐渐转化成氧化性大气(氧气含量升高),氧气的积累加快了地球表面岩石的风化,为生物发展提供了大量的无机养分。

从生理角度看,大多数近代生物都直接或间接地依赖两个密切相关的代谢:光合作用(photosynthesis)和呼吸作用。回顾整个生物进化过程,可以认为地球前 1/3 历史依靠光合作用的进化,后 2/3 历史依靠呼吸作用的进化,其中微生物都扮演着不可替代的重要角色。

第五节　微生物进化的遗传基础

一、遗传、变异与选择

繁殖是一切生物的本质特征。若一种生物不能繁殖,这种生物将注定灭绝。繁殖保证了生物世代之间的连续。遗传保证了亲代生物与子代生物之间的相似性。DNA 是遗传信息的主要载体。如果在遗传中只有 DNA 复制,没有 DNA 变异,那么子代 DNA 就会与亲代 DNA 完全一样,生物就不会进化。DNA 变异是生物进化的根本。此外,自然环境也会对生物进化产生作用,即自然选择(natural selection)。经过自然选择,某些对环境适应能力较强的个体将留下更多的后代,从而使整个种群更加适应环境。

二、物种进化

种群基因库的多样性是物种进化的基础。尽管在大多数情况下,基因突变对生物个体有害,甚至对生物个体有致死作用,但基因突变也可产生有利的遗传性状,使生物个体更适合生存,并在与其他生物个体的竞争中取得优势。这种有利的遗传性状不仅能通过繁殖从亲代生物传给子代生物(即基因垂直传递),而且由于微生物的世代时间很短,其传播速度很快,可迅速丰富种群基因库。

有利的遗传性状也可通过基因重组从一个种群传递给其他种群(即基因横向传递)。种群之间的交换性基因重组可使两个种群发生进化上的联系。非交换性基因重组则可使获得外源基因的种群在进化上产生质的飞跃。没有亲缘关系的基因组能够相互重组表明,生物进化上的多条路线可以突然汇合。

根据自然选择原理,最适合的种群将在群落中占据优势。一些微生物拥有某些特性,因而更适于在某些特殊的环境中生存。在环境发生变化的情况下,跟不上变化节奏的微生物将被淘汰。基因库过度特化的种群可在某一环境中暂居优势,但最终会因适应性差而遭排挤。环境不断变化,种群和群落中的基因也必须跟着变化。

三、代谢途径进化

在生物进化中,代谢途径也经历着种种变化。由于代谢途径的多步性与复杂性,Horowitz 提出了逆向进化(backward evolution)概念(图 2-15)。例如,一种微生物 M_A 需要 S_A 作为细胞组分的前体,同时又有从化合物 S_E 产生 S_A 的能力,则推测其进化过程为:最初,种群 M_A 直接

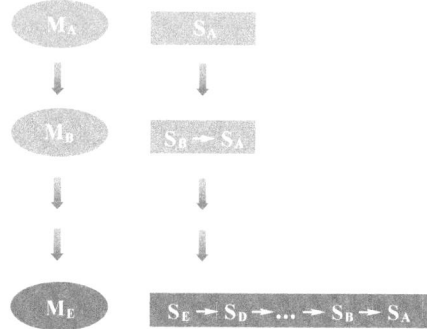

图 2-15　代谢途径的逆向进化

从环境中吸收化合物 S_A;当化合物 S_A 变得稀少时,种群 M_A 中能把类似物 S_B 转化成 S_A(S_B →S_A)的突变株 M_B 得到发展并占优势;当化合物 S_B 也变得稀少时,种群 M_B 中能把化合物 S_C 转化为化合物 S_B(S_C→S_B→S_A)的突变株 M_C 得到发展并取得优势;依此类推,直到种群 M_E 能把化合物 S_E 转化为必需的化合物 S_A(S_E→…→S_C→S_B→S_A)。通过基因的转移和重组,特别是当某一代谢途径的基因位于转移性很强的质粒(plasmid)或转座子(transposon)上时,可以大大加快生物进化速度。

第六节　大地女神假说

一、假说与证据

地球上原来没有生物。在漫长的演化过程中,地球强大的孕育力造就了生物,并为生物进化提供了巨大的舞台,使生物从无到有,从简单到复杂,逐渐走向繁荣。但是,这个舞台最初并不适合人类生存,是其他生物艰苦卓绝的搭台工作,为人类在地球上登台亮相创造了条件。在生物进化的历史长河中,种种生命活动极大地改善了地球环境,为生物的进一步发展提供了更好的机会。早在 20 世纪 70 年代初期,Lovelock 就提出了大地女神假说(Gaia hypothesis),他认为地球与生物是一个密不可分的系统,这个系统犹如一个"超级生物"(superorganism),在进化过程中形成了自我调节能力。

作纵向比较,如果没有生命活动,那么地球就会保持富含二氧化碳的原始大气,导致地表温度高达 290℃;作横向比较,拥有生命活动的地球的表面温度是 13℃,而没有生命活动的金星和火星(均为太阳系中地球的近邻)的表面温度则分别是 477℃和-53℃(表 2-1)。

表 2-1　火星、金星和地球大气组成和表面温度的比较

		火星	金星	无生物的地球	有生物的地球
大气组成 （%）	CO_2	95	98	98	0.03
	N_2	2.7	1.9	1.9	79
	O_2	0.13	微量	微量	21
表面温度（℃）		−53	477	290±50	13

根据大地女神假说，造成当今地球适合生命活动，而金星和火星不适合生命活动的根本原因，是"超级生物"的自我调节作用。地球孕育生命并通过生命活动，逐渐改变了地球环境，使之越来越有利于生物的生存和发展。

二、微生物的贡献

微生物是地球上资格最老的"居民"，地球上有了生命，就有了微生物。在漫长的进化过程中，微生物的形态、结构、种类和数量都得到了很大的发展。特别值得一提的是，微生物（蓝细菌）的光合作用使地球的大气组成发生了根本性的变化：① 光合作用将大气中的二氧化碳转化为有机物，大大降低了大气中的二氧化碳含量（由 98% 降至 0.03%）。大气中的二氧化碳和其他微量气体（如甲烷和一氧化二氮）虽可透过太阳的短波辐射，但会吸收地球的长波辐射，因此可产生温室效应。光合作用消耗二氧化碳，有效地削弱了温室效应，降低了地球的表面温度（由 290℃ 降至 13℃），为生物的生存和发展创造了必要条件。② 光合作用光解水释放氧气，使氧气逐渐在大气中积累（由 1.9% 提高至 21%），促进了有氧呼吸的发展。在紫外线和雷电的作用下，大气中的氧气被转化为臭氧，在 20～25km 高空形成了臭氧层。臭氧层有效地削弱了太阳紫外线对地面生物的损害，使生物的生存环境得到了空前的改善。综上所述，对于现有地球环境的形成、维持和改善，微生物功不可没。

复习思考题

1. 简述 Oparin-Haldane 生命起源假说及其实验证据。
2. 为什么说在很长的地质年代中生物进化与微生物进化是同义词？
3. 微生物进化可分为哪几个阶段？生理进化的主要表现有哪些？
4. 试用 Margulis 内共生学说解释线粒体和叶绿体的形成。
5. 地球大气中的氧浓度主要经历了哪三个水平的变化？有什么生物学意义？
6. 举例说明 Horowitz 的逆向进化概念。
7. 简述大地女神假说。
8. 简述微生物光合作用对改变地球大气组成的作用。

第三章 非细胞型微生物

非细胞型微生物是指没有细胞结构的微生物。若将生物分为细菌域、古菌域和真核生物域,则非细胞型微生物未列其中。本章介绍非细胞型微生物——病毒和亚病毒。

第一节 病 毒

病毒(viruses)是一类体积微小,没有细胞结构,但有遗传、变异、增殖、侵染等生物特征的分子生物。根据病毒的宿主,可将其分为动物病毒、植物病毒和微生物病毒(噬菌体)。2005 年,国际病毒分类委员会(International Committee for Taxonomy of Viruses,ICTV)对病毒的分类和命名作了规范,并建立了统一的病毒分类系统。目前有记载的病毒为 3 目,73 科,11 亚科,289 属,1950 种。

一、病毒特征

(一)病毒的大小和形态

病毒形体微小,直径为 10～400nm。口蹄疫病毒(foot-and-mouth disease virus,FMDV)的直径为 22nm,略大于核糖体,痘苗病毒(*Poxvirus*)的体积为 100 nm×200nm×300nm,接近细菌的体积。大多数病毒不能在光学显微镜下看到,只能借助电子显微镜观察,因此称为"超显微"生物。另外,由于病毒能够穿过细菌滤器,因此也被称为"滤过性"生物。病毒的形态有球形、卵圆形、砖形、杆状、丝状、蝌蚪状等。一些代表性病毒的形态和大小如图 3-1 所示。

(二)病毒的组成和结构

病毒的主要化学成分是核酸和蛋白质,也含有脂质和多糖。核酸(nucleic acid)和衣壳(capsid)是病毒的基本结构。核酸为 DNA 或 RNA,每种病毒只含一种核酸。衣壳由衣壳粒(capsomers)组成,衣壳粒的化学成分是蛋白质。核酸与衣壳合称核衣壳(nucleocapsid)。由核衣壳构造而成的病毒粒子,称为简单病毒粒子。由核衣壳和包膜构造而成的病毒粒子,称为复合病毒粒子(图 3-2)。包膜的化学成分是脂质和糖蛋白。

由于衣壳中衣壳粒的排列方式不同,病毒呈现三种不同的立体结构(图 3-3):① 螺旋对称(呈螺旋状排列),如烟草花叶病毒(tobacco mosaic virus)、流感病毒(influenza viruses)、狂犬病毒(rabies virus);② 立体对称(呈 20 面体排列),如腺病毒(adenovirus)、疱疹病毒(herpes virus)、脊髓灰质炎病毒(pliovirus);③ 复合对称(头部呈立体对称,尾部呈螺旋对称),如大肠杆菌 T 系噬菌体。

二、烈性噬菌体

噬菌体(phages)是以细菌为宿主的病毒,可分为烈性噬菌体和温和噬菌体。凡是侵入

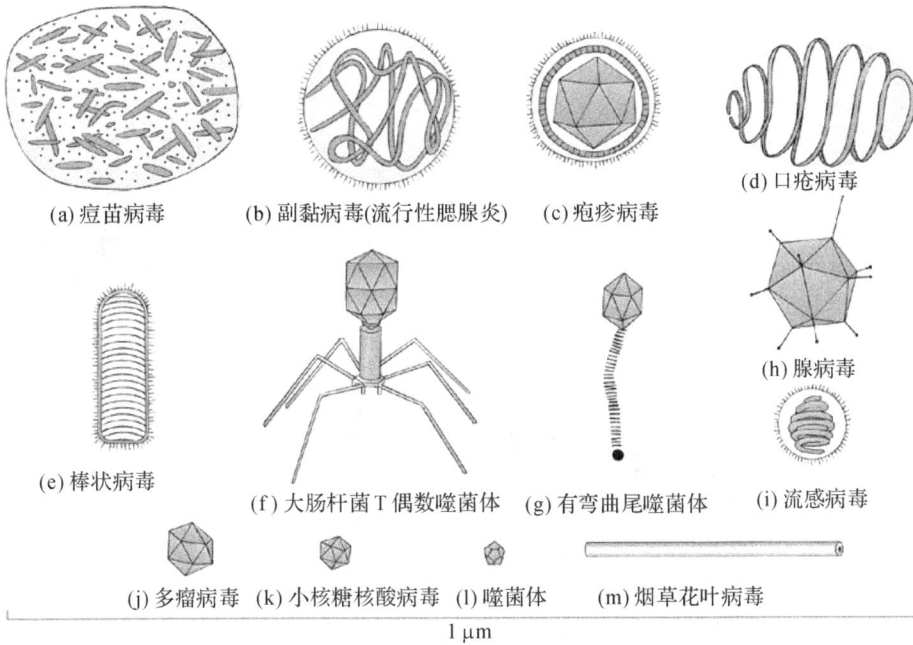

(a) 痘苗病毒　　(b) 副黏病毒(流行性腮腺炎)　(c) 疱疹病毒　　(d) 口疮病毒

(e) 棒状病毒　　(f) 大肠杆菌T偶数噬菌体　(g) 有弯曲尾噬菌体　(h) 腺病毒　(i) 流感病毒

(j) 多瘤病毒　(k) 小核糖核酸病毒　(l) 噬菌体　(m) 烟草花叶病毒

1 μm

图 3-1　病毒的形态和大小

(引自 Prescott L M,*et al*. Microbiology,fifth edition. 高等教育出版社,2002)

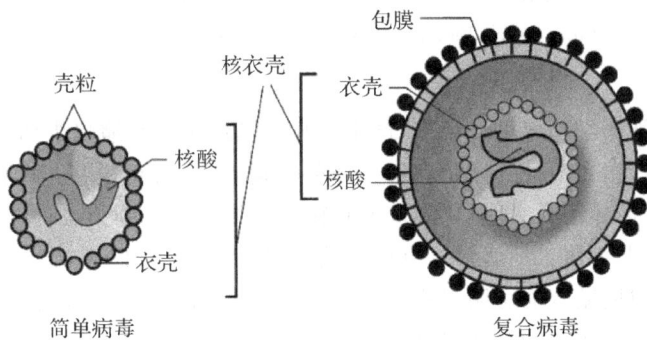

简单病毒　　　　　　　　　复合病毒

图 3-2　病毒的基本结构

(引自 Madigan M T,*et al*. Brock Biology of Microorganisms,eleventh edition. Prentice-hall,Inc.,2006)

宿主细胞后,能增殖并导致宿主细胞裂解的噬菌体,称为烈性噬菌体(virulent phages)。

（一）烈性噬菌体的生活周期

大肠杆菌 T 系偶数噬菌体是烈性噬菌体,其生活周期(侵染过程)如图 3-4 所示。

1.噬菌体的吸附和侵入

噬菌体吸附具有高度的特异性。吸附过程一方面取决于宿主细胞表面受体位点的结构,另一方面取决于噬菌体尾部吸附位点的结构。噬菌体与敏感细菌混合后,彼此碰撞接触,噬菌体的吸附位点与宿主细胞的受体位点互补结合。吸附过程受环境因素的制约,如pH、温度、阳离子浓度等都会影响吸附速度。

如图 3-5 所示,噬菌体被吸附到敏感细菌表面后,将尾丝展开并固着于细胞上;噬菌体

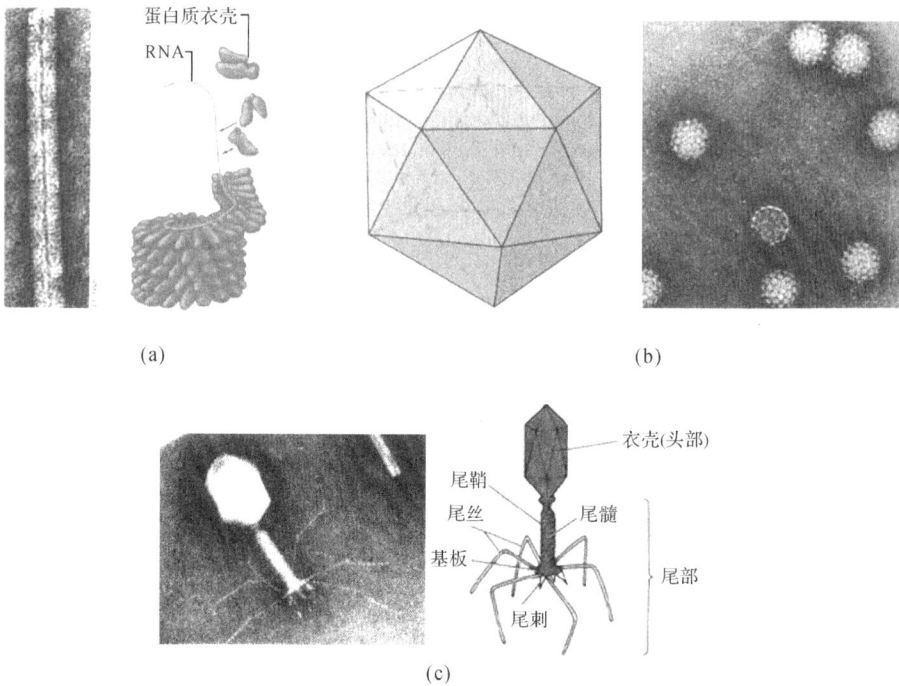

图 3-3　病毒的立体结构

（a）烟草花叶病毒　（b）腺病毒　（c）大肠杆菌 T₄ 噬菌

（引自 Madigan M T．*et al*. Brock Biology of Microorganisms，eleventh edition. Prentice-hall，Inc．，2006）

尾部分泌酶，水解细菌细胞壁的肽聚糖，产生小孔；然后，尾鞘收缩将头部的核酸通过中空的尾髓压入细菌体内，蛋白质外壳则留在细菌体外。通常，一种细菌可以吸附几种噬菌体，但只允许其中一种噬菌体侵入，即进入细菌的噬菌体会排斥或抑制第二种噬菌体的侵入。

噬菌体尾鞘并非为侵入所必需。有些噬菌体（如 M_{13} 噬菌体）没有尾鞘，不能收缩，也能将核酸注入细菌，但尾鞘收缩可明显提高噬菌体注入核酸的速度。例如，T_2 噬菌体注入核酸的速度可比 M_{13} 噬菌体快 100 倍左右。

2. 噬菌体组件的合成

噬菌体 DNA 进入宿主细胞后，立即利用宿主的 RNA 聚合酶，以噬菌体 DNA 为模板转录早期 mRNA，由早期 mRNA 翻译噬菌体复制所需的酶类以及抑制宿主代谢所需的调节蛋白。在这些酶的催化下，以噬菌体 DNA 为模板，合成子代 DNA。噬菌体 DNA 开始复制后，DNA 继续转录，产生晚期 mRNA。由晚期 mRNA 翻译组成噬菌体外壳的结构蛋白（如头部蛋白和尾部蛋白）。

3. 噬菌体组件的装配

噬菌体的核酸和蛋白质分别合成后，就开始装配，形成大量成熟并有侵染力的子代噬菌体。在大肠杆菌 T_4 噬菌体的 DNA、头部、尾鞘、尾髓、基板、尾丝等组件合成后，DNA 收缩聚集，外壳蛋白形成 20 面体的噬菌体头部并将 DNA 包围在内，尾鞘、尾髓、基板、尾丝等装配成尾部，再与头部相接，最后装配成子代噬菌体。

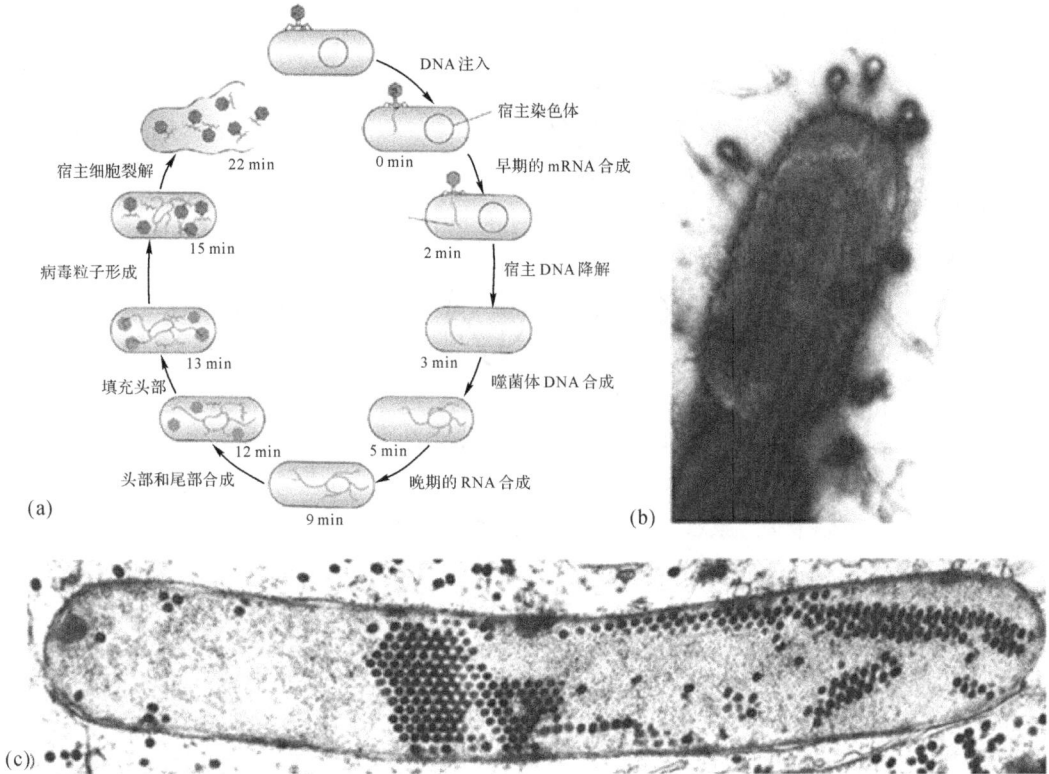

图 3-4　T₄ 噬菌体的侵染过程

（a）生命周期示意图；（b）T₄ 噬菌体被大肠杆菌吸附的电镜照片；

（c）T₄ 噬菌体注入大肠杆菌 30min 后,菌体中产生大量完整的噬菌体

（引自 Prescott L M.*et al*. Microbiology.fifth edition. 高等教育出版社,2002）

4.噬菌体的释放

成熟的噬菌体通过宿主细胞裂解而被释放至胞外。细菌裂解可导致液体培养基内的培养物由混浊变清;也可导致培养基平板上的培养物形成噬菌斑（plaques,图 3-6）。但也有一些噬菌体（如丝状噬菌体 f₄）成熟后,不使宿主细胞裂解而从中钻出来,宿主可以继续生长。

从被吸附到被释放,大肠杆菌 T 系偶数噬菌体大约需要 15～30min[图 3-4（b）、（c）]。在适宜条件下,被释放的子代噬菌体又能重复上述过程。

（二）烈性噬菌体的一步生长试验

1.一步生长曲线

一步生长试验（onestep growth experiment）是用于定量研究噬菌体增殖的一种方法。将噬菌体稀释液与敏感细菌培养物混合,使细菌过量,以免一个细菌受一个以上噬菌体感染。噬菌体被吸附数分钟后,加入抗噬菌体的抗血清,以中和未被吸附的噬菌体。然后用温肉汤稀释上述混合培养物,消除抗血清的影响。在 30min 内,每隔几分钟从混合培养物中取样,接入敏感细菌的菌苔平板,将平板培养 6～8h 后,计数每一平板上出现的噬菌斑,以培养时间为横坐标,以噬菌斑数目为纵坐标,可绘出一步生长曲线（onestep growth curve,图 3-7）。

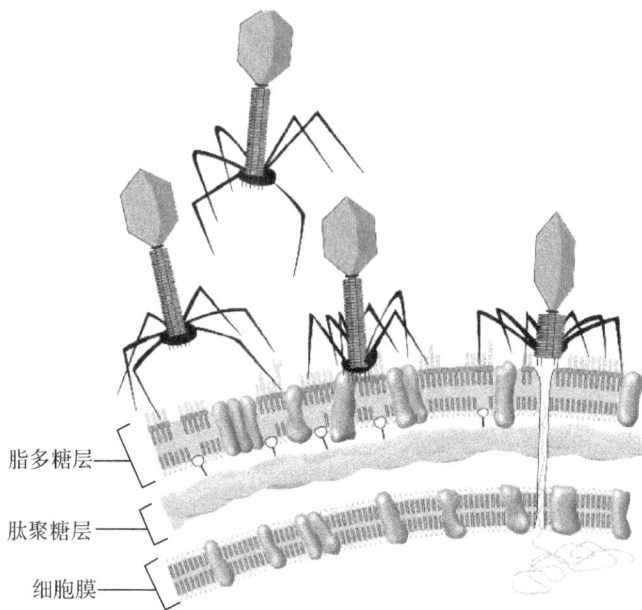

图 3-5　噬菌体的吸附和侵入

（引自 Madigan M T．*et al*．Brock Biology of Microorganisms，eleventh edition．Prentice-hall，Inc．，2006）

2.重要特性参数

从一步生长曲线可以获得噬菌体的三个重要特性参数——潜伏期、裂解期和裂解量。从噬菌体被吸附至宿主细胞表面到新的噬菌体被宿主细胞释放所经历的时间，称为潜伏期（latent period）。潜伏期可分为隐蔽期和显现期。在隐蔽期，宿主体内不含完整、具有感染性的病毒粒子。在显现期，宿主体内含有完整、具有感染性的病毒粒子，但没有释放。经过潜伏期，被感染的宿主细胞开始裂解，所形成的噬菌斑数目急剧增加，曲线上升；被感染的宿主细胞完全裂解后，噬菌斑数目达到稳定，曲线趋平。从噬菌斑开始出现到噬菌斑数目达到稳定所经历的时间，称为裂解期（lysis period）。每个被感染的宿主细胞所释放的新噬菌体的平均数量，称为裂解量（burst size）。

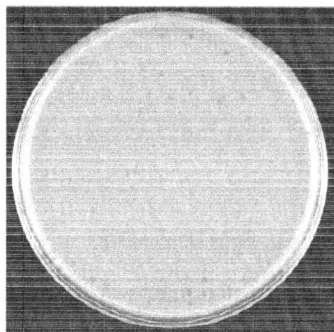

图 3-6　噬菌斑

（引自 Madigan M T，*et al*．Brock Biology of Microorganisms，eleventh edition．Prentice-hall，Inc．，2006）

三、温和噬菌体

温和噬菌体（temperate phages）是指侵入宿主细胞后，与宿主细胞 DNA 同步复制，随宿主细胞的繁殖而传给子细胞，一般情况下不引起宿主细胞裂解的噬菌体。

大肠杆菌 λ 噬菌体是一种温和噬菌体。如图 3-8 所示，温和噬菌体感染细菌细胞后，通常将其 DNA 整合到宿主细胞的染色体 DNA 上，并随宿主细胞繁殖而复制。整合到宿主细胞染色体 DNA 上的噬菌体 DNA，称为原噬菌体（prophages）。但是，并非所有温和噬菌体

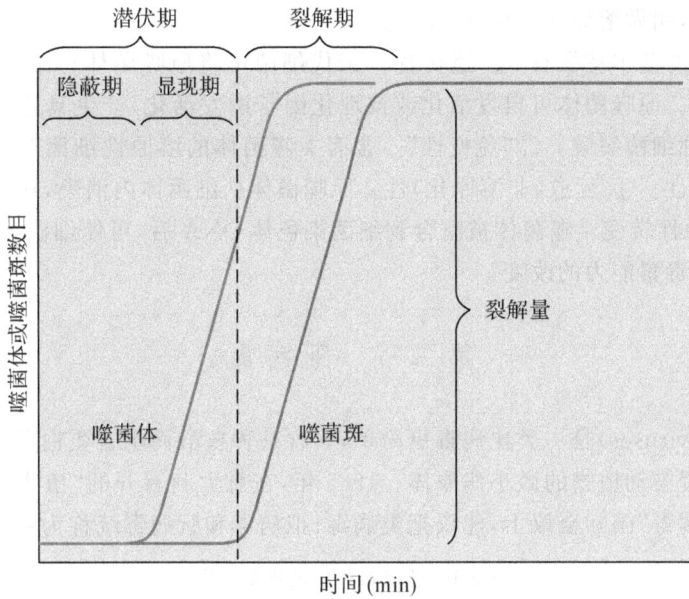

图 3-7　噬菌体的一步生长曲线

（引自 Prescott L M，*et al*．Microbiology，fifth edition．高等教育出版社，2002）

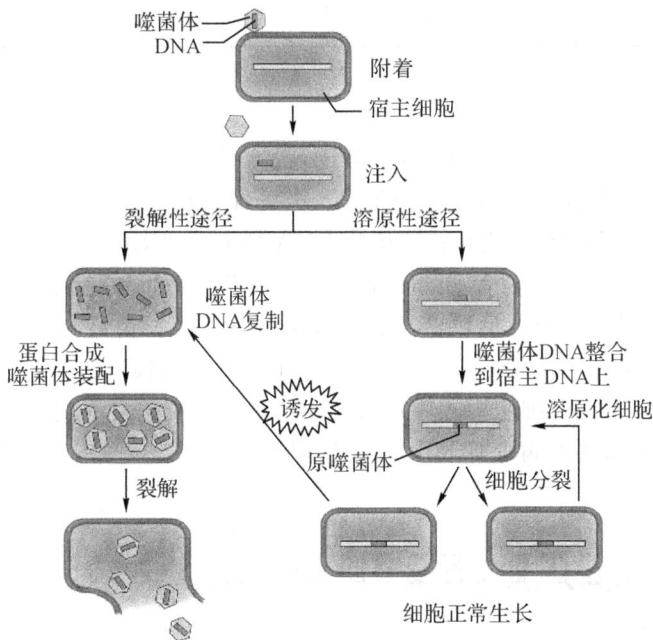

图 3-8　温和噬菌体的侵染过程

（引自 Madigan M T，*et al*．Brock Biology of Microorganisms，eleventh edition．Prentice-hall，Inc．，2006）

都整合于宿主细胞染色体 DNA 上。例如，大肠杆菌 P_1 噬菌体也是一种温和噬菌体，其 DNA 并不整合于宿主细胞染色体 DNA 上，而以质粒状态附着于细胞膜上。人们把含有原噬菌体的宿主细胞，叫做溶原性细胞（lysogenic cells）；并把温和噬菌体侵入宿主细胞后所产生的相关特性,叫做溶原性(lysogeny)。

溶原性细菌的基本特征有:① 遗传性。亲代细菌可将原噬菌体传给子代细菌。② 自发或诱发裂解性。原噬菌体可自发活化或被理化因子诱发活化,产生具感染性的噬菌体粒子,并导致溶原性细菌裂解。③ "免疫性"。含有 λ 噬菌体的溶原性细菌对 λ 噬菌体的毒性突变株具有免疫性。④ 复愈(非溶原化)性。原噬菌体从细菌体内消失,从而转变成非溶原性细菌。⑤ 溶原性转变。噬菌体被整合到细菌染色体 DNA 后,可使细菌表型发生改变,如形态、抗原性、产毒素能力的改变。

第二节　亚病毒

亚病毒(subviruses)是一类比病毒更简单,只含某种核酸而不含蛋白质或只含蛋白质而不含核酸,能够侵染动植物的微小病原体。1983 年,在意大利召开的"植物和动物亚病毒病原:类病毒和朊病毒"国际会议上,建议把类病毒、拟病毒和朊病毒统称为亚病毒(表 3-1)。

表 3-1　亚病毒类群的主要异同

名　　称	组成成分	相对分子质量	独立感染性
类病毒	RNA	约 10^5 D	+
拟病毒	RNA	约 10^5 D	−
朊病毒	蛋白质	约 10^4 D	+

一、类病毒

类病毒(viroids)是一种小片断 RNA 分子,没有外壳,也没有包膜。它不编码任何多肽,其复制借助寄主细胞的 RNA 聚合酶催化。类病毒具有感染性。对于类病毒的起源,目前尚不清楚。有一种假说认为它是最原始的 RNA 分子,是"RNA 世界"的幸存者。

20 世纪 70 年代初,美国学者 Diener 在研究马铃薯纺锤形块茎病病原的过程中发现了第一个类病毒——马铃薯纺锤形块茎类病毒(potato spindle tuber viroid)。它是单链共价闭合的环状 RNA 分子,相对分子质量约为 1.0×10^5 D(道尔顿)(图 3-9),能感染某些植物。严格专性寄生,只有在宿主细胞内才表现出生命特征——核酸自我复制,并使宿主致病、死亡。迄今为止,已报道的类病毒有十几种,均发现于植物中。

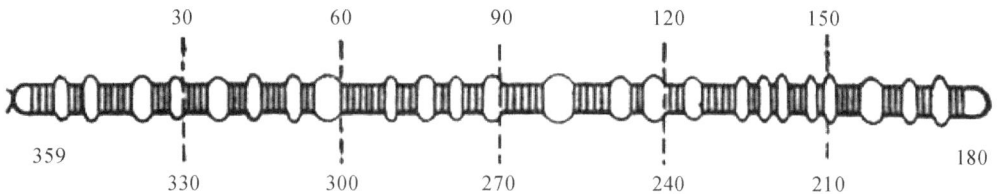

图 3-9　马铃薯纺锤形块茎病毒的结构模型

二、拟病毒

拟病毒(virusoids)是一种小片断 RNA 分子,不具有独立的感染性,其复制完全依赖其他病毒的同时感染。20 世纪 80 年代以来,在澳大利亚先后从绒毛烟、苜蓿、莨菪和地下三叶草上发现了 4 种新的植物病毒。这些病毒含有两种 RNA 分子,一种是相对分子质量约

为 1.5×10^6 D 的线状 RNA_1，具有独立的感染性，被归入类病毒；另一种是相对分子质量约为 10^5 D 的环状 RNA_2，没有独立的感染性，被归入拟病毒。拟病毒与类病毒共同感染所致的植病症状不同于类病毒单独感染所致的植病症状；拟病毒的复制会干扰共同感染的类病毒的复制。

三、朊病毒

朊病毒（prions）又称蛋白质侵染因子，是一种具有致病能力的蛋白质，相对分子质量 $2.7 \times 10^4 \sim 3 \times 10^4$ D。它能侵染动物并在宿主体内复制。在电镜下，朊病毒呈杆状颗粒，成丛排列，每丛大小和形状不一（图 3-10）。

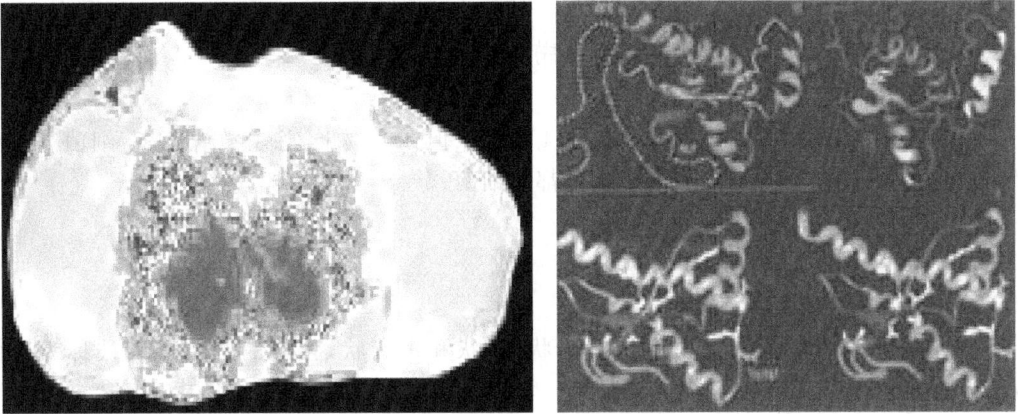

图 3-10 朊病毒的结构模型

1982 年在研究羊瘙病病因的过程中首次发现了朊病毒。羊瘙病是一种神经性疾病，常致羊死亡。疯牛病也由朊病毒感染所致，它以神经系统的缓慢退化以至发生紊乱为特征。

朊病毒的发现引起了生物界的震惊。它只含蛋白质却能增殖，难以用经典生物学理论解释。

复习思考题

1. 何谓病毒？简述病毒的结构特征。
2. 何谓烈性噬菌体？简述烈性噬菌体的生活周期。
3. 何谓温和噬菌体？简述溶原性细菌的特征。
4. 何谓一步生长试验？简述一步生长曲线的特征。
5. 亚病毒可分为哪三个类群？各有什么特点？

第四章 原核微生物

原核微生物(prokaryotic microorganisms)是指以原核细胞为基本构造单位的微生物。若将生物分为细菌域、古菌域和真核生物域,原核微生物包含了细菌域和古菌域的众多类群。本章介绍细菌、放线菌、蓝细菌和古菌。

第一节 细 菌

在分类学上,细菌是指细菌域,包括 24 个门。但在习惯上,除了放线菌、蓝细菌等具有特别名称的微生物,其他细菌域的微生物都叫细菌。

一、细菌的形态和大小

(一)细菌形态

如图 4-1 所示,细菌的基本形态有球状、杆状和螺旋状,相应的细菌分别被称为球菌(cocci)、杆菌(rods)和螺旋菌(spirilla)。

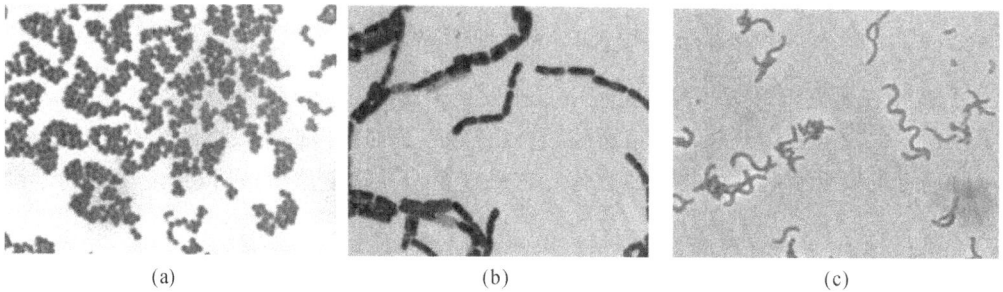

(a)   (b)   (c)

图 4-1 细菌的三种基本形态

(a) 金黄色葡萄球菌(*Staphylococcus aureus*);(b) 巨大芽孢杆菌(*Bacillus megaterium*);
(c) 深红红螺菌(*Rhodospirillum rubrum*)

1.球菌

菌体呈球形或椭球形。分裂后产生的子细胞常保持一定的空间排列方式(图 4-2)。

① 单球菌(cocci) 细胞沿一个平面分裂,新个体单独存在。

② 双球菌(diplococci) 细胞沿一个平面分裂,新个体保持成对排列。

③ 链球菌(streptococci) 细胞沿一个平面分裂,新个体保持成对或成链排列。

④ 四联球菌(tetracocci) 细胞沿两个互相垂直的平面分裂,4 个新个体保持特征性的"田"字形排列。

⑤ 八叠球菌(sarcina) 细胞沿三个互相垂直的平面分裂,8 个新个体保持特征性的立方体排列。

⑥葡萄球菌(staphylococci)　细胞无定向分裂,多个新个体呈无规则排列,犹如一串葡萄。

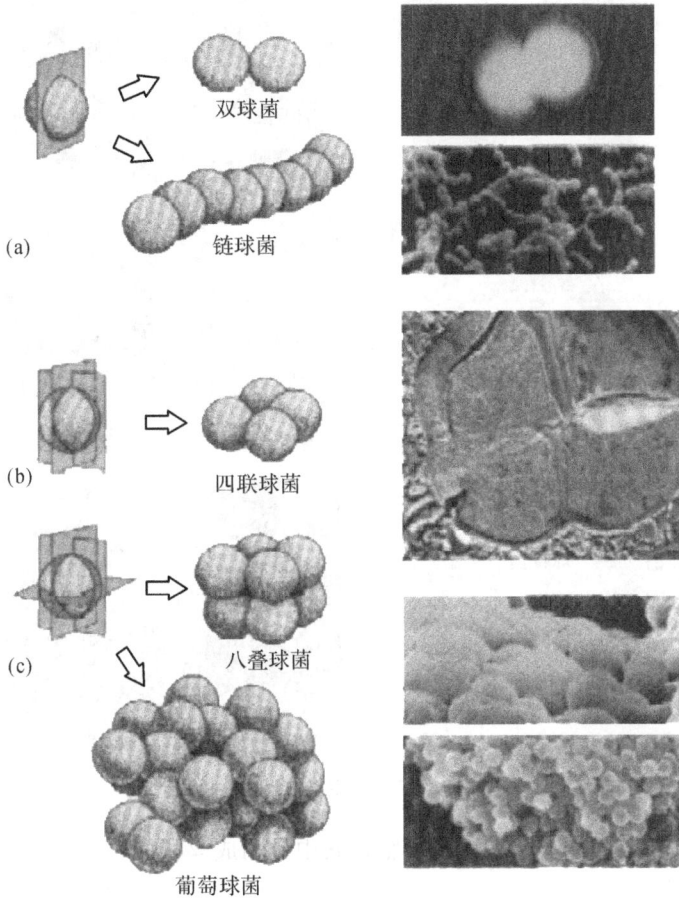

图 4-2　球菌形态及其排列方式
(a)双球菌和链球菌;(b)四联球菌;(c)八叠球菌和葡萄球菌

2.杆菌

菌体呈杆状(图 4-3)。各种杆菌的长宽比例差异很大,有的粗短,有的细长。短杆菌近似球状,即球杆菌;长杆菌则近丝状,即丝(杆)菌。对于同一种杆菌,其粗细相对稳定,但长度变化较大。有的杆菌很直,有的杆菌稍微弯曲。有的菌体两端平齐,有的两端钝圆,还有的两端削尖。杆菌常沿一个平面分裂,大多数菌体单独存在,即单杆菌。有些菌体成双排列,即双杆菌;有些菌体成双排列且呈哑铃状,即球杆菌;有些菌体成链状排列,即链杆菌。

3.螺旋菌

菌体弯曲成弧状或螺旋状(图 4-4)。弯曲不足一圈的细菌称为弧菌(vibrios);弯曲大于一圈的细菌称为螺旋菌(spirilla)。螺旋菌的圈数和螺距因种而异。有些螺旋菌的菌体僵硬,借鞭毛运动。有些螺旋菌的菌体柔软,借轴丝收缩运动,这种螺旋菌称为螺旋体(spirochetes)。

除上述三种基本形态外,细菌还有其他特殊的形态。例如,柄细菌属(*Caulobacter*)的菌株呈弧状或肾状,具有一根特征性的菌柄(stipe,图 4-5)。又如,球衣菌属(*Sphaerotilus*)

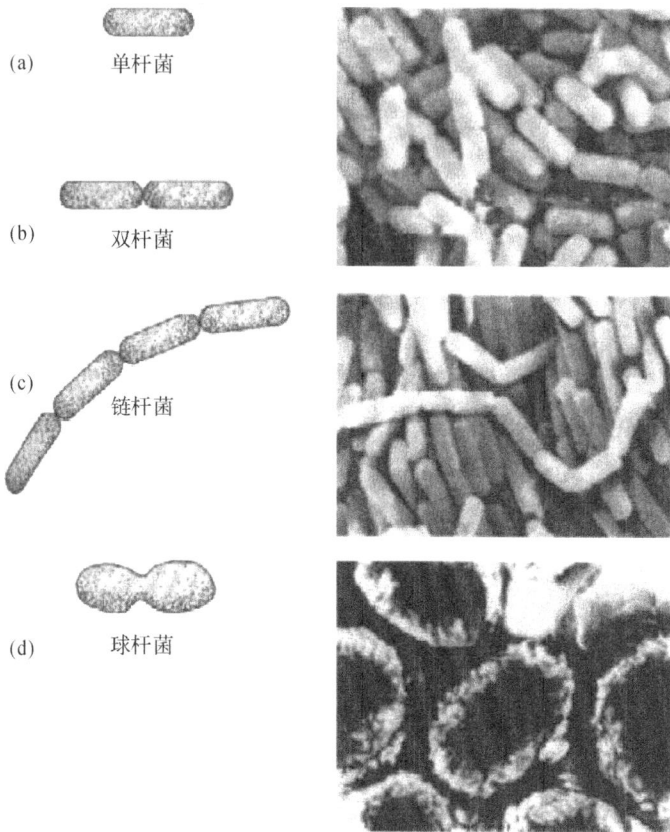

(a) 单杆菌

(b) 双杆菌

(c) 链杆菌

(d) 球杆菌

图 4-3　杆菌形态及其排列方式

的菌株形成衣鞘(sheath,图 4-6),杆状细胞在其中排列成丝状体。

（二）细菌大小

细菌大小可在显微镜下用测微尺测量;也可通过投影或照相,按图像大小和放大倍数测算;测量结果以微米为单位。

球菌大小以直径表征,一般为 $0.5\sim2.0\mu m$;杆菌以宽度和长度表征,一般为$(0.5\sim1.0)\mu m$(宽)$\times(1.0\sim8.0)\mu m$(长);螺旋菌也以宽度和长度表征,其大小为$(0.5\sim5.0)\mu m$(宽)$\times(5.0\sim50.0)\mu m$（长）,螺旋菌的长度是菌体两端之间的距离(图 4-7)。

二、细菌细胞的构造

细菌细胞的结构如图 4-8 所示。细胞壁、细胞膜、细胞质、细胞核等结构为一般细菌细胞所共有,称为细菌细胞的基本结构(basic structures)。鞭毛、荚膜、芽孢、气泡等结构为某些细菌所特有,称为细菌细胞的特殊结构(special structures)。

（一）细胞壁

细胞壁(cell walls)是包围在细菌细胞外表、坚韧而略带弹性的结构。约占菌体干重的 $10\%\sim25\%$。

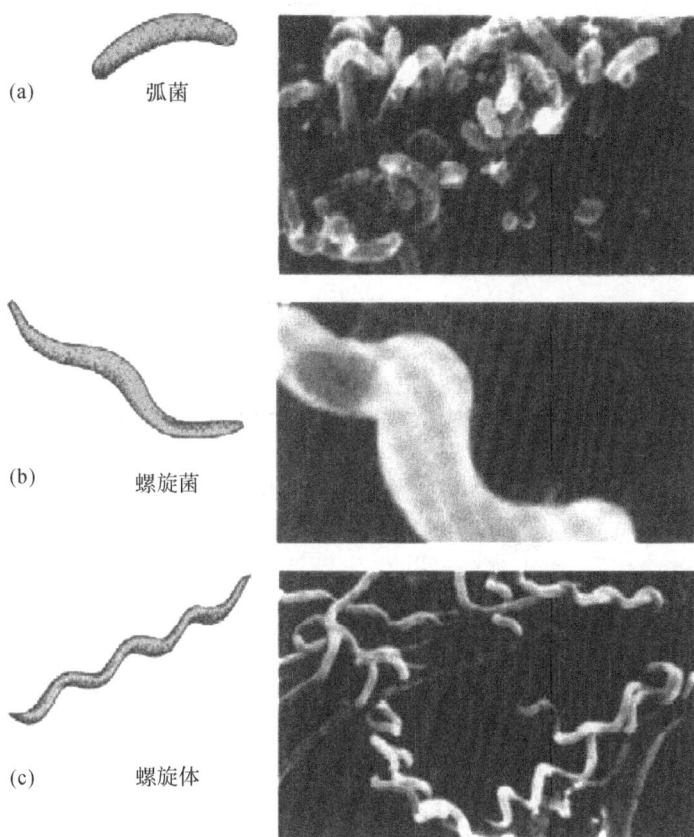

(a)　　弧菌

(b)　　螺旋菌

(c)　　螺旋体

图 4-4　螺旋菌形态

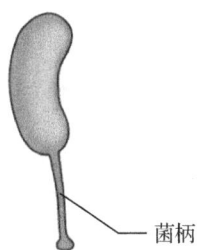

菌柄

图 4-5　柄细菌的菌柄

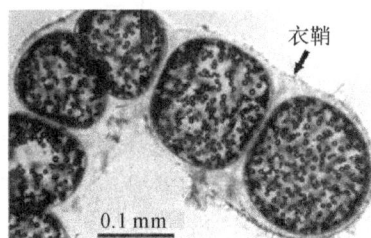

衣鞘

0.1 mm

图 4-6　球衣菌的衣鞘

1. 细胞壁的功能

细菌细胞壁的功能主要有：① 维持细菌形状。若用溶菌酶水解细胞壁，则任何形状的细菌均转变为圆球状。② 免受渗透裂解。若细菌处于低渗溶液中且无细胞壁保护，则细菌会因吸水过度而裂解，难以生活。③ 支撑鞭毛。细胞壁是鞭毛的支点，若没有细胞壁支撑，则鞭毛不能运动。④ 用作分子筛。细胞壁多孔，可透过小分子物质，但不能透过大分子物质。

2. 细胞壁的组成和结构

细菌细胞壁的主要化学成分是肽聚糖（peptidoglycan）。肽聚糖由 N-乙酰葡萄糖胺（G）、N-乙酰胞壁酸（M）以及短肽组成。N-乙酰葡萄糖胺和 N-乙酰胞壁酸相互交替以

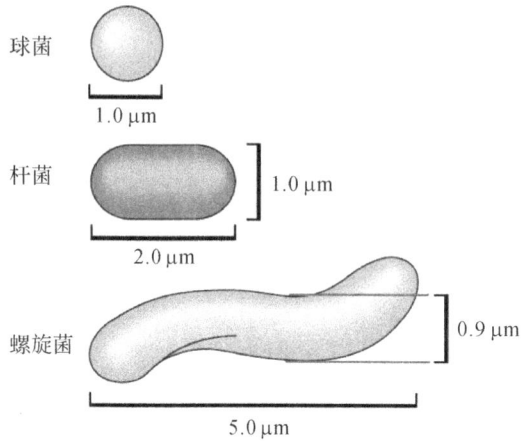

图 4-7 细菌大小的测定

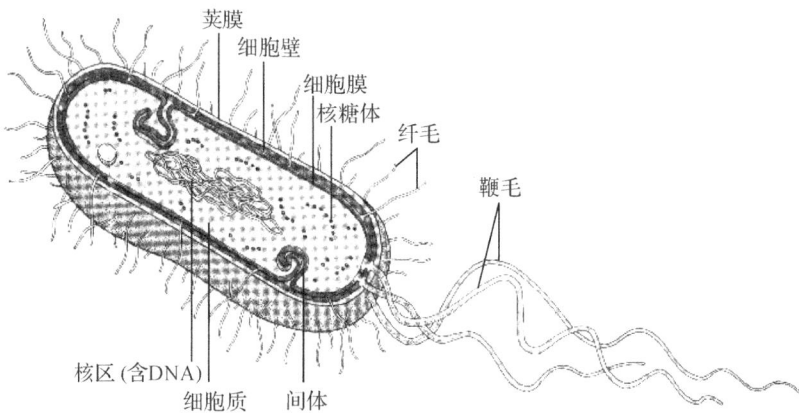

图 4-8 细菌细胞的构造

(引自 Prescott L M. *et al*. Microbiology. fifth edition. 高等教育出版社, 2002)

β-1,4-糖苷键连接成多聚糖。多聚糖中的 N-乙酰胞壁酸以肽键与短肽相连,并通过短肽架桥使肽聚糖织成网状(图 4-9)。肽聚糖形成的网状结构是细胞壁能够维持细菌形态和抵御渗透裂解的基础。

3.革兰氏染色鉴定

① 革兰氏染色。1884 年,丹麦细菌学家 Christian Gram 创造了一种鉴别染色法,称为革兰氏(Gram)染色法。它是细菌的重要鉴别方法。

革兰氏染色的操作程序如下:

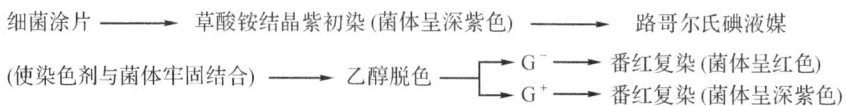

细菌涂片 ——→ 草酸铵结晶紫初染(菌体呈深紫色) ——→ 路哥尔氏碘液媒

(使染色剂与菌体牢固结合) ——→ 乙醇脱色 ⎡ G⁻ ——→ 番红复染(菌体呈红色)
⎣ G⁺ ——→ 番红复染(菌体呈深紫色)

革兰氏染色的结果如图 4-10 所示。根据革兰氏染色,可把细菌区分为革兰氏阳性(G⁺)细菌和革兰氏阴性(G⁻)细菌。G⁺细菌是革兰氏染色后呈深紫色(阳性反应)的细菌;G⁻细菌则是革兰氏染色后呈红色(阴性反应)的细菌。

② G⁺细菌和 G⁻细菌的差异。在细胞壁结构和组分上,两类细菌差异很大(图 4-11,表

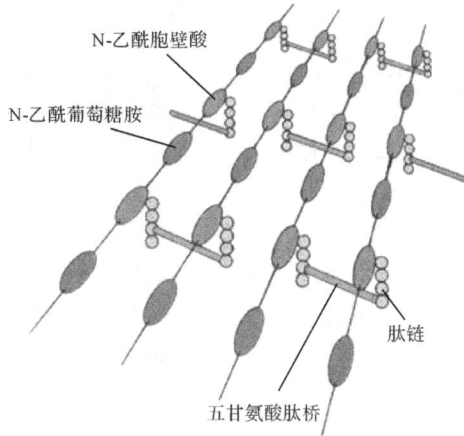

图 4-9　肽聚糖的结构模式

(引自 Prescott L M，*et al*. Microbiology，fifth edition. 高等教育出版社，2002)

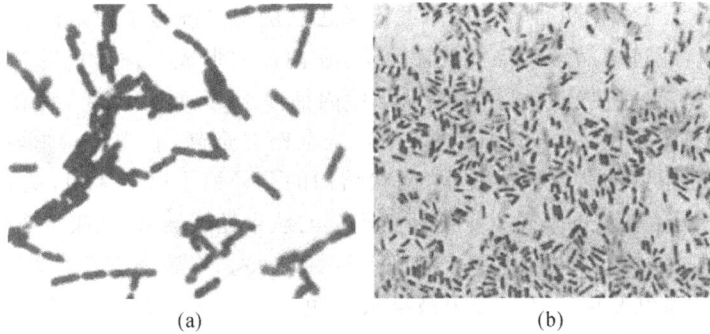

(a)　　　　　　　　　　　　(b)

图 4-10　革兰氏染色的结果

(a) 枯草杆菌，革兰氏阳性；(b) 大肠杆菌，革兰氏阴性

4-1)。由于这些差异，它们对溶菌酶和青霉素的反应也不同。G⁺ 细菌的细胞壁成分以肽聚糖为主，肽聚糖的合成过程可受青霉素抑制，而已经合成的肽聚糖又可被溶菌酶破坏，因此 G⁺ 细菌对青霉素和溶菌酶敏感。G⁻ 细菌的细胞壁除含有肽聚糖外还含有较多的脂多糖，脂多糖不受溶菌酶和青霉素影响，因此 G⁻ 细菌对青霉素和溶菌酶不敏感。

表 4-1　G^+ 与 G^- 细菌细胞壁结构和组分比较

G^+ 细胞壁结构与组分	G^- 细胞壁结构与组分
单层，厚，约 20～80 nm	两层，薄，约 10nm
主要由多层肽聚糖组成，占细胞壁干重的 40%～90%，网格紧密、坚固，与细胞膜连接不紧密。	内壁层为单层肽聚糖，厚 2～3 nm，只占细胞壁干重的 5%～10%，网格较疏松，紧贴细胞膜。外壁层由脂多糖、磷脂和脂蛋白组成。脂多糖为 G^- 细菌细胞壁所独有。
含磷壁酸	不含磷壁酸
对青霉素、溶菌酶敏感	对青霉素、溶菌酶不敏感

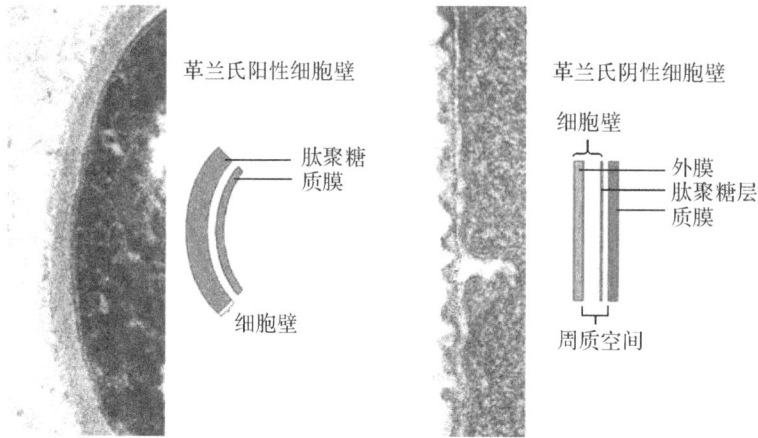

图 4-11 G⁺ 细菌和 G⁻ 细菌的细胞壁结构
(引自 Prescott L M, *et al*. Microbiology, fifth edition. 高等教育出版社, 2002)

③ 革兰氏染色鉴别的机理。细菌革兰氏染色反应与其细胞壁的结构和组分密切相关。在革兰氏染色中,经过结晶紫初染和碘液复染,在菌体内形成了深紫色的"结晶紫-碘"复合物。对于 G⁻ 细菌,这种复合物可用酒精从细胞内抽提出来,而对于 G⁺ 细菌,则不易抽提出来。究其原因,主要是 G⁺ 细菌的细胞壁较厚,肽聚糖含量高,脂类含量低,网格紧密,用酒精脱色时,引起细胞壁的肽聚糖层脱水,网状结构的孔径缩小以至关闭,从而阻止"结晶紫-碘"复合物外逸,保留初染的紫色;G⁻ 细菌细胞壁的肽聚糖层较薄,肽聚糖含量较少,脂类含量较高,用酒精脱色时,脂类物质溶解,细胞壁透性增大,"结晶紫-碘"复合物被抽提至细胞外而变成无色;用番红复染后,G⁻ 细菌被染成红色,而 G⁺ 细菌保持紫色(结晶紫着色能力强于番红)。

(二)细胞膜和间体

1. 细胞膜

细胞膜(cell membranes)是紧靠着细胞壁内侧而包围着细胞质的一层柔软而富有弹性的半透性薄膜。细胞膜占菌体干重的 10%,其中蛋白质约占 $60\%\sim70\%$,脂类约占 $30\%\sim40\%$,多糖约占 2%。细胞膜主要由磷脂双分子层构成,内部包埋着整合蛋白,表面结合着外周蛋白,其结构如图 4-12 所示。

细胞膜的功能主要有:① 作为细胞与环境的分隔屏障,保持细胞内部条件的相对稳定。② 作为物质渗透的选择性通道,允许特定物质进出细胞,限制其他物质进出细胞。③ 作为细菌产能代谢的重要部位,呼吸作用和光合作用的许多反应均在细胞膜上进行。④ 作为细菌鞭毛的着生部位,鞭毛的基粒着生在细胞膜上。⑤ 作为细菌受体分子的分布区域,可对环境信号作出响应。

2. 间体

间体(mesosomes)是细胞质膜内陷形成的一个或数个较大而不规则的层状、管状或囊状结构(图 4-13)。

迄今为止,对间体的功能尚未完全探明,推测其功能主要有:① 类似真核细胞中的线粒体,与能量代谢有关;② 类似真核细胞中的内质网,与物质运输有关;③ 与细胞壁形成、染色体复制及其在子细胞中的分配有关。

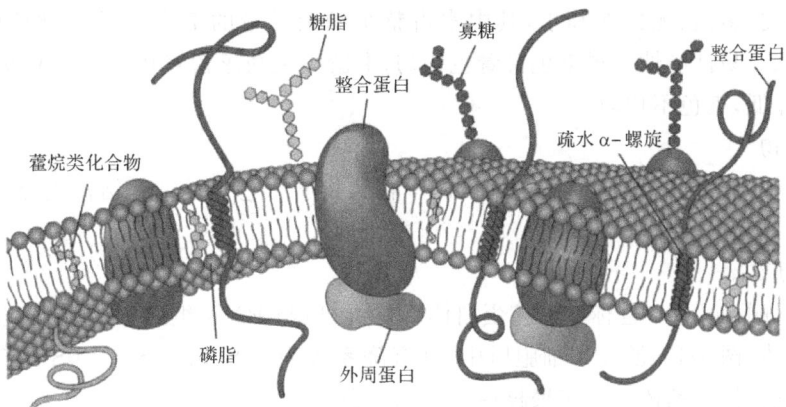

图 4-12　细胞膜的结构模式

（引自 Prescott L M，*et al*. Microbiology，fifth edition. 高等教育出版社，2002）

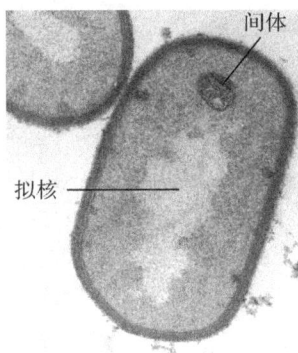

图 4-13　间体的结构

苟求芽孢杆菌（*Bacillus fastidious*）的间体

（引自 Prescott L M，*et al*. Microbiology，

fifth edition. 高等教育出版社，2002）

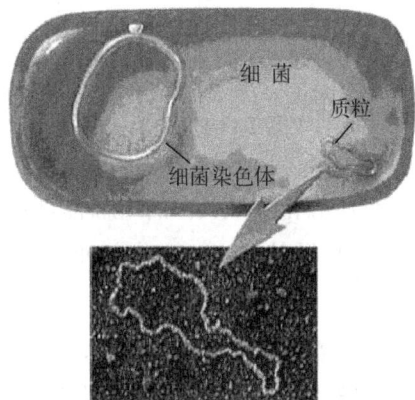

图 4-14　细菌的染色体和质粒

（引自叶创兴等. 生命科学基础教程.

jpkc. sysu. edu. cn，2006）

（三）细胞核和质粒

位于细胞质内、无核膜包围的核区，称为原始形态的核（primitive form nuclei），简称原核或拟核（nucleoids）（图 4-13）。在正常情况下，一个细菌拥有一个核区；其中只含一条染色体，它的主要成分是 DNA，也有少量 RNA 和蛋白质，但不含真核生物所具有的组蛋白。一般染色体 DNA 呈环形，总长约 0.25～3 mm。细菌旺盛生长时，一个细菌也会出现 2～4 个核区。原核携带了细菌的遗传信息，是其新陈代谢、生长发育和遗传变异的控制中心。

除染色体 DNA 外，细菌体内还有一种能自我复制的环状 DNA 分子，称为质粒（plasmids，图 4-14）。质粒分子较小，约 $(2～100)\times10^6$ D；数目较多，每个菌体的质粒数为 1 至数个；质粒不为细菌生存所必需，质粒丢失不影响细菌生活，但质粒赋予细菌某些特殊性状，如致育性、抗药性、对某些化学物质的降解性。

（四）细胞质及其内含物

1. 细胞质

细胞质（cytoplasms）是细胞膜内除核以外的无色透明物质。细胞质的主要成分是蛋白质、核酸、脂类、多糖、无机盐和水,其中水占整个细菌质量的70%。幼龄细菌的细胞质稠密,富含 RNA,易被碱性染料染色且着色均匀;老龄细菌缺乏营养物质,RNA 被用作氮源和磷源,含量降低,染色不均匀。

2.内含物

内含物(inclusions)是细胞质中所含的颗粒状物质。它包括细胞结构成分、颗粒状贮藏物、气泡等。

(1)核糖体

核糖体(ribosomes)也称核糖核蛋白体,由蛋白质与 RNA 组成,是蛋白质合成的场所。细菌的核糖体(图 4-15)游离于细胞质中,其沉降系数为70S,由 50S 和 30S 两个亚基组成。细菌生长旺盛时,核糖体常以多聚核糖体状态存在。

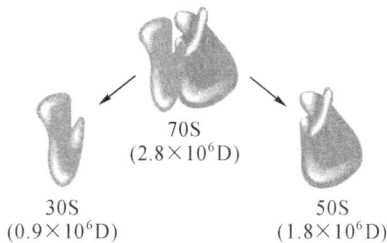

30S
$(0.9 \times 10^6 D)$

70S
$(2.8 \times 10^6 D)$

50S
$(1.8 \times 10^6 D)$

图 4-15　细菌核糖体

(引自 Berg J M, et al. Biochemistry, fifth edition. W H Freeman and Company,2002)

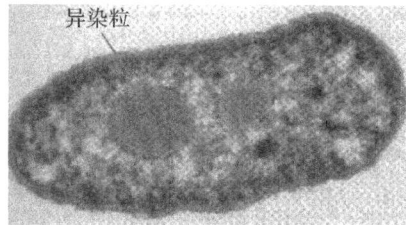

图 4-16　假单胞菌(Pseudomonas sp.)的异染粒

(引自 Prescott L M, et al. Microbiology, fifth edition. 高等教育出版社,2002)

(2)颗粒状贮藏物

环境中营养物质丰富时,很多细菌在细胞内积聚颗粒状贮藏物;环境中缺乏营养物质时,这些颗粒状贮藏物被分解利用。

① 异染粒(metachromatic granules)　又称迁回体,最早发现于迁回螺菌中(图 4-16)。用蓝色染料甲基蓝或甲苯胺蓝染色时,异染粒可被染成红色或深浅不一的蓝色,并因此而得名。异染粒的主要成分是多聚磷酸盐,另外含有 RNA、蛋白质、脂类和 Mg^{2+}。它是磷酸盐贮藏物。

② 聚 β-羟基丁酸(poly-β-hydroxybutyric acids,缩写为 PHBs)　PHBs 是 β-羟基丁酸的直链聚合物,可用作碳源和能源。在革兰氏染色中,这类物质不着色,但在脂溶性染料(如苏丹黑)染色中,这类物质容易着色,并可用光学显微镜观察(图 4-17)。

③ 肝糖粒(glycogen granules)和淀粉粒(starch granules)　肝糖粒和淀粉粒都是细菌的

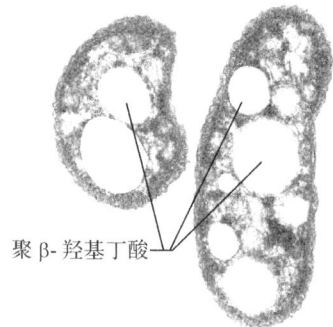

聚 β- 羟基丁酸

图 4-17　细菌(Rhodovibrio seodomensis)PHBs 的电镜照片

(引自 Madigan M T,et al. Brock Biology of Microorganisms,eleventh edition. Prentice-hall,Inc. , 2006)

碳源和能源性贮藏物。肝糖粒较小,只能在电镜下看到,用稀碘液染色,显现红褐色。淀粉粒较大,用碘液染色,显现蓝色。

④ 硫粒(sulfur granules)　许多硫细菌可在细胞内积累强折光性的硫粒(图 4-18)。作为能源性贮藏物,需要时可被硫细菌氧化利用。

(3)气泡

气泡(gas vacuoles)是某些细菌细胞贮存气体的特殊结构(图 4-19)。气泡囊的主要成分是蛋白质。气泡囊的大小、形状和数量随细菌种类而异。气泡赋予细胞浮力,可调节细菌在水体中的位置,以便获得光能、氧气和养分。

(五)荚膜

在一定条件下,某些细菌可向细胞壁表面分泌一层松散透明、黏度极大、黏液状或胶质状的物质,称为荚膜(capsules,图 4-20)。根据其存在状态,可区分为大荚膜、微荚膜和黏液层。大荚膜(macrocapsules)具有特定的外形,厚度约为 200nm;微荚膜(microcapsules)也有特定的外形,但厚度小于 200nm;黏液层(slime layers)没有特定的外形,边缘不清晰。若黏液层局限于细胞一端,则称为黏接物。黏接物可使细胞附着至物体表面。有时多个细菌的荚膜相互融合,形成菌胶团(zoogloea)。

荚膜的化学成分主要是多糖,具体因菌种而异。荚膜的功能主要是:① 保护细胞免受干燥影响;② 用作贮藏性碳源和能源;③ 增强某些病原菌的致病性,④ 有的荚膜本身具有毒性。

在固体培养基上,产荚膜细菌所形成的菌落表面湿润、光滑,称为光滑型(smooth,S 型)菌落。不产荚膜细菌所形成的菌落表面干燥、粗糙,称为粗糙型(rough,R 型)菌落。

产生荚膜是细菌的遗传特性,也与环境条件有关。例如,肠膜状明串珠菌(*Leuconostoc mesenteroides*)只有在糖含量高、氮含量低的培养基中,才能产生荚膜;炭疽芽孢杆菌(*Bacillus anthracis*)只有侵染至动物体内,才能形成荚膜。

(六)鞭毛和纤毛

1.鞭毛

鞭毛(flagella)是某些细菌从质膜和细胞壁伸出的丝状结构。鞭毛坚硬、细长、直径约

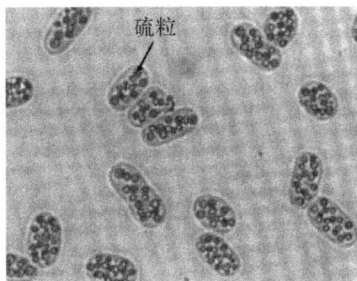

图 4-18　酒色着色菌(*Chromatium vinosum*)的硫粒
(引自 Prescott L M,*et al*. Microbiology,fifth edition. 高等教育出版社,2002)

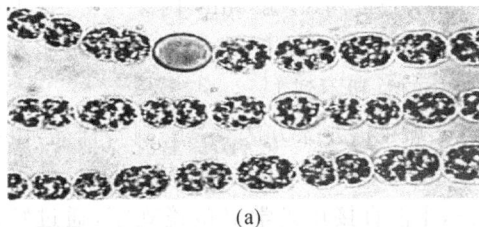

(a)

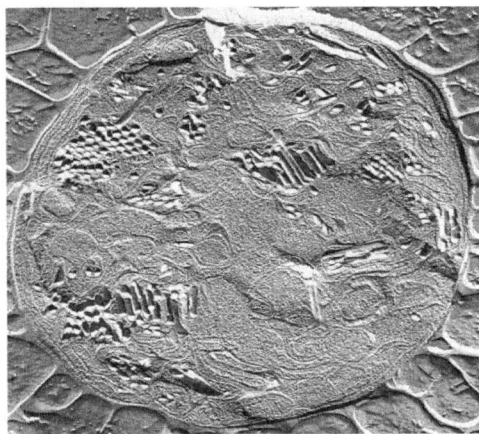

(b)

图 4-19　水华鱼腥蓝细菌(*Anabaena flosaquae*)的气泡和气泡囊
(a) 气泡;(b) 雪茄形气泡囊
(引自 Prescott L M,*et al*. Microbiology,fifth edition. 高等教育出版社,2002)

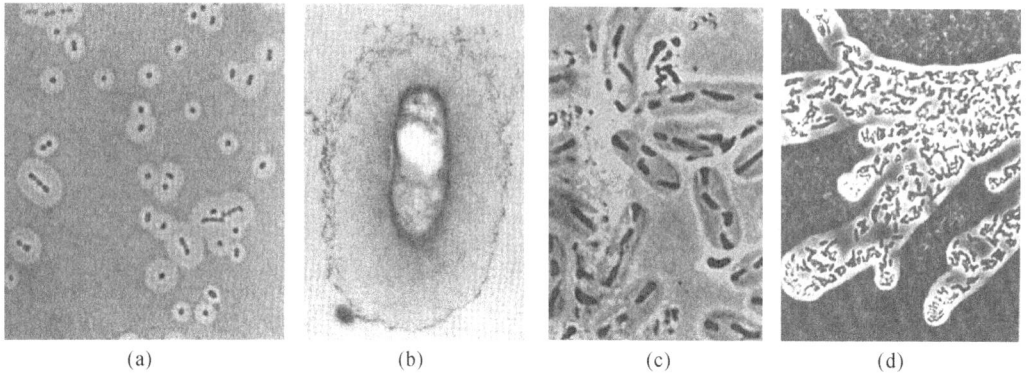

图 4-20　细菌的荚膜

(a)(b) 细菌荚膜；(c) 黏液层；(d) 菌胶团

20nm，长度约 $15\sim20\mu m$（图 4-21）。鞭毛中蛋白质占 99% 以上，碳水化合物、类脂和无机盐的总和不到 1%。

鞭毛的观察方法有：① 制备样品，电镜观察。② 鞭毛染色，显微镜观察。鞭毛很细，不能直接用光学显微镜观察，通过特殊的鞭毛染色可将媒染剂与染料的复合物附着并积累在鞭毛上，使其能在普通光学显微镜下观察。③ 制备悬滴，显微镜观察。将细菌制成悬滴，在光学显微镜下可见鞭毛细菌的翻滚或运动，但不能直接看见鞭毛。④ 穿刺培养，肉眼观察。将细菌穿刺接种于半固体培养基中，鞭毛细菌会沿穿刺线向周围扩散生长。

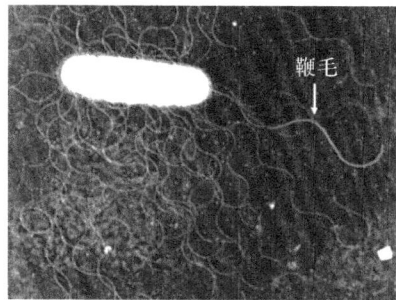

图 4-21　伤寒沙门氏菌（*Salmonella typhi*）的鞭毛

通常一个细菌的鞭毛数目为一至数十根。鞭毛的着生方式有：一端单生、两端单生、一端丛生，两端丛生以及周生（图 4-22）。鞭毛数目和着生方式是菌种特征，在细菌分类和鉴定上具有重要作用。

细菌鞭毛赋予细菌运动能力。细菌可以趋向营养物质，可以躲避有害物质和代谢废物，也可以对其他刺激因子（如温度、光线和重力等）作出响应。细菌改变方向而趋向有利因子或避开有害因子的运动性能，称为趋避性（taxis，图 4-23）。根据刺激因子的不同，趋避性可分为趋化性（chemotaxis）和趋光性（phototaxis）。

2.纤毛

纤毛（fimbriae 或 pili）是长在细菌体表的一种丝状结构（图 4-24）。直径 $7\sim9nm$，短直，中空，数量较多（$250\sim300$ 根）。常见于革兰氏阴性细菌，少见于革兰氏阳性细菌。纤毛与吸附有关而与运动无关。性纤毛（F-pili）是一种特殊的纤毛，每个细胞有 $1\sim4$ 根性纤毛，其功能是在不同性别的菌株间传递 DNA 片断（图 4-24）。有的性纤毛是 RNA 噬菌体附着的受体。

（七）芽孢

生长到一定时期，某些细菌的细胞质浓缩凝集，逐步形成一个圆形、椭圆形或圆柱形的抗逆性休眠体，称为芽孢或内生孢子（endospores）。芽孢壁厚而致密，折光性强，不易着

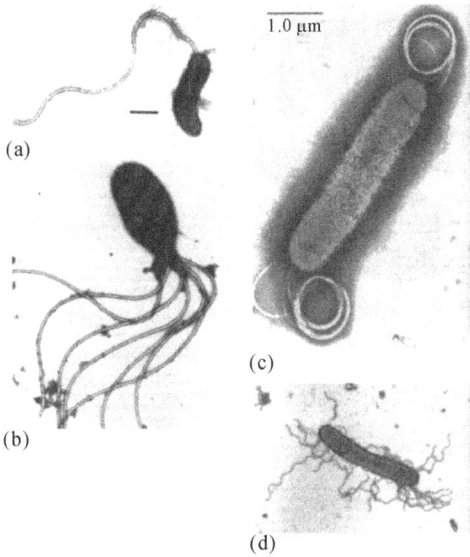

图 4-22　细菌鞭毛的类型
(a)一端单生鞭毛
(b)一端丛生鞭毛
(c)两端丛生鞭毛
(d)周生鞭毛

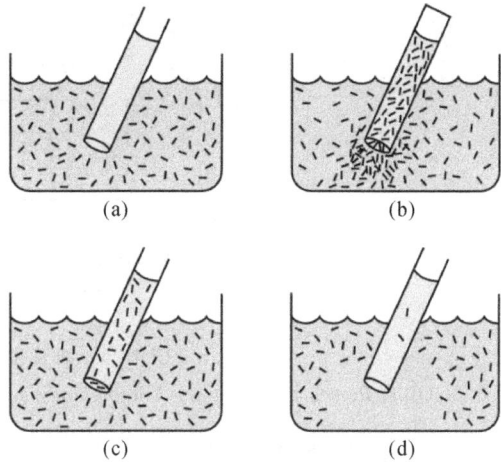

图 4-23　细菌的趋避性
(a)毛细管插入细菌悬液;(b)细菌趋向含有引诱剂的毛细管;(c)对照毛细管(管内管外细菌浓度相同);(d)细菌逃离含有驱避剂的毛细管
(引自 Madigan M T,et al. Brock Biology of Microorganisms,eleventh edition. Prentice-hall,Inc.，2006)

色,通透性差,水含量低,酶含量少,代谢活力低,对高温、干燥、辐射、酸、碱和有机溶剂等具有很强的抵抗能力。

芽孢的抗逆性与其以下特性有关:① 芽孢壁厚而致密、不易透水。芽孢结构分为三层(图4-25)。外层(孢外壁)主要由硬蛋白组成,疏水性氨基酸含量很高。中层(皮层)由肽聚糖组成,含大量吡啶二羧酸(dipicolinic acid,简称 DPA)。内层(核心)由肽聚糖组成,较薄,包围芽孢的细胞质和核质。② 原生质高度脱水。芽孢含水率低,一般为 40% 左右,芽孢内代谢活动停止。③ 芽孢中酶含量少,且有抗热性。④ 芽孢皮层中含有大量 DPA,主要以钙盐形式存在,占芽孢干重的 5%～15%。含有大量 DPA 是芽孢具有抗热性的重要原因。

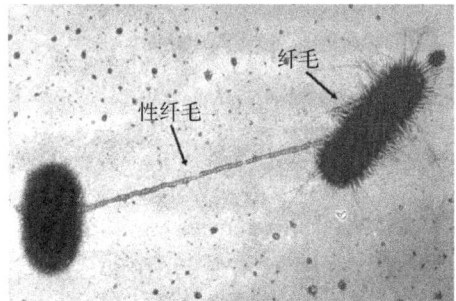

图 4-24　细菌的性纤毛
(引自 Prescott L M,et al. Microbiology,fifth edition. 高等教育出版社,2002)

产生芽孢的能力以及芽孢的形状、大小、位置(图 4-26)是菌种特征,在分类鉴定上具有一定意义。产生芽孢的细菌主要有芽孢杆菌属和梭菌属(Clostridium)。它们都是革兰氏阳性菌。梭菌属菌株的芽孢膨大,宽度超过菌体(菌体呈梭状)。此外,革兰氏阳性的芽孢八叠球菌属(Sporosarcina)和革兰氏阴性的脱硫肠状菌属(Desulfotomaculum)和弧菌属(Vibrio)的菌株也能形成芽孢。

芽孢萌发可形成新菌体。一个细菌只产生一个芽孢,一个芽孢只形成一个菌体,因此芽孢不是繁殖体。

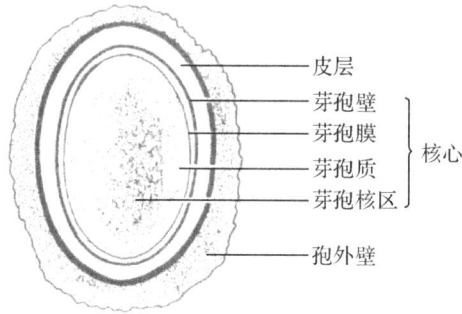

图 4-25　细菌芽孢构造模式

（引自 Prescott L M. *et al*. Microbiology. fifth edition. 高等教育出版社. 2002）

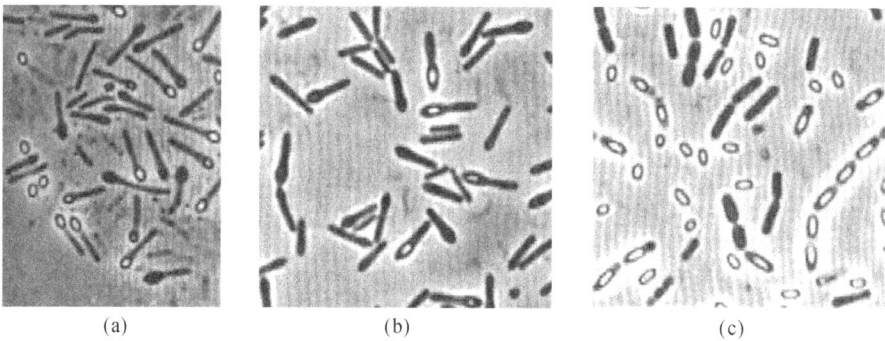

(a)　　　　　　　　　(b)　　　　　　　　　(c)

图 4-26　细菌芽孢的形态及位置

（a）末端；（b）次末端；（c）中间

三、细菌的繁殖与培养特征

（一）细菌繁殖

裂殖（schizogenesis）是细菌最普遍、最主要的繁殖方式。如图 4-27 所示，在细菌细胞分裂前，先进行染色体 DNA 复制；所形成的双份染色体 DNA 彼此分开，移向细菌细胞两端；细菌细胞在中间形成横隔壁和细胞膜，产生两个子细胞。若分裂产生的两个子细胞大小相等，称为同型分裂。若分裂产生的两个子细胞大小不等，则称为异型分裂。

除裂殖外，还有少数细菌进行出芽繁殖，少数细菌进行有性繁殖（通过性菌毛传递 DNA 等遗传物质），但频率很低。

（二）细菌培养特征

1. 固体培养基上的培养特征

一个或少数几个细菌在固体培养基上生长繁殖所形成的肉眼可见的微生物群体，称为菌落（colony）。在特定条件下，细菌具有显著的培养特征，且有较高的

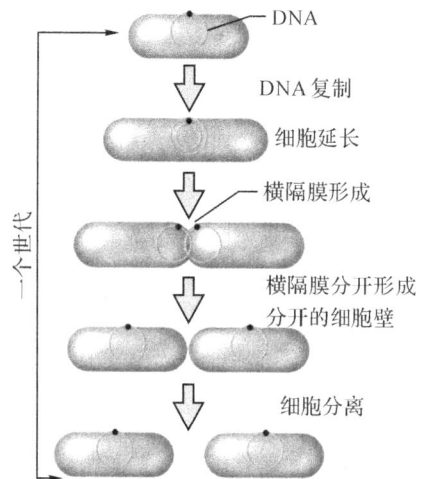

图 4-27　细菌裂殖

（引自 Madigan M T. *et al*. Brock Biology of Microorganisms, eleventh edition. Prentice-hall, Inc. 2006）

稳定性和专一性,可用于菌种鉴别。菌落特征(图 4-28)包括大小、形状、厚度、边缘、光泽、颜色、硬度、透明度等。

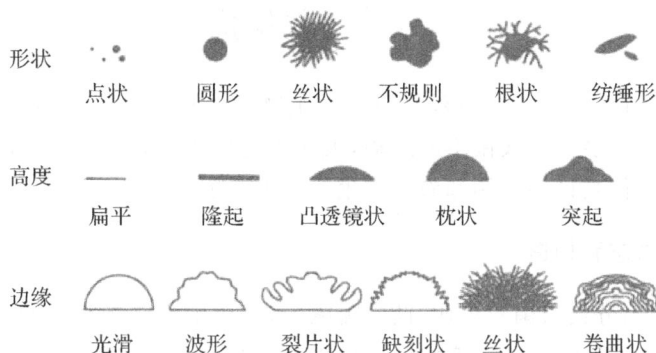

图 4-28　细菌菌落特征

(引自 Prescott L M,*et al*. Microbiology,fifth edition. 高等教育出版社,2002)

用含菌样品或菌种在平板(固体培养基平板的简称)或斜面(固体培养基斜面的简称)上画线,经过培养,固体培养基上可出现密集的细菌菌体。这些长成一片的细菌群体,称为菌苔(lawn)。斜面菌苔(图 4-29)可作为菌种鉴定的参考依据。

2.半固体培养基上的培养特征

以穿刺接种法将细菌接种至琼脂含量为 $0.3\%\sim0.5\%$ 的半固体培养基中,如果细菌不生鞭毛,它们只能在穿刺线上聚集生长;如果着生鞭毛,它们既能在穿刺线上聚集生长,也能在穿刺线周围扩散生长。不同种类的细菌具有不同的扩散生长状态(图 4-30)。

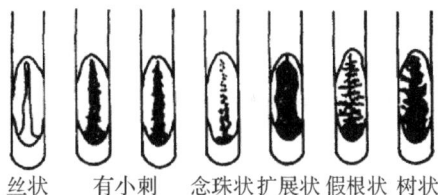

图 4-29　细菌斜面培养特征

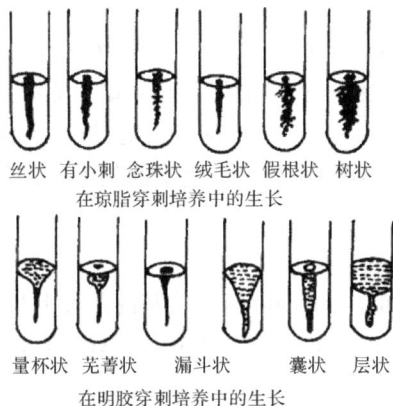

图 4-30　细菌穿刺培养特征

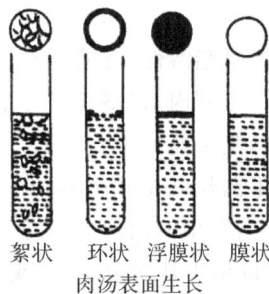

图 4-31　细菌液体培养特征

3.液体培养基中的培养特征

在液体培养基中,细菌生长能使培养基混浊。混浊情况因菌而异:好氧菌仅使培养液上部混浊;厌氧菌仅使培养液下部混浊;兼性厌氧菌则使培养液均匀混浊。有的细菌可在培养液表面形成菌环或菌膜,有的细菌可在培养液底部产生絮状沉淀,有的细菌可在培养液中产生气泡、色素。细菌在液体培养基中的培养特征(图 4-31)也是菌种鉴定依据之一。

第二节　放线菌

放线菌(actinomyces)是一大群丝状原核微生物的通称。由于放线菌在固体培养基上呈辐射状生长,由此得名。放线菌不能运动,大多数是腐生菌,少数是寄生菌。放线菌具有很高的经济价值,它们是许多医用和农用抗生素的生产菌。

一、放线菌的形态和构造

大部分放线菌由分枝状菌丝组成,菌丝无隔膜,属单细胞。直径大约 $1\mu m$,与杆状细菌宽度相当。细胞壁含有 N-乙酰胞壁酸与二氨基庚二酸,不含几丁质与纤维素。根据形态与功能,放线菌菌丝可分为基内菌丝、气生菌丝与孢子丝(图 4-32)。

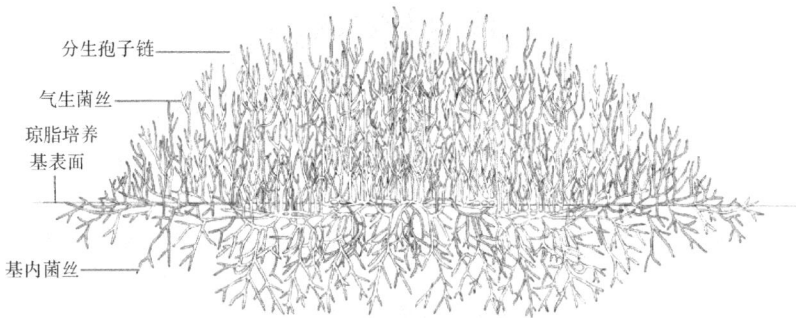

图 4-32　放线菌菌落横断面

(引自 Prescott L M.*et al*. Microbiology.fifth edition. 高等教育出版社.2002)

(一)基内菌丝

基内菌丝(substrate mycelia)又称营养菌丝(vegetative mycelia)或初级菌丝(primary mycelia),生长在培养基内,主要功能是从培养基中吸收营养物质。基内菌丝无隔膜,多分枝,直径 $0.2\sim1.0\mu m$,有的无色,有的产生色素,呈红、橙、黄、绿、蓝、紫、褐、黑等不同颜色。有的色素呈脂溶性,有的色素呈水溶性。脂溶性色素仅使菌落呈现色素的颜色;水溶性色素可渗入培养基内,将整个培养基染上色素的颜色。

(二)气生菌丝

气生菌丝(aerial mycelia)又称二级菌丝(secondary mycelia),是从基内菌丝上长出培养基外,伸向空中的菌丝。在光学显微镜下观察,气生菌丝的颜色深于基内菌丝,直径(约 $1\sim1.4\mu m$)也粗于基内菌丝,直或弯曲,有的产生色素。

(三)孢子丝与分生孢子

放线菌生长至一定阶段,在气生菌丝上分化出产生孢子的菌丝,称为孢子丝(sporophores)。孢子丝的形状有直形、波浪形和螺旋形(图 4-33)。有的孢子丝交替着生,有的孢子丝丛生或轮生。有时孢子丝从一点分出三个以上的孢子枝,这些孢子枝称为轮生枝(verticillates)。轮生枝有单轮生和双轮生之分。对于轮生状放线菌,其孢子丝多为双轮生。上述特征常用于放线菌鉴定。

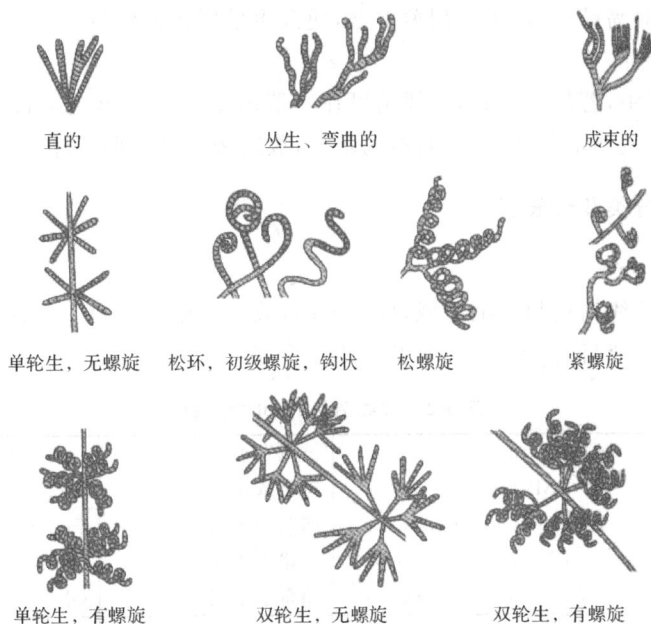

直的　　　　　　　丛生、弯曲的　　　　　　　成束的

单轮生，无螺旋　　松环，初级螺旋，钩状　　松螺旋　　　　紧螺旋

单轮生，有螺旋　　　双轮生，无螺旋　　　　双轮生，有螺旋

图 4-33　放线菌孢子丝类型

(引自 Madigan M T, et al. Brock Biology of Microorganisms, eleventh edition. Prentice-hall, Inc., 2006)

　　孢子丝生长到一定阶段断裂为孢子，称为分生孢子(conidia)。分生孢子有球形、椭圆形、杆形、瓜子形等不同形状。在电镜下观察孢子表面结构，有的光滑、有的带小疣、有的生刺或毛发状。孢子呈不同颜色。分生孢子的外部形状、表面结构、颜色特征等也是放线菌的鉴定依据。

二、放线菌的繁殖和培养特征

　　(一)放线菌的繁殖方式

　　放线菌主要由孢子丝通过横割分裂的方式形成分生孢子，再由分生孢子进行繁殖；也可通过菌丝断裂产生的片段形成新的菌体。后一繁殖方式常见于液体培养中。

　　(二)放线菌的培养特征

　　1.固体培养特征

　　在固体培养基上，放线菌菌落常具土腥味；用光学显微镜观察，菌落周围有放射状菌丝；放线菌菌落有两种类型：一类以链霉菌菌落为典型代表；另一类以诺卡氏菌的菌落为典型代表。

　　链霉菌产生大量气生菌丝，菌丝较细，菌丝分枝，互相缠绕，菌落质地致密，表面坚实、干燥、多皱，菌落较小。营养菌丝长在培养基内，与培养基结合较紧，菌落不易挑起或整个挑起而不致破碎。幼龄时，气生菌丝尚未分化成孢子丝，菌落表面与细菌菌落相似而不易区分；成长后，气生菌丝分化为孢子丝并产生大量孢子，菌落表面呈绒状、粉末状或颗粒状。有些放线菌孢子含有色素，若其颜色不同于基内菌丝，则可使菌落表面与背面呈现不同颜色。

　　诺卡氏菌一般不产生气生菌丝，但基内菌丝发达；菌落表面呈粉质状，结构松散，黏着力差,用接种针挑起时易破碎;产生类胡萝卜素,使菌落呈现各种颜色。

2.液体培养特征

在液体培养基中,若静置培养,放线菌可在容器内壁液面上形成斑状或膜状培养物,也可降至底部而不致液体培养基混浊;若振荡培养,放线菌菌丝体形成球状颗粒。

三、放线菌的分类和代表属

（一）放线菌的分类

在分类学上,放线菌被归入细菌域,放线菌门,放线菌纲,放线菌目（Actimomycetales）。放线菌目包括 10 个亚目（详见表 4-2）,共有 143 个属。

表 4-2　放线菌目的 10 个亚目

放线菌亚目	Actimomycineae	链霉菌亚目	Streptomycetaceae
微球菌亚目	Micrococcineae	链霉囊菌亚目	Streptosporangiaceae
棒状杆菌亚目	Corynebacterineae	弗兰克氏菌亚目	Frankineae
小单孢菌亚目	Micromonosporineae	假诺卡氏菌亚目	Pseudonocardineae
丙酸杆菌亚目	Propionibacterineae	糖霉菌亚目	Glycomycineae

（二）放线菌的代表属

1.链霉菌属

链霉菌属（Streptomyces）有发达的菌丝体,菌丝无隔膜,直径约 0.4～1μm,长短不一,多核。菌丝体有营养菌丝、气生菌丝和孢子丝之分。孢子丝产生分生孢子。孢子成链、不游动、外面包有薄层纤维鞘,每个孢子链有 3 到多个孢子,孢子大多有颜色,质地光滑或多刺或有疣。以分生孢子繁殖是链霉菌繁殖的主要方式。其生活史如图 4-34 所示。

链霉菌属包含 500 余种。大多生长在水含量较低、通气良好的土壤中。链霉菌能分解纤维素、石蜡以及多种碳氢化合物。链霉菌是重要的抗生素产生菌。许多常用抗生素（如链霉素、土霉素、卡那霉素等）均产自链霉菌。

2.诺卡氏菌属

在固体培养基上形成典型的菌丝体。菌丝纤细,多数弯曲成树根状。一般生长十几个小时后开始形成横隔膜,并断裂成杆状、球状或带叉的菌体。诺卡氏菌属（Nocardia）的大多数种不长气生菌丝,只有基内菌丝,菌落秃裸。少数种在基内菌丝体上覆盖一层极薄的气生菌丝。诺卡氏菌属的菌丝可长横隔膜,并断裂成杆状（图 4-35）。诺卡氏菌的菌落小于链霉菌,表面多皱、致密、干燥或平滑、凸起,有黄、黄绿、红橙等颜色。

地中海诺卡氏菌（N. mediterranei）用于生产利福霉素,其他诺卡氏菌也用于石油脱

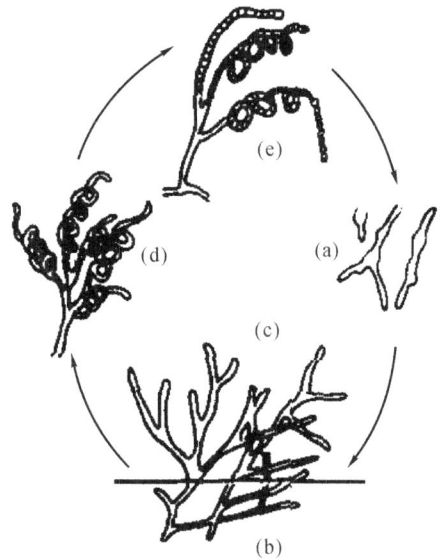

图 4-34　链霉菌生活史
（a）孢子萌发;（b）基内菌丝体;（c）气生菌丝体;（d）孢子丝;（e）孢子丝分化为孢子

蜡、烃类发酵和含腈污水处理等。

第三节　蓝细菌

蓝细菌（cyanobacteria）是一类分布广泛、具有单细胞或多细胞的形态特征、含有叶绿素 a 和藻胆素并能进行产氧光合用的原核微生物的统称。由于其个体显著大于一般细菌，其形态和大小接近藻类，植物学家将其归入藻类，过去曾称之为蓝藻（blue algae）或蓝绿藻（blue-green algae）。确认蓝细菌的细胞核为原核后，将其归入原核微生物。

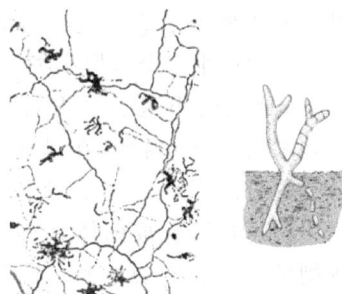

图 4-35　星状诺卡氏菌（*Nocardia asteroids*）的基质菌丝、气生菌丝和分生孢子

一、蓝细菌的形态特征与细胞构造

蓝细菌的基本形态有球状、杆状和长丝状（图 4-36）。丝状蓝细菌的结构或呈简单的管状，或分化为真性或假性分枝，细胞宽度或直径的范围为 $0.5\sim100~\mu m$。

蓝细菌呈革兰氏阴性，其细胞壁的组成和结构与革兰氏阴性细胞类似，但肽聚糖层较厚。蓝细菌常分泌黏液（主要是多糖和多肽），将许多细胞聚集成团；一些蓝细菌产生胶质鞘，将细胞包围在胶质鞘内而形成细胞链。许多蓝细菌内含气泡，可使菌体漂浮，并使菌体保持在光照适宜处，以利光合作用。

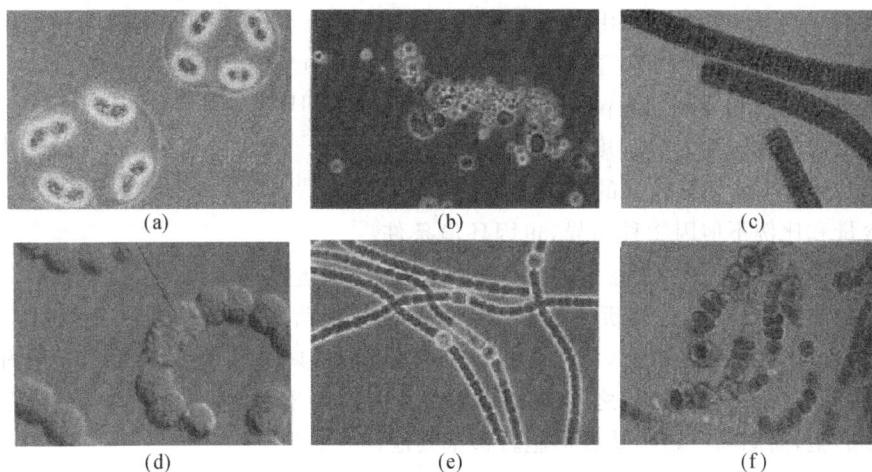

图 4-36　蓝细菌形态

(a)黏杆蓝细菌属（*Gloeothece*），单细胞；(b)皮果蓝细菌属（*Dermocarpa*），聚集生长；

(c)颤蓝细菌属（*Oscillatoria*），丝状；(d)和(e)鱼腥蓝细菌属（*Anabaena*），丝状、有异形胞；

(f)飞氏蓝细菌属（*Fischerella*），丝状、分枝

二、蓝细菌的运动方式和繁殖方式

单细胞蓝细菌通常不长鞭毛，不能运动。但是，丝状蓝细菌能在基质上滑行。有些蓝细菌的滑行不只是简单的移动，还伴随着丝状体的旋转、逆转和屈曲。

蓝细菌的主要繁殖方式是二分裂。有的蓝细菌可在母细胞内产生多个球形小细胞,称为小孢子(baeocytes);释放的小孢子可重新膨大成营养细胞。有的蓝细菌能进行芽殖,在母细胞顶端以不对称缢缩分裂的方式形成小的单细胞,称为"外生孢子";再由"外生孢子"长成菌体。有的丝状蓝细菌通过无规则的丝状体断裂繁殖。还有的丝状蓝细菌可产生个大而壁厚的休眠细胞,称为静息孢子(akinetes,图 4-37)。静息孢子一般大于营养细胞,常含色素和贮藏性物质,能抗干燥和低温,可度过不良环境。当条件适宜时,静息孢子可萌发形成新的菌丝体。

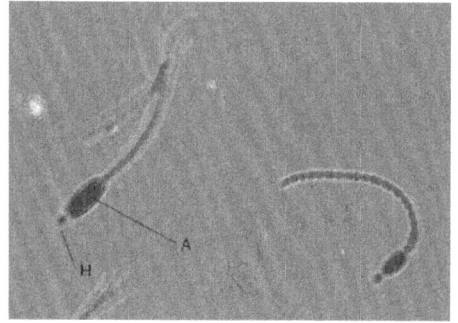

(a)

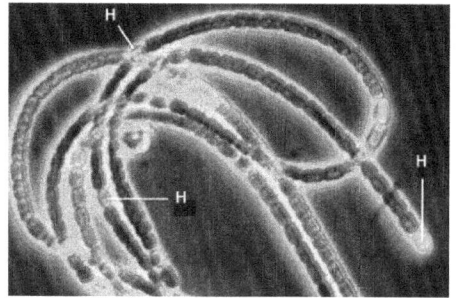

(b)

图 4-37 蓝细菌的异形胞和静息孢子

(a) 简孢蓝细菌(*Cylindros permum*)的异形胞(H)和静息孢子(A);

(b) 鱼腥蓝细菌(*Anabeana variabilis*)的异形胞(H)。

(引自 Prescott L M, *et al*. Microbiology, fifth edition. 高等教育出版社,2002)

三、蓝细菌的生理和生态特性

蓝细菌是光能自养菌,能像绿色植物一样进行产氧光合作用,将二氧化碳同化为有机物质。在蓝细菌类囊体(thylakoid)表面,整齐地排列着藻胆蛋白体(phycobilisomes)颗粒,它们是藻胆蛋白(phycobiliproteins)的聚合体。藻胆素(phycobilin)是蓝细菌所特有的色素,在光合作用中起辅助作用,将所吸收的光能传递给叶绿素。藻胆素包括藻蓝素(phycocyanobilin)和藻红素(phycoerythrin)。两种色素的形成与分解受光照强度的影响,强光对藻蓝素的形成有利,而对藻红素的形成有碍,菌体中两者的含量和比例不但因物种而异,也因环境条件而异。在大多数蓝细菌中,藻蓝素占优势,细胞呈特殊的蓝色,蓝细菌便由此得名。

蓝细菌能产生异形胞。异形胞(heterocysts)是蓝细菌所特有的变态营养细胞,其细胞壁较厚,内含物透明,常呈圆形,位于菌体中间或顶端(图 4-37)。异形胞的功能是固定分子态氮。异形胞与相邻营养细胞之间不仅有接触,而且有物质交换,光合产物从其他营养细胞转运至异形胞,而固氮产物则从异形胞转移至其他营养细胞。

蓝细菌分布广泛。它们对不良环境条件的耐受性强于藻类,常常是热泉、盐湖和其他极端环境中的优势或唯一光合微生物。蓝细菌外面经常形成黏质薄膜,能耐干旱。有的蓝细菌干标本被保存 80 余年后,再移至适宜环境中,仍能生活。有些蓝细菌是真菌和蕨类植物的内共生菌。共生于地衣中的蓝细菌能进行光合作用。共生于红萍中的蓝细菌能进行生物固氮。蓝细菌是水生生态系统的重要成员。它们对生活条件要求不高,只要有空气、阳光和少量无机养分,便能大量生长。当其恶性增殖时,可在淡水中形成"水华"(water bloom)(详见第十章)。

四、蓝细菌的分类和代表属

（一）蓝细菌的分类

在分类学上，蓝细菌被归入细菌域，蓝细菌门（Cyanobacteria），共有 6 个目（详见表4-3），56 个属。蓝细菌的分类正处于过渡时期，面临着重大改动。

表 4-3　蓝细菌门的 5 个目

颤蓝细菌目	Oscillatoriales	色球蓝细菌目	Chroococcales
宽球蓝细菌目	Pleurocapsales	念珠蓝细菌目	Nostocales
真枝蓝细菌目	Stignematales		

（二）蓝细菌的代表属

1. 微囊蓝细菌属

微囊蓝细菌属（*Microcystis*）细胞呈椭圆形到球形，直径 3～8 μm。沿三个平面进行二分裂，以不规则的方式形成细胞聚集体。可产生和分泌有毒的缩氨酸微囊藻素，也能释放 β-环柠檬醛，这些物质可使湖水或池塘散发异味。

2. 鱼腥蓝细菌属

鱼腥蓝细菌属（*Anabaena*）丝状体呈笔直、弯曲或螺旋状，不间断，有收缩性和横向隔膜。细胞呈圆柱状、卵圆状或螺旋状，宽度 2～10 μm。异形胞生长在胞间或末端或两者兼有。厚壁孢子形成于生长期末，其在丝状体上的着生部位因种而异。丝状体没有鞘，但经常外被黏液层。许多种含有气泡。以丝状体断裂的方式繁殖。鱼腥蓝细菌属能进行生物固氮。它们是淡水浮游生物的重要组成部分。

第四节　古　菌

古菌（archaea）是一群具有独特的基因结构或系统发育的原核微生物。其细胞形态和细胞器类似于细菌。它们大多生活在地球上的极端环境中，由于这类环境常见于生命发生初期，因而称之为古菌。在系统发育学上，古菌是一个独立的进化分支，它们与细菌的亲缘关系甚至远于真核生物，它们是地球上的第三生命形式。

一、古菌的发现

长期以来，人们一直认为地球上存在原核生物和真核生物两大生命形式。1977 年 Woese 等研究了 60 多种细菌的 16S rRNA 序列，从中发现了一群序列独特的细菌——产甲烷菌。此后，又通过一些极端嗜热、嗜盐细菌与一般细菌的 16S rRNA 序列比对，从中发现了彼此之间的显著差异（与一般细菌 16S rRNA 的相似性低于 63%）。他们认为，这些具有独特 16S rRNA 序列的细菌是地球上的第三生命形式，并根据它们的特殊生境将其命名为古细菌（Archaebacteria）。有鉴于古细菌与细菌的远缘关系，又将古细菌更名为古菌（Archaea）。

二、古菌的特性

① 古菌形态多样。它们可呈球状、杆状、螺旋状、耳垂状、盘状等规则或不规则的形态。

有的古菌以单细胞的形式存在,有的古菌则以菌丝体或团聚体的形式存在。一般菌体直径为 $0.1\sim15\mu m$,菌丝可长达 $200\mu m$。有的古菌革兰氏染色阳性,有的古菌革兰氏染色阴性。

② 古菌组成特殊。古菌细胞壁的主要化学成分是假胞壁质、糖蛋白、多聚糖和蛋白质;细胞壁不含胞壁酸(细菌细胞壁含有胞壁酸);细胞壁中的氨基酸全为 L-型(细菌细胞壁中的氨基酸全为 D-型)。古菌细胞膜的主要化学成分是甘油二醚或甘油四醚(细菌细胞膜的主要成分为甘油酯)。古菌对氯霉素、链霉素、卡那霉素等抗生素不敏感(细胞壁中含有 D-氨基酸的细菌对这些抗生素敏感)。古菌不受溶菌酶影响(细菌受溶菌酶影响)。

③ 古菌生理丰富。它们可以需氧、兼性厌氧或严格厌氧;可以自养,也可以异养;可以在中温条件下生活,也可以在 100℃ 以上的高温条件下生活;它们经常出现在极端生境中,具有特殊的耐高温、耐强酸、耐强碱、耐高盐、极端厌氧等生理功能。

④ 古菌繁殖方式复杂。它们以二分裂、芽殖或其他机制增殖。

三、古菌的分类和代表属

(一)古菌的分类

在分类学上,古菌被归入古菌域。按照 Woese 等建立的 RNA 系统发育树,古菌域分为泉古菌界、广古菌界和初生古菌界。但在《伯杰氏系统细菌学手册》(第二版)中,古菌域只有泉古菌界和广古菌界,初生古菌界因没有分离培养菌株而未被列入。泉古菌界只有 1 个门,即泉古菌门;泉古菌门只有 1 个纲,即热变形菌纲(Thermoprotei)。广古菌界也只有 1 个门,即广古菌门;但广古菌门有 7 个纲(详见表 4-4),其中包括产甲烷菌、硫酸盐还原菌、极端嗜盐菌以及极端嗜热硫代谢菌等生理类群。

表 4-4　广古菌界的 7 个纲

产甲烷杆菌纲	Methanobacteria	产甲烷球菌纲	Methanococci
产甲烷火菌纲	Methanopyri	盐杆菌纲	Halobacteria
热原体纲	Thermoplasmata	热球菌纲	Thermococci
古生球菌纲	Archaeoglobi		

(二)产甲烷菌

产甲烷菌(methanogens)是一群能够利用一碳或二碳化合物产生甲烷的古菌。由于它们能够产生甲烷,故而得名。少数产甲烷菌进行自养生长,以氢气和二氧化碳为基质产生甲烷,从中获得能量;多数产甲烷菌进行异养生长,把甲酸、甲醇、乙酸和其他一碳有机物用作碳源和能源。产甲烷菌共有 3 纲,5 目,26 属。一些产甲烷菌的形态如图 4-38 所示,各代表属的特性见表 4-5。

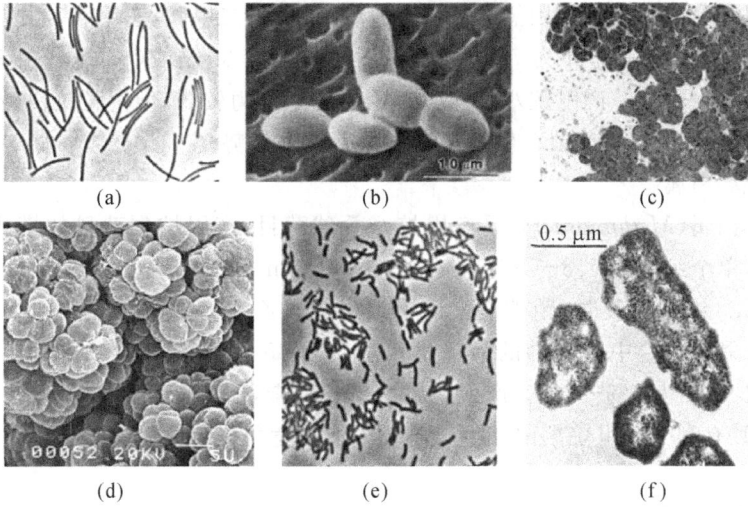

图 4-38　产甲烷菌

（a）亨氏产甲烷螺菌（*Methanospirillum hungatei*）

（b）史氏产甲烷短杆菌（*Methanobrevibacter smithii*）

（c）巴氏产甲烷八叠球菌（*Methanosarcina barkeri*）

（d）马氏产甲烷八叠球菌（*Methanosarcina mazei*）

（e）布氏产甲烷杆菌（*Methanobacterium bryantii*）

（f）黑海产甲烷菌（*Methanogenium marishigri*）

表 4-5　产甲烷菌代表属的特性

分类	形态	(G+C)%	细胞壁组分	革兰氏反应	运动性	产甲烷基质
产甲烷杆菌纲						
产甲烷杆菌目						
产甲烷杆菌属	长杆状或丝状	32～61	假胞壁质	＋或可变	－	H_2+CO_2,甲酸
产甲烷球菌纲						
产甲烷球菌目						
产甲烷球菌属	不规则球形	29～34	蛋白质	－	－	H_2+CO_2,甲酸
产甲烷微菌目						
产甲烷微菌属	短弯曲杆状	45～49	蛋白质	－	＋	H_2+CO_2,甲酸
产甲烷螺菌属	弯杆状或螺旋体	45～50	蛋白质	－	＋	H_2+CO_2,甲酸
产甲烷八叠球菌目						
产甲烷八叠球菌属	不规则球形或片状	36～43	异聚多糖或蛋白质	＋或可变	－	H_2+CO_2,甲酸,甲胺,乙酸
产甲烷火菌纲						
产甲烷火菌目						
产甲烷火菌属	直或轻微弯曲杆状	59～60	假胞壁质	＋	＋	H_2+CO_2

1.产甲烷八叠球菌属

产甲烷八叠球菌属（*Methanosarcina*）是产甲烷八叠球菌目、产甲烷八叠球菌科的模式属。细胞呈球杆状、假八叠状或"胞囊"状,直径为 1.5～2.0μm。菌体通常形成几微米至几百微米的不规则聚集体。可利用氢/二氧化碳、CO、甲醇、二甲胺、三甲胺、乙酸作为基质;以铵为氮源,也能固氮;最适 pH 为 7.0 左右;最适生长温度 30～40℃。能利用氢还原二氧化碳或裂解乙酸产生甲烷。产甲烷八叠球菌对乙酸的亲和力较弱,但生长较快,乙酸浓度大于 1mmol/L 利于产甲烷八叠球菌在生态系统中取得竞争优势。

2.产甲烷鬃菌属

产甲烷鬃菌属(*Methanosaeta*)是产甲烷八叠球菌目、产甲烷鬃菌科的模式属。菌体杆状,细胞平端,单个细胞宽 0.8～1.3μm,长 2.0～7.0μm,多个细胞被包在一个管状的鞘中,可长达 150μm。细胞分裂时,鞘破裂。产甲烷鬃菌以乙酸为基质产甲烷和生长,将乙酸裂解为甲烷和二氧化碳。中温物种的最适生长温度为 35～40℃,高温物种的生长温度 55～60℃,最适生长 pH 为 6.5～7.5。产甲烷鬃菌生长较慢,但对乙酸的亲和力较强,乙酸浓度小于 1mmol/L 有利于产甲烷鬃菌在生态系统中取得竞争优势。

复习思考题

1. 细菌有哪些基本形态? 其中球菌有哪些排列方式?

2. 细菌有哪些基本结构和特殊结构?

3. 何谓革兰氏染色? 简述革兰氏染色过程及其鉴别机理。

4. 何谓荚膜? 可分为哪几种类型?

5. 何谓鞭毛和纤毛? 各有什么作用?

6. 为什么芽孢具有很强的抗逆性?

7. 何谓菌落? 简述细菌在固体、半固体和液体培养基上的生长特征。

8. 简述放线菌的形态特征及其在固体培养基上的菌落特征。

9. 简述蓝细菌的形态构造和生理生态特性。

10. 简述古菌的特性。

11. 产甲烷菌的典型特性是什么? 可分哪几个目?

第五章　真核微生物

真核微生物(eukaryotic microorganisms)是指以真核细胞为基本构造单位的微生物。若将生物分为细菌域、古菌域和真核生物域,真核微生物涉及真核生物域中的众多类群。本章介绍真菌、藻类、原生动物和微型后生动物。

第一节　真　菌

一、真菌的细胞构造

真菌的细胞构造(图 5-1)包括细胞壁、细胞膜、细胞质、细胞核、线粒体、核糖体、内质网、高尔基体、液泡等。

① 细胞壁　酵母菌细胞壁厚 25～70nm,占细胞干重的 25%,主要成分是葡聚糖、甘露聚糖、蛋白质和几丁质(占 90% 以上),另有少量脂类物质。葡聚糖位于细胞壁内层,甘露聚糖位于细胞壁外层,蛋白质夹在葡聚糖和甘露聚糖之间,呈三明治状。几丁质含量不高,只出现于芽痕周围。酵母菌细胞壁中的多糖以葡聚糖为主,低等真菌和高等陆生真菌则分别以纤维素和几丁质为主。

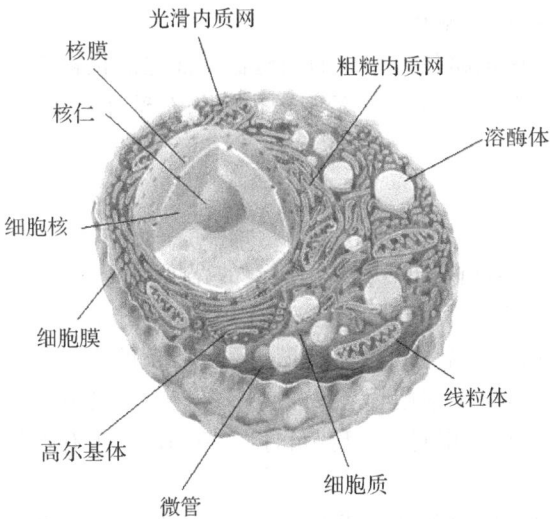

图 5-1　真核细胞构造

(引自 Berg J M, et al. Biochemistry, fifth edition. W H freeman and Company, 2002)

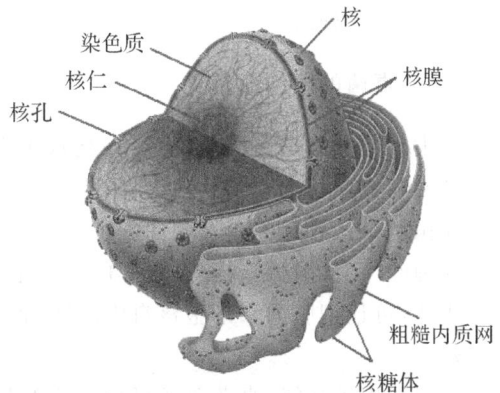

图 5-2　细胞核

(引自 Capbell N A, et al. Biology: concepts and connections, Person Education Inc. , 2003)

② 细胞膜　酵母菌细胞膜的化学组成类同于原核微生物,但增加了甾醇。甾醇可增强细胞膜。细胞膜控制着细胞内外的物质交流。细胞膜外伸和内陷可扩大细胞表面积,有利

于物质运输。

③ 细胞质   细胞中除核以外的原生质,包括各种细胞器。幼龄细胞的细胞质稠密、均匀,老龄细胞的细胞质有液泡、贮藏物质。

④ 细胞核   包括核膜、核仁和核质(图 5-2)。核膜(nuclear membranes)围在核外,是特化的细胞内膜。核膜上有核孔(nuclear pores),便于核内外物质交流。核仁(nucleoli)是折光率高于核质的致密匀质球体,与 rRNA 的合成和装配有关。核质(nucleoplasms)是核膜以内、核仁以外的所有物质。核质可分为不着色的核液(karyolymph)和着色的染色质(chromatin)。染色质 DNA 携带了细胞遗传信息。

⑤ 线粒体(mitochondria)   细胞进行能量代谢的细胞器(图 5-3)。呈圆形或椭圆形,由双层膜组成,内膜向腔内突出,形成搁板状或管状的嵴(cristae)。嵴上带柄的小颗粒是进行氧化磷酸化的场所。

⑥ 核糖体   由 RNA 和蛋白质组成,是合成蛋白质的场所。真核细胞内有两种核糖体,即细胞质核糖体和线粒体核糖体。细胞质核糖体的沉降系数为 80S,可呈游离状态,也可与内质网和核膜结合;线粒体核糖体的沉降系数为 70S,位于线粒体内。

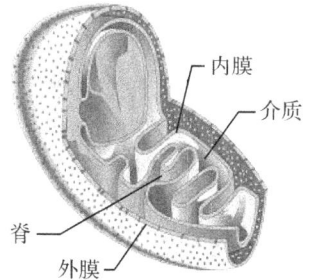

图 5-3   线粒体

(引自 Madigan M T. et al. Brock Biology of Microorganisms, eleventh edition. Prentice-hall. Inc. 2006)

⑦ 内质网(endoplasmic reticula)   存在于细胞质中的膜状结构,是细胞内的物质转运系统。附着核糖体的内质网,称为粗糙型内质网(rough endoplasmic reticula)。没有附着核糖体的内质网,称为光滑型内质网(smooth endoplasmic reticula)。

⑧ 高尔基体(Golgi bodies)   一种由扁平囊泡构成的细胞器。常与内质网相连。与细胞分泌机能有关,也与细胞壁形成以及多糖合成、运输有关。

⑨ 液泡(vacuoles)   存在于细胞质中,由单位膜包被而成的细胞器。液泡的包被膜称为液泡膜(tonoplasts)。液泡的汁液称为细胞液(cytosols)。液泡的内含物有碱性氨基酸、聚磷酸盐、多种酶。

二、真菌的菌体形态

大多数真菌是由菌丝(hypha)构成的菌丝体(mycelia)。真菌菌丝的宽度约 $5\sim10\mu m$,比细菌和放线菌大几倍到几十倍。真菌菌丝可分为无隔膜菌丝和有隔膜菌丝(图 5-4)。无隔膜菌丝是长管状的单细胞菌丝,没有隔膜,内含多个核。大多数卵菌和接合菌的菌丝为无隔膜菌丝。有隔膜菌丝是有隔膜的多细胞菌丝,每个细胞含有一个或多个核。横隔膜上开着小孔,可让细胞质和细胞核自由流通,各细胞功能相同。子囊菌和担子菌的菌丝为有隔膜菌丝。

根据生理功能,真菌菌丝可分为营养菌丝和繁殖菌丝。营养菌丝是伸入培养基内摄取营养物质的菌丝。它有多种变态,以更好地吸收养分。常见的变态营养菌丝有匍匐菌丝(stolons)、假根(rhizoids)、吸器(haustoria)、菌环(annuli)、菌网(nets)等。

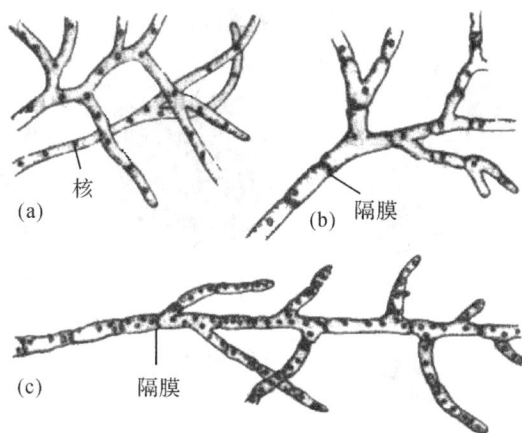

图 5-4 霉菌菌丝

（a）无隔多核菌丝；（b）有隔单核菌丝；（c）有隔多核菌丝

三、真菌的繁殖方式

（一）无性繁殖

无性繁殖（asexual reproduction）是指不经过两性生殖细胞的结合，便产生新个体的繁殖方式。

1. 无性繁殖类型

真菌无性繁殖类型有：① 菌丝断裂，由菌丝体断裂成片段产生新个体。②细胞分裂，由营养细胞分裂产生新个体。③ 出芽繁殖，母细胞出"芽"，每个"芽"成为一个新个体。④ 孢子繁殖，产生无性孢子，每个孢子萌发为一个新个体。

2. 无性孢子

无性繁殖过程中产生的孢子称为无性孢子（asexual spores）。无性孢子的形状、颜色、排列以及产生方式都是菌种特性，可作为菌种鉴定依据。常见的无性孢子如图 5-5 所示。

① 节孢子（arthrospores） 节孢子又称节分生孢子，是菌丝生长到一定阶段，分隔断裂而成的孢子。

② 厚垣孢子（chlamydospores） 厚垣孢子又称厚壁孢子，是在菌丝顶端或中间，由一些细胞原生质浓缩、变圆、壁加厚而产生的孢子。

③ 孢囊孢子（sporangiospores） 由孢子囊产生的孢子。孢子囊（sporangia）由气生菌丝顶端膨大，下方生隔与菌丝隔断而成。孢子囊下方的菌丝，称为孢囊梗（sporangio-phores）。孢囊梗深入孢子囊内的部分，称为囊轴（columella）。孢囊孢子成熟后，孢子囊破裂，孢子散出或从孢子囊上的管口或孔口溢出。

④ 分生孢子（conidia） 由菌丝顶端或分生孢子梗顶端细胞分割缢缩而成的单个或成簇孢子。

（二）有性繁殖

有性繁殖（sexual reproduction）是指通过两性生殖细胞（如雄配子和雌配子）结合，产生新个体的繁殖方式。

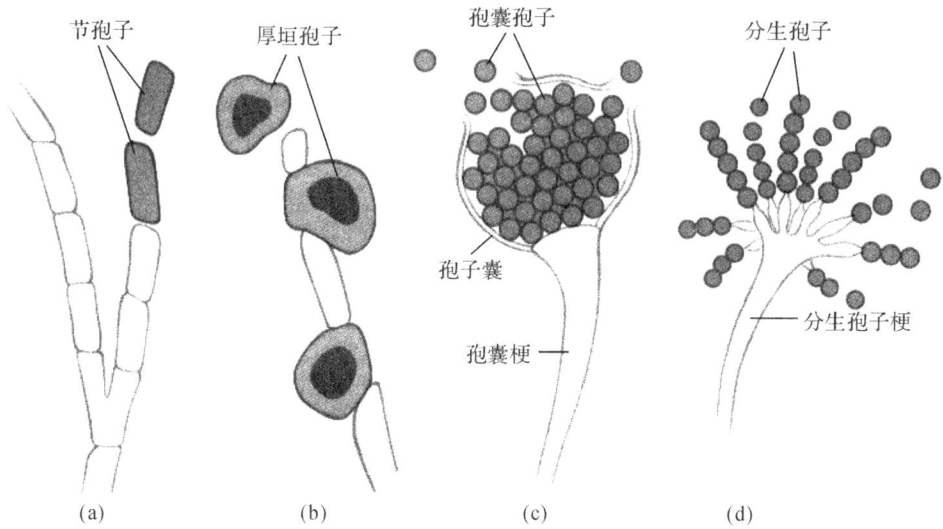

图 5-5　真菌无性孢子

(引自 Prescott L M.*et al*. Microbiology.fifth edition. 高等教育出版社,2002)

1.有性繁殖过程

真菌有性繁殖过程包括三个阶段:① 质配(plasmogamy),两个细胞原生质彼此结合。② 核配(karyogamy),两个细胞细胞核相互融合。在低等真菌中,核配紧随质配,立即进行。但在高等真菌中,核配与质配分开进行,质配后有一段双核期,一个细胞内含有两个不同的细胞核。双核细胞分裂时,所产生的姐妹核进入两个子细胞中,使双核状态从亲代细胞传递到子代细胞。③ 减数分裂(meiosis),双核细胞发生核配,尔后进行减数分裂,使染色体由双倍体转变为单倍体,产生具有特定形态的有性孢子。

2.有性孢子

有性繁殖过程中产生的孢子称为有性孢子(sexual spores)。常见的有性孢子如图 5-6所示。

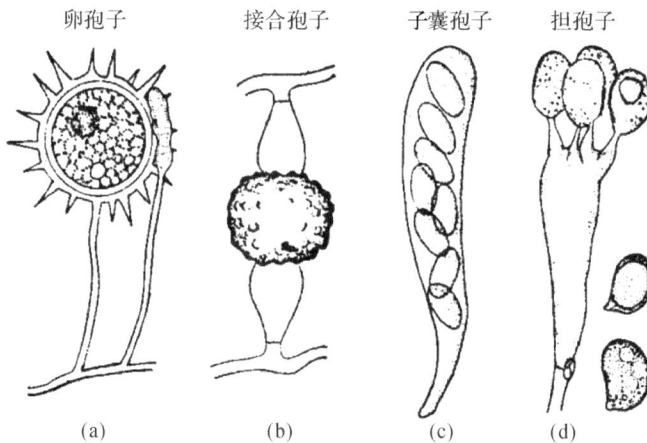

图 5-6　真菌有性孢子

① 卵孢子(oospores)　卵菌的有性孢子为卵孢子。繁殖时,菌丝生出藏卵器(oogonia)

和雄器(antheridia),雄器的核移入藏卵器并与其中的卵球结合,形成双倍体的卵孢子。

②　接合孢子(zygospores)　接合菌的有性孢子为接合孢子。来自不同菌丝的配子囊(gametangia)互相接触,接触处胞壁溶解,双方的细胞质和细胞核彼此融合,形成双倍体的接合孢子。

③　子囊孢子(ascospores)　子囊菌的有性孢子为子囊孢子。双核菌丝产生子囊(asci),其中的双核先进行核配,接着进行减数分裂,产生 4 个核,再分裂一次产生 8 个核,最后以每个核为中心逐步形成单倍体的子囊孢子。

④　担孢子(basidiospores)　担子菌的有性孢子为担孢子。担孢子的形成过程与子囊孢子相似,不同的是:核配后,减数分裂形成的 4 个核不再分裂;以每个核为中心形成的担孢子位于担子(basidia)外部;有的担子产生纵向隔膜,有的担子产生横向隔膜,但多数担子没有隔膜。

四、真菌的菌落特征

从形态上真菌可分为霉菌和酵母菌。霉菌的营养体多为丝状体,酵母菌的营养体多为单细胞个体。

类似于放线菌,霉菌菌落由菌丝组成;因菌丝较粗且较长,所形成的菌落相对疏松,呈绒毛状、絮状或蜘蛛网状;处于菌落中心的菌丝,菌龄相对较大;位于边缘的菌丝,菌龄相对较小。有的霉菌菌落生长较慢,直径只有 1～ 2cm 或更小;有些霉菌生长很快,菌丝在固体培养基表面蔓延,以至菌落没有固定的大小;霉菌菌落一般比放线菌菌落大几倍到几十倍(图5-7)。霉菌菌落表面常有肉眼可辨的结构和颜色特征,这是霉菌孢子呈现不同形状、构造和颜色之故。有的霉菌产生水溶性色素,溶于培养基后,可使菌落背面显现不同颜色。霉菌菌落具有"霉味"。在不同培养基上,同一种霉菌的菌落特征稍有变化;但在特定培养基上,菌落特征相对稳定。

类似细菌菌落,酵母菌菌落由个体组成;菌落较大、较厚;表面光滑、湿润,一般呈油脂或蜡脂状;菌落呈乳白色或红色(图 5-7);菌落带有"酒香味"。

(a)　　　　　　　　　　　(b)

图 5-7　霉菌和酵母菌菌落

(a) 霉菌菌落；(b) 酵母菌菌落

(引自 Prescott L M.*et al*. Microbiology.fifth edition. 高等教育出版社,2002)

五、真菌的分类和代表属

(一)分类系统

1959 年 Wittaker 在建立生物分类的四界系统时,首次将真菌从植物界中独立出来,创建了真菌界。1969 年他又将四界系统调整为五界系统,确立了真菌在生物分类系统中的地位。

1995 年,《真菌字典》(第八版)将原来的真菌界划分为原生动物界(Protozoa)、藻界(Chromista)和真菌界(Fungi);再将真菌界划分为壶菌门、接合菌门、子囊菌门和担子菌门,将原来的半知菌类改为有丝分裂孢子真菌。1996 年,《真菌概论》(第四版)将有丝分裂孢子真菌放在子囊菌门。鉴于半知菌亚门已在我国使用多年并有其独立性,将其归入子囊菌门有些勉强,因此本教材中依然沿用半知菌类,采用壶菌门、接合菌门、子囊菌门、担子菌门和半知菌类的分类系统。

在真菌生活史中,一般可以看到无性繁殖和有性繁殖。如果只能确认无性繁殖,不能确认有性繁殖,这类真菌归入半知菌类(Deuteromycotina)。对于确认存在有性繁殖的真菌,根据有性孢子类型,分别归入壶菌门(Chytridiomycota)、接合菌门(Zygomycota)、子囊菌门(Ascomycota)和担子菌门(Basidiomycota)。

(二)真菌的代表属

1.壶菌

壶菌大多水生,菌丝无隔膜,多核。无性繁殖产生游动孢子(zoospores),有性繁殖产生卵孢子。

腐霉属(*Pythium*)归入壶菌门,卵菌纲,霜霉目,腐霉科。腐霉的菌丝体可在培养基或瓜果上集生,呈白绒毛状,很像棉花。在显微镜下观察,菌丝无色透明、无隔多核、有分枝。孢子囊呈管状和球状,没有孢囊梗。条件合适时,孢子囊上生出一个球形泡囊(vesicles,一种膜状的、充满液体的囊袋),孢子囊内含物流入泡囊,在泡囊内产生游动孢子。游动孢子常为肾形,侧面凹陷处生长两根鞭毛,成熟时泡囊破裂,孢子四散(图5-8)。

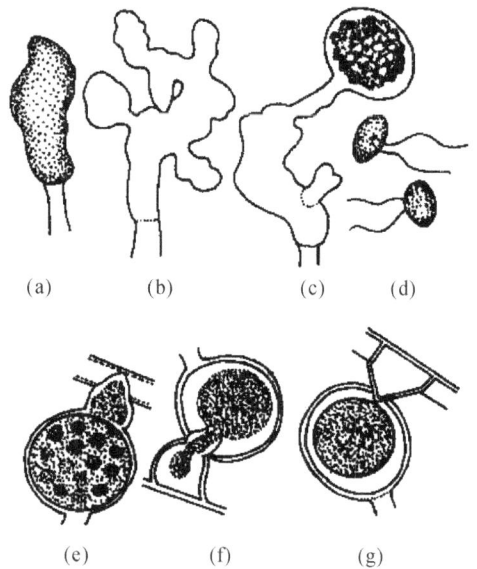

图 5-8　瓜果腐霉(*Phythium aphanidermatum*)
(a)(b) 孢子囊;(c) 孢子囊萌发形成泡囊;
(d) 游动孢子;(e) 藏卵器和雄器;(f) 交配;
(g) 形成卵孢子

有性生殖产生藏卵器和雄器。藏卵器分化为卵球与卵周质。初期藏卵器多核,分化后只留1核于卵球内,其他核分解于卵周质中。初期雄器也多核,分化后只留 1 核,其他核逐渐解体。配合时,雄器的细胞核和细胞质通过授精管进入藏卵器,两核结合形成卵孢子。卵孢子萌发产生芽管,在芽管顶端形成孢子囊。孢子囊产生游动孢子。

腐霉不仅对工农业生产有意义,对生物学研究也有意义,它们是科研和教学的理想材料。

2.接合菌

接合菌菌丝无隔多核。无性繁殖产生孢囊孢子,有性繁殖产生接合孢子。

① 毛霉属(*Mucor*)　归入接合菌门,接合菌纲,毛霉目,毛霉科。在培养基上或培养基内,毛霉菌丝广泛蔓延,无假根和匍匐枝。孢囊梗直接由菌丝生出,单生或分枝。孢囊梗顶端产生球形孢子囊。囊轴形状不一。囊轴与囊柄相连处无囊托(apophyses)。孢子囊成熟后,囊壁消失或破裂,释放孢囊孢子。孢囊孢子呈球形、椭圆形或其他形状,大多无色、无线状条纹、壁薄而光滑。有性生殖大多异宗配合(heterothallism,菌体有雌雄分化,相互融合的核或配子分别来自雌雄菌体),也有同宗配合(homothallism,菌体无雌雄分化,相互融合的核或配子来自同一菌体)。配子囊柄上无附属物。某些种产生厚垣孢子(图 5-9)。

毛霉在自然界分布广泛,土壤、空气中都有很多毛霉孢子。有些毛霉能引起谷物、果品和蔬菜腐败。多种毛霉能产生蛋白酶,常用来做豆腐乳。总状毛霉(*Mucor racemosus*)用于制作四川豆豉。

② 根霉属(*Rhizopus*)　分类上与毛霉属同科。根霉与毛霉的主要区别在于:根霉有假根和匍匐菌丝。在培养基或自然基物上生长时,根霉由营养菌丝产生匍匐菌丝,并由匍匐菌丝生出假根与培养基接触。与假根相对处向上长出孢囊梗,顶端形成孢子囊,内生孢囊孢子(图 5-10)。菌丝无隔,只有在匍匐菌丝上形成厚垣孢子时才形成隔膜。孢子囊成熟后,孢囊壁消解或破裂。囊轴明显,球形或近球形,囊轴基部有囊托。孢囊孢子球形、卵形或不规则,有棱角或线纹,无色、浅褐色或蓝灰色。有性生殖由营养菌丝或匍匐菌丝生出配子囊,通过两个配子囊结合产生接合孢子(图 5-11)。

根霉用途较广。例如,米根霉(*Rhizopus oryzae*)可产生淀粉酶,常用作糖化菌;匍枝根霉(*Rhizopus stolonifer*)可产生果胶酶,常用来生产酶制剂。

③ 犁头霉属(*Absidia*)　与毛霉属同科。犁头霉菌丝体似根霉,产生弓形的匍匐菌丝向四周蔓延;并且在与培养基接触的部位,生出许多带有分枝的假根。但与根霉不同,犁头霉孢囊梗散生在匍匐菌丝中间,不与假根对生。2~5 根孢囊梗成簇,很少单生,而且常成轮状或不规则分枝。孢子囊顶生,呈洋梨形。孢囊壁薄,成熟后易消失,并残留囊托,似漏斗状。囊轴锥形、近球形或其他形状。孢囊孢子小,单胞,大多无色,无线状条纹。接合孢子着生在匍匐菌丝上,配子囊柄对生。由一个或两个配子囊柄生出附属物,包围接合孢子,但有些种没有附属物。异宗配合或同宗配合(图 5-12)。

犁头霉广泛分布在土壤、粪便和酒曲中。其孢子也飘浮于空气中。在实验室中培养其他微生物时,常受犁头霉孢子污染。

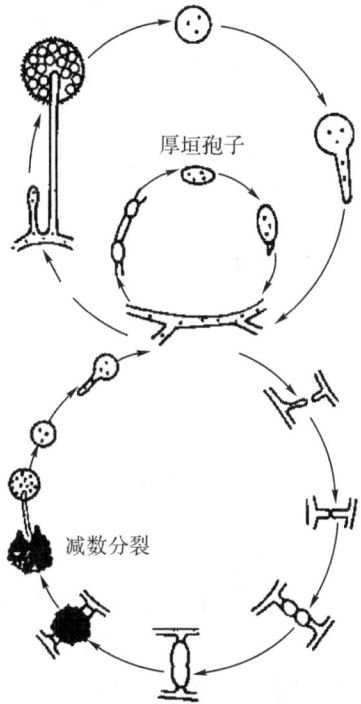

厚垣孢子

减数分裂

图 5-9　毛霉生活史

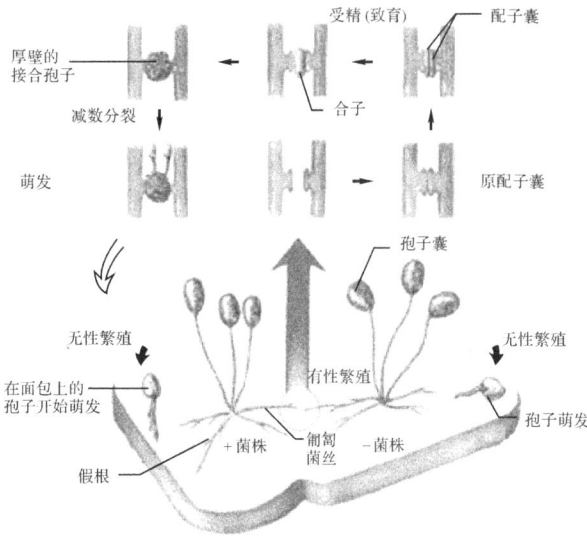

图 5-10　匍枝根霉(*Rhizopus stolonifer*)生活史

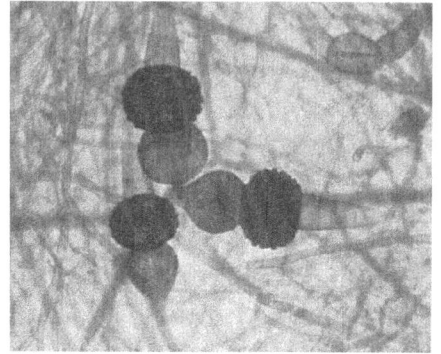

图 5-11　黑根霉(*Rhizopus nigricans*)
接合孢子

3.子囊菌

子囊菌是真菌中最大的类群,它与担子菌被称为"高等真菌"。大多数子囊菌形成菌丝,菌丝产生横向隔膜。多数子囊菌的无性繁殖产生分生孢子,少数子囊菌(如酵母菌)通过芽殖和裂殖。子囊菌有性繁殖产生子囊孢子,子囊孢子生于子囊内。子囊是一种囊状结构,球形、棒形或圆筒形,因种而异(图 5-13)。典型的子囊有 8 个子囊孢子。子囊孢子形状多样(图 5-14)。在子囊内,子囊孢子呈单行排列、双行排列或平行排列。

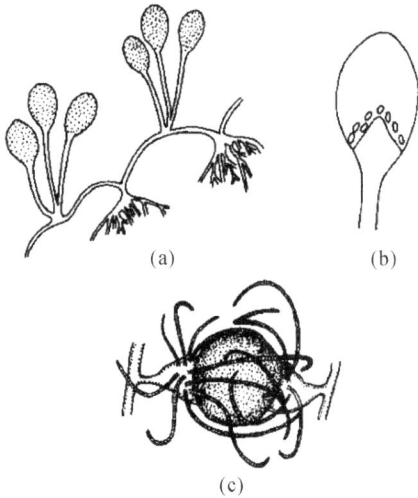

图 5-12　犁头霉
(a) 孢子囊、孢囊梗、匍匐菌丝、假根;
(b) 孢囊和囊轴;(c) 接合孢子

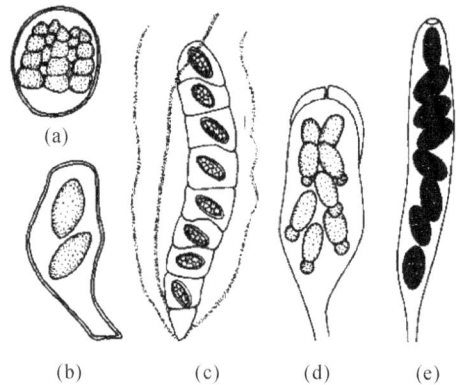

图 5-13　子囊类型
(a) 球形;(b) 广卵形(有柄);(c) 有分隔;
(d) 棍棒形;(e) 圆柱形

多数子囊菌子囊被包裹在一个由菌丝组成的包被内,形成具有一定形状的子实体,称为子囊果(ascocarps,图 5-15)。子囊果有五种类型:① 子囊裸生,没有包被,称为裸囊果

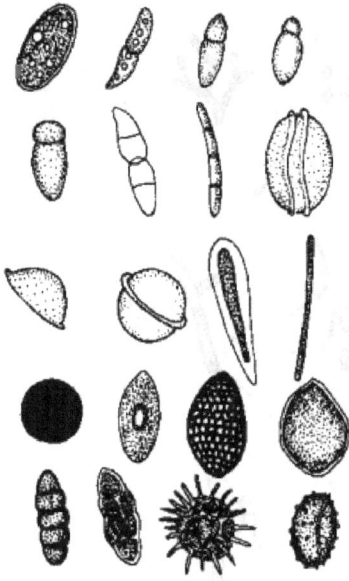

图 5-14　子囊孢子类型

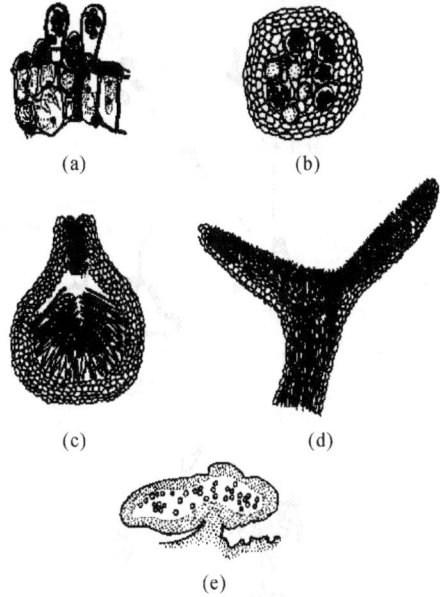

图 5-15　子囊果的类型
(a) 裸果；(b) 闭囊壳；(c) 子囊壳；
(d) 子囊盘；(e) 子囊腔

(gymnocarps)；② 完全封闭，呈圆球形，称闭囊壳(cleistothecia)；③ 不完全封闭，留有孔口，称为子囊壳(perithecia)；④ 开口呈盘状，称为子囊盘(apothecia)；⑤ 子囊单独、成束或成排着生于子座腔内，不形成真正的子囊果壁，称为子囊腔(locules)。

① 脉孢菌属(*Neurospora*)　归入子囊菌门，核菌纲，球壳目，粪壳科。脉孢菌因子囊孢子表面具有纵形花纹，犹如叶脉而得名，又称链孢霉。

脉孢菌菌落最初为白色粉粒状，很快变为橘黄色绒毛状。分生孢子着生于直立、双叉分枝的分生孢子梗上，成链。分生孢子卵圆形、粉红色或橘黄色。分生孢子成熟后飞散到环境中，遇到合适基质，萌发产生新的菌丝体。

在一般情况下，脉孢菌多靠分生孢子繁殖，很少进行有性繁殖。有性繁殖产生子囊和子囊孢子。好食脉孢菌(*Neurospora sitophila*)异宗配合，A 和 a 类菌丝交配后形成子囊壳。子囊内含有 8 个孢子，一半产生 A 类菌丝，另一半产生 a 类菌丝。在子囊内，二倍体核经过两次分裂(一次为减数分裂)产生 4 个单倍体核；再经一次分裂，产生 8 个单倍体核。每个核发育成一个子囊孢子，每个子囊中有 8 个子囊孢子。由于子囊狭细，产生的单倍体核以及随后形成的子囊孢子严格按直线顺序排列，表现出有规律的遗传组合。脉孢菌常用作遗传和生化研究材料。好食脉孢菌生活史见图 5-16。

② 酵母属(*Saccharomyces*)　归入子囊菌门，半子囊菌纲，内孢霉目，酵母科。酵母菌营养体为单细胞，呈圆形、椭圆形或腊肠形(图 5-17)。酵母菌可通过芽殖的方式进行无性繁殖。芽殖(budding)是指由一个母细胞产生一个小突起，细胞核一分为二，其中一个核进入小突起，经过细胞壁逐渐缢缩，最后脱离母细胞而成为独立个体的过程。母细胞上突起产生的新细胞称为芽孢子(blastospores)。芽殖可分为一端芽殖、两端芽殖和多边芽殖等。酵母属的细胞呈多边出芽。少数种生长旺盛时芽孢子不断开而形成细胞链，称为假菌丝

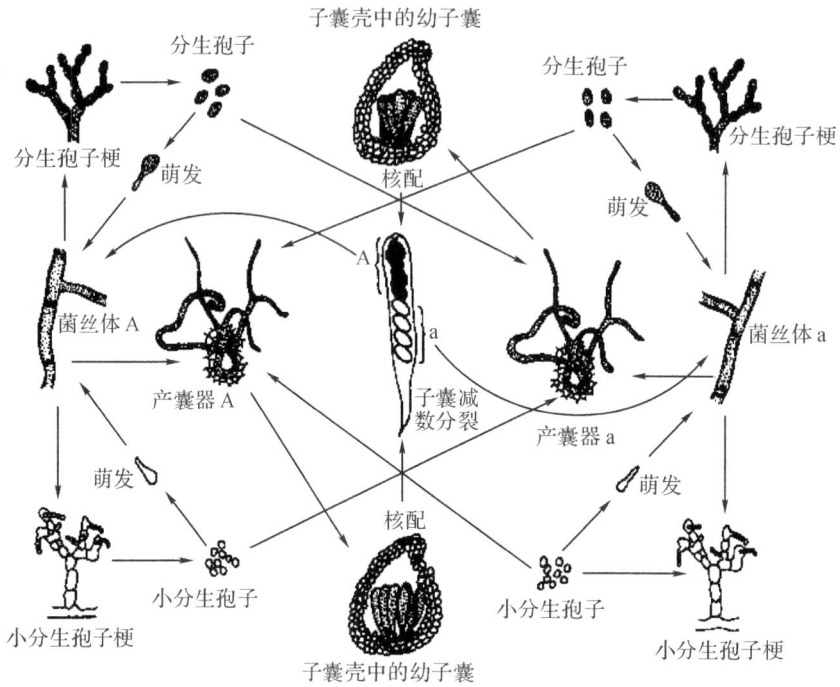

图 5-16 好食脉孢菌生活史

(pseudohypha)。通过同形接合(由同一菌丝体或不同菌丝体上产生的两个同形等大的配子囊相互融合)或异形接合(由同一菌丝体或不同菌丝体上产生的两个同形不等大的配子囊相互融合)形成子囊或由二倍体细胞直接形成子囊。子囊成熟时不破裂,产生 1~4 个子囊孢子。

本属最著名的代表种为酿酒酵母($S.\ cerevisiae$,又名啤酒酵母),分布在土壤、水果表皮、发酵果汁和酒曲中。酿酒酵母不但用于酿造啤酒、酒精以及其他饮料酒,也用于发面制面包。菌体维生素和蛋白质含量高,可食用、药用和饲用;另外还用作提取核酸、麦角醇、谷胱甘肽、细胞色素 c、凝血质、辅酶 A、腺苷三磷酸等的材料。

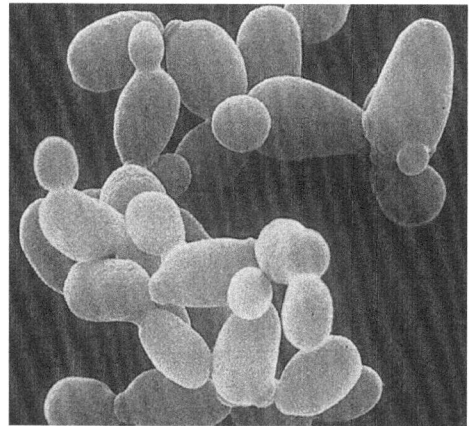

图 5-17 酵母菌及其出芽繁殖
(引自 Prescott L M,$et\ al$. Microbiology.fifth
edition. 高等教育出版社,2002)

4. 担子菌

担子菌菌丝分枝、有隔膜,有性过程产生担孢子,无性过程不发达或不发生。

在担子菌生活史中,可形成 3 种类型的菌丝:① 初生菌丝(单倍体 n),由担孢子萌发产生,初期无隔多核,不久产生横向隔膜将细胞核分开,形成单核菌丝。② 次生菌丝(双倍体 2n),两条初生菌丝结合,进行质配但不进行核配,形成双核菌丝。次生菌丝常以锁状联合(clamp connection,双核菌丝细胞分裂的一种特殊机制)的方式进行增殖。③ 三生菌丝(双倍体 2n),由次生菌丝特化形成。特化后的三生菌丝形成各种子实体。

伞菌属($Agaricus$)归入担子菌门,层菌纲,伞菌目,伞菌科。担子果(子实体)开裂如伞

状并因此得名。如图 5-18 所示，伞菌菌盖
（pilei）肉质，菌盖腹面有辐射状的菌褶
（lamellae），在菌褶内形成担子和担孢子。
菌柄（stipes）肉质，有菌环，易与菌盖分离。
担孢子卵圆或椭圆形。

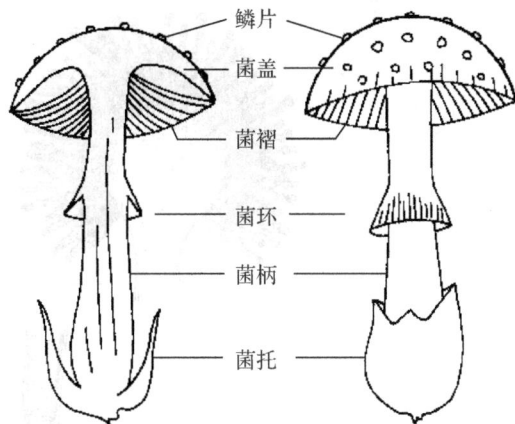

图 5-18　伞菌子实体结构

　　本属有几十种，生长于田野和森林土壤
上，多数可食，少数有毒。双孢蘑菇
（A. bisporus）是最常见的栽培种。蘑菇生
活史包括 3 个阶段：① 孢子萌发。一个蘑菇
能产生亿万个孢子，成熟时从菌褶两面散
落。在适宜条件下，担孢子萌发，在一端伸
出芽管，芽管不断分枝和延长，形成初生菌
丝。② 菌丝繁殖。初生菌丝依靠贮藏在孢
子中的养分生长。初生菌丝很快交配，使两个单核
细胞的原生质融合在一起，形成次生菌丝。次生菌
丝发育到一定阶段，又会交接聚合而形成三生菌
丝。③ 形成子实体。蘑菇由分化的次生菌丝体发
育而来。开始形成时，在菌丝体上，特别是在菌丝
交接点上产生许多小瘤状突起，随后依靠菌丝体供
给养分，迅速膨大成菌蕾，并进一步开伞成熟（图 5-
19）。

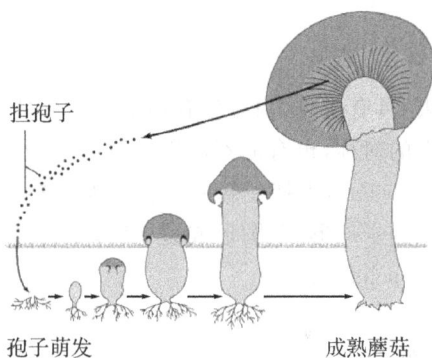

图 5-19　双孢蘑菇

5. 半知菌类

　　这类真菌只发现无性繁殖，没有发现有性繁
殖，故称半知菌类。

　　① 曲霉属（Aspergillus）　归入半知菌类，丝孢目，丛梗孢科。曲霉菌丝体发达，多分
枝，具隔膜，多核，无色或有明亮的颜色。分生孢子梗从足细胞（foot cells，一种特化的菌丝
细胞）上垂直长出，无横隔，顶部膨大形成顶囊（vesicles）。顶囊呈球形、梨形、棍棒形。顶囊
表面长满一层（初生小梗）或两层辐射状小梗（初生小梗和次生小梗）。次生小梗上着生分生
孢子，一般为球形（图 5-20）。在曲霉属中，只有少数种进行有性繁殖，产生子囊孢子，大多
数种没有发现有性繁殖。

　　曲霉与人类的生产和生活密切相关。它们是制酱、酿酒、制醋的重要菌种，也是工业生
产多种酶制剂（如淀粉酶、蛋白酶、果胶酶）和有机酸（如柠檬酸、葡萄糖酸、五倍子酸）的重要
菌种。

　　曲霉广泛分布于土壤、空气、水体、谷物及各种有机物品中。在湿热季节，曲霉常引起皮
革、布匹以及其他工业产品的霉变，造成食物和饲料的腐败。曲霉还能感染人类和动物而致
病（称为曲霉病）。曲霉（如黄曲霉）产生毒素，可引起家禽家畜严重中毒，以至死亡；也可诱
发人类和动物的肝癌。在实验室中，曲霉常引起污染，给实验工作带来麻烦。

　　② 青霉属（Penicillium）　与曲霉同科。青霉菌落呈密毡状或松絮状，大多为灰绿色。
菌丝与曲霉相似，但无足细胞。分生孢子梗由基质菌丝或气生菌丝长出，单独直立或密集成

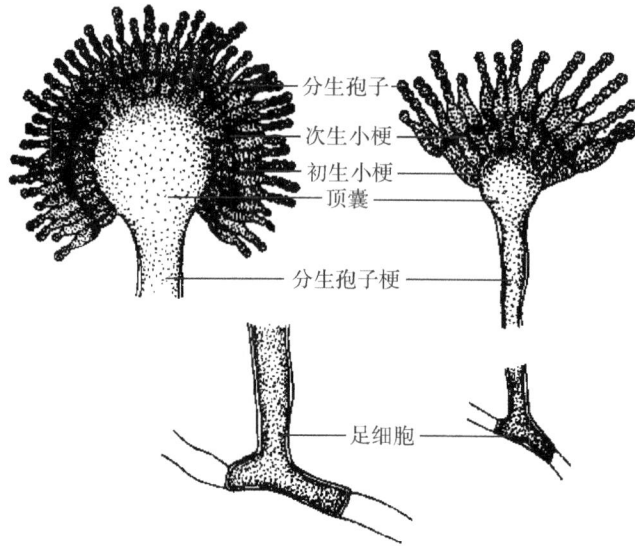

图 5-20　曲霉

束,具有横隔,顶端生有扫帚状的分枝,称为帚状枝。帚状枝由单轮、两轮或多轮分枝构成,
有的对称,也有的不对称。最后一级分枝称为小梗(sterigma)。着生小梗的细胞称为梗基
(metula),支持梗基的细胞称为副枝(ramuli)。小梗上产生成串的分生孢子(图 5-21)。分
生孢子球形、椭圆形或短柱形,多为青绿色。在青霉属中,少数种产生闭囊壳,少数种产生菌
核(sclerotia)。

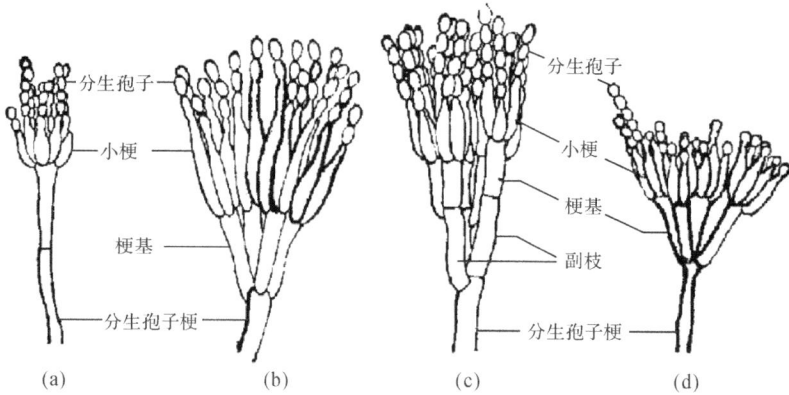

图 5-21　青霉的帚状枝

(a)单轮型;(b)对称二轮型;(c)(d)非对称型

　　青霉分布广泛。许多青霉具有重要的工业应用价值,可用于有机酸和抗生素生产。例
如,久负盛名的青霉素就是利用产黄青霉(*P. chrysogenum*)的某些菌株生产的。但也有不
少青霉可危害水果,侵染工业产品、食品和饲料,感染动物和人体。青霉也是实验室中常见
的污染菌。

第二节　藻　类

大多数藻类(algae)个体微小,肉眼看不见或看不清,故列入微生物。藻类广泛存在于淡水及海水中,藻体异常增殖,可给人类生活与生产带来危害。

一、藻类的形态与构造

藻类形态多样。有的单细胞,有的多细胞,多细胞藻类常呈丝状。藻类细胞(图 5-22)有一层薄而坚硬的细胞壁。细胞壁由纤维素与果胶质组成。鞭毛是藻类的运动器官。藻类的细胞核为真核。藻类线粒体结构差异较大,一些线粒体有盘状嵴,一些线粒体有片状嵴,另一些线粒体有管状嵴。藻类叶绿体中含有叶绿素、类胡萝卜素、叶黄素等。光合色素赋予藻类不同颜色。

二、藻类的生理特征

藻类的光合作用与高等植物相同,可用下列通式表示:

$$CO_2 + 2H_2O \xrightarrow{\text{光}} [CH_2O] + H_2O + O_2 \uparrow$$

这种光合作用以水作为供氢体并释放氧气。

1. 藻类的生活条件

① 温度　各种藻类生长的温度范围各不相同。广温性种类的生长温幅达 41℃(-11~30℃),而狭温性种类的生长温幅只有 10℃ 左右。在正常河流中,20℃ 时,硅藻占优势;30℃时,绿藻占优势;35~40℃ 时,蓝藻占优势。

② 光照　在水表面,光照不致成为藻类生长的限制因素,但在水体深处或水体受悬浮物污染时,光照可成为藻类生长的限制因素。

③ pH　藻类生长的 pH 范围为 4~10,最适值为 6~8。有些种类在强酸、强碱下也能生长。

2. 藻类的营养特征

藻类是光能自养型微生物,有光照时,利用二氧化碳合成细胞物质,同时释放氧气。无光照时,则利用光合产物进行呼吸作用,消耗氧气、释放二氧化碳。在藻类丰富的池塘中,白天水中溶解氧很高,甚至过饱和;夜间溶解氧急剧下降,可造成水体缺氧。

3. 藻类的繁殖

藻类的繁殖方式有:营养繁殖、无性生殖和有性生殖。

三、藻类的分类和代表属

迄今为止,全球已知的藻类约有 3 万余种。根据藻类的光合色素、个体形态、细胞结构、

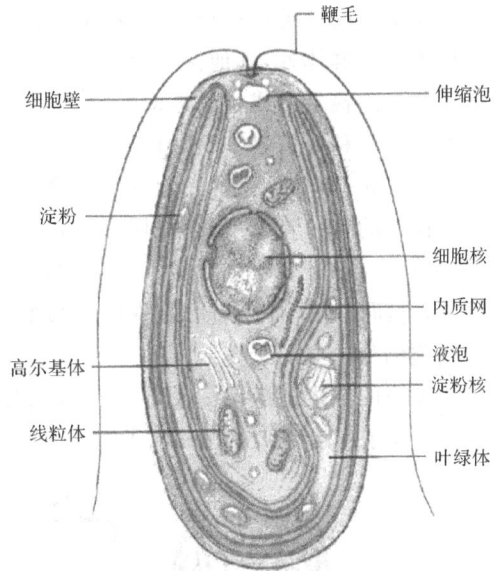

图 5-22　藻类细胞结构模式
(引自 Prescott L M, et al. Microbiology, fifth edition. 高等教育出版社,2002)

图中标注: 鞭毛、伸缩泡、细胞壁、淀粉、高尔基体、线粒体、细胞核、内质网、液泡、淀粉核、叶绿体

生殖方式和生活史等,可将藻类分为 10 门:蓝藻门(Cyanophyta)、裸藻门(Euglenophyta)、绿藻门(Chlorophyta)、轮藻门(Charophyta)、金藻门(Chrysophyta)、黄藻门(Xanthophyta)、硅藻门(Bacillariophyta)、甲藻门(Pyrrophyta)、褐藻门(Phaeophyta)和红藻门(Rhodophyta)。其中,蓝藻门、裸藻门、绿藻门、硅藻门、甲藻门的一些藻类与水体富营养化有关。

1.蓝藻门

蓝藻门又称蓝细菌(有关蓝细菌的性状参见第四章有关内容)。

2.裸藻门

裸藻门的藻类简称裸藻。裸藻因不具细胞壁而得名。除了柄裸藻属(Colacium)以胶柄相连形成群体外,其他裸藻全是游动型单细胞个体。裸藻具有 1～3 根鞭毛,鞭毛基部有高度分化的鞭毛器或神经运动器。绝大多数裸藻具有叶绿体,内含叶绿素 a、叶绿素 b、β-胡萝卜素和 3 种叶黄素。这几种色素使叶绿体呈鲜绿色,易被误认为绿藻。含光合色素的裸藻能进行光合作用,不含光合色素的裸藻进行腐生生活。

裸藻的繁殖为纵裂,细胞核先行有丝分裂,然后纵向一分为二,一个子细胞接受原有鞭毛,另一个子细胞长出新鞭毛。条件不适时,裸藻丧失鞭毛形成胞囊。环境好转后,胞囊壳破裂,重新形成个体。有时胞囊内的细胞进行多次分裂,形成由多个细胞组成的群体,但每个细胞仍为独立的个体。

裸藻的温度适应范围较宽,可生长在有机物丰富的静止水体或缓流水体中。大量繁殖时,裸藻形成绿色、红色或褐色的水华。裸藻是水体富营养化的指示生物。裸藻的形态见图 5-23。

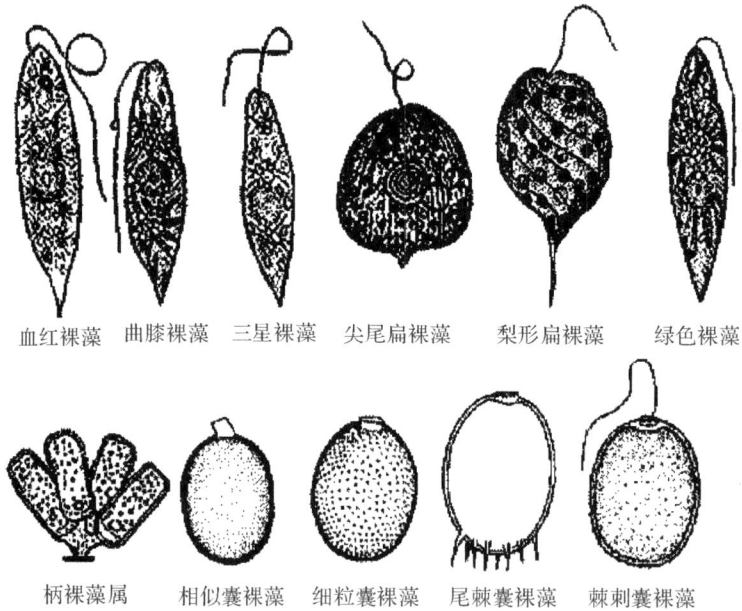

血红裸藻　曲膝裸藻　三星裸藻　尖尾扁裸藻　梨形扁裸藻　绿色裸藻

柄裸藻属　相似囊裸藻　细粒囊裸藻　尾棘囊裸藻　棘刺囊裸藻

图 5-23　裸藻形态

3.绿藻门

绿藻门的藻类简称绿藻。藻体形态多样,包括单细胞、丝状、膜状和管状等(图 5-24)。大多数绿藻具有等长、表面平滑的鞭毛。鞭毛多为 2 条,少数 4～8 条,罕见 1 条。绿藻呈草绿色,其光合色素与高等植物相似,有叶绿素 a、叶绿素 b、叶黄素和 β-胡萝卜素。绿藻的色素体形式各异,是分类的重要特征之一。大部分绿藻细胞单核,少数绿藻细胞多核。绿藻的繁殖方式有营养繁殖、无性生殖和有性生殖。在水体中,绿藻起着净化和指示生物的作用。

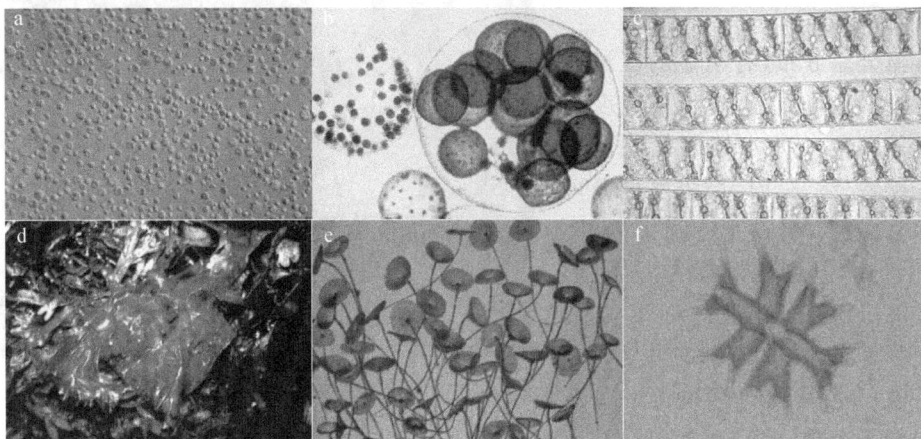

图 5-24　绿藻形态

（a）小球藻属（*Chlorella*）;（b）团藻属（*Volvox*）;（c）水绵属（*Spirogyra*）;

（d）石莼属（*Ulva*）;（e）伞藻属（*Acetabularia*）;（f）微星藻属（*Micrasterias*）

4.硅藻门

硅藻门的藻类简称硅藻。硅藻最显著的特征是细胞壁高度硅质化成为坚硬的壳体。壳体由两个"半壳"套合而成。套在外面,体积较大的"半壳"称为上壳;套在里面,体积较小的"半壳"称为下壳。壳体(上壳和下壳)可分为盖板和缘板。上壳的盖板仍叫"盖板",下壳的盖板则叫"底板"。缘板又叫"壳环带",简称壳环。上下"半壳"壳环相互套合的部分叫"接合带"(图 5-25)。

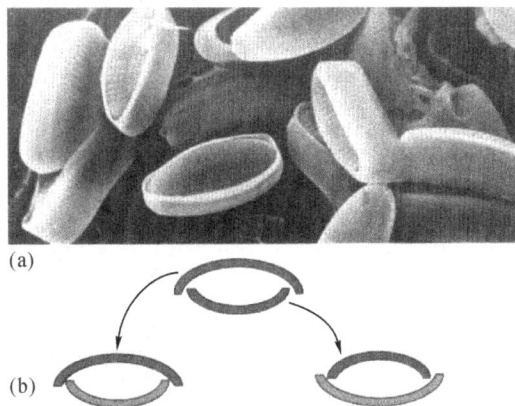

图 5-25　硅藻及其无性生殖过程

（a）硅藻扫描电镜照片;（b）硅藻无性生殖过程

盖板呈放射性对称的硅藻,多数为圆形,少数为三角形、多角形、椭圆形、卵形等。盖板呈长形、两侧对称的硅藻,呈线形、披针形、椭圆形、卵形、菱形、舟形、新月形、棒形等。盖板表面有各种细致的花纹,这些花纹是分类的重要依据。硅藻的色素体呈黄色或黄褐色。繁殖方式主要为纵向分裂,也可产生复大孢子(细胞经过多次分裂后,体积逐渐变小,产生复大孢子使细胞恢复原来大小)和休眠孢子(环境不利时,母细胞形成厚壁休眠孢子,待环境适宜时萌发)。

　　硅藻全球分布,有明显的区域性种类,主要受气候、盐度和酸碱度的影响。硅藻是一般水体的优势藻类之一。发生"赤潮"时,高浓度硅藻可使海水呈褐色。硅藻形态见图5-26。硅藻死亡后,其细胞沉降到海底,形成海底沉积物——硅藻土。

　　5.甲藻门

　　甲藻门的藻类简称甲藻。甲藻多为单细胞个体,呈三角形、球形、针

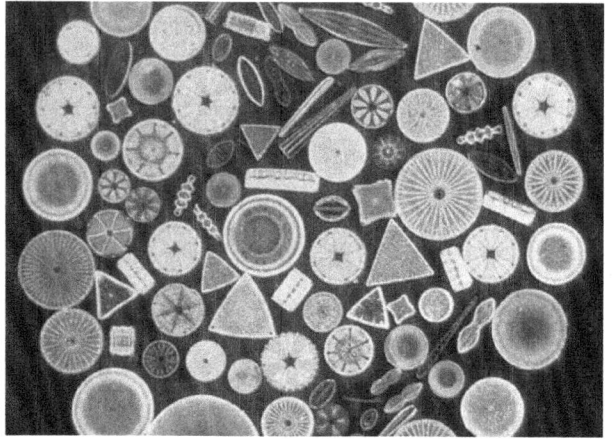

图 5-26　硅藻形态

形,前后或左右略扁,前后端常有突出的角。少数甲藻为群体或分枝丝状体。细胞质中含有大液泡,并有一个或多个色素体。色素体内含有叶绿素 a、叶绿素 c、β-胡萝卜素、甲藻黄素等。藻体呈棕黄色或黄绿色,偶尔红色。有的甲藻有眼点。多数甲藻有两条不等长、排列不对称的鞭毛。无鞭毛的甲藻作变形虫状运动或不运动。甲藻的繁殖方式主要为裂殖,也可通过游动孢子或不动孢子繁殖。光能自养,少数腐生或寄生。甲藻生长在淡水、半咸水、海水中。多数甲藻对光照和水温要求严格,在光照和水温适宜的条件下,甲藻可在短期内大量繁殖,引发海洋"赤潮"。角甲藻属(*Ceratium*)和裸甲藻属(*Gymnodinium*)的形态分别见图5-27 和图5-28。

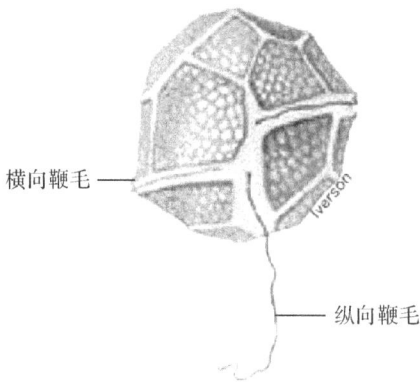

横向鞭毛 ——

纵向鞭毛 ——

图 5-27　角甲藻属(*Ceratium*)形态

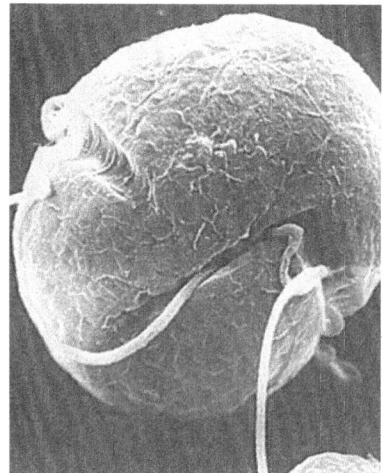

图 5-28　裸甲藻属(*Gymnodinium*)形态

第三节　原生动物

原生动物(protozoa)是原始低等、结构简单的单细胞动物。

一、原生动物的形态与构造

原生动物的形态和大小变化很大。少数原生动物外形对称，大多数原生动物外形不对称，个体形态呈纺锤形、球形、椭圆形、喇叭形、鞋底形等。杜利什曼虫(*Leishmania odanowani*)体长短至 $1\sim4\mu m$，大变形虫(*Amoeba proteus*)体长长达 $600\mu m$ 以上，多数原生动物体长 $100\sim300\mu m$。原生动物虽为单细胞生物，但结构较为复杂；细胞不具细胞壁；细胞质膜或软而薄，或硬而厚；细胞核为真核，数量一个或多个。

原生动物可以形成不同的"胞器"而行使不同的功能。能够与多细胞动物一样，进行摄食、呼吸、排泄、生殖等生命活动。鞭毛、纤毛、刚毛、伪足是运动胞器；胞口、胞咽、食物泡、吸管是摄食、消化、营养胞器；收集管、伸缩泡和胞肛是排泄胞器；眼点是感光胞器。有的胞器具有多种功能。例如，波多虫的鞭毛具有运动功能，同时具有摄食功能。

二、原生动物的营养与繁殖

原生动物有 3 种营养类型：① 全动性营养(holozoic)。以其他生物(如细菌、酵母菌、霉菌、藻类等)和有机颗粒为食。② 植物性营养(holophytic)。通过光合作用合成有机物供自身消费。③ 腐生性营养(saprophytic)。依靠吸收环境或宿主中的可溶性有机物为生。

原生动物的繁殖方式有无性繁殖和有性繁殖。无性繁殖可以是二分裂(纵分裂或横分裂)或多分裂(图 5-29)，也可以是出芽生殖。一般认为二分裂是原生动物的主要生殖方式。有性繁殖通常发生于环境条件不利，或种群长期无性繁殖，需要有性繁殖来增强活力的场合。钟虫的有性生殖过程如图 5-30 所示。大部分原生动物能形成孢囊(cyst)，以度过不良环境。

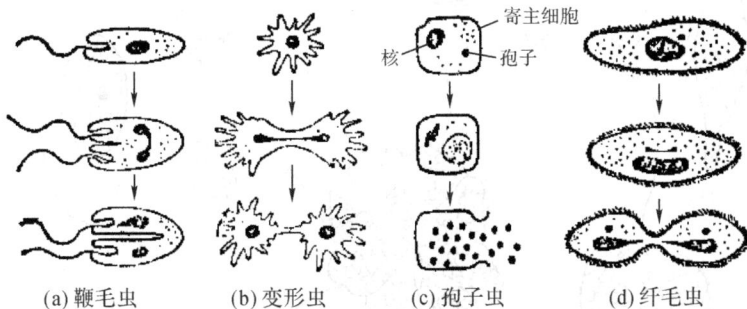

(a) 鞭毛虫　　(b) 变形虫　　(c) 孢子虫　　(d) 纤毛虫

图 5-29　原生动物的生殖方式

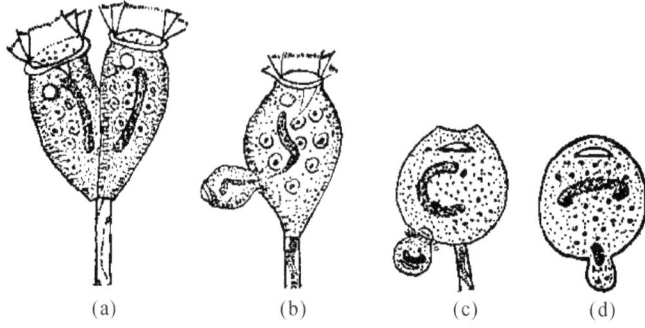

图 5-30　钟虫的生殖方式

(a) 裂殖；(b～d) 接合生殖

三、原生动物的分类和代表属

原生动物种类繁多而且庞杂，可供借鉴的化石资料很少，研究其起源和演化的难度很大，至今仍未建立令人满意的分类系统。根据原生动物的细胞器和其他特点，德国学者Bütschli(1848—1920)将原生动物分为四纲：鞭毛纲、肉足纲、孢子纲、纤毛纲(包括吸管纲)。这一分类系统一直用到 20 世纪 50 年代。1974 年 Margulis 提出生物五界分类系统，将原生动物从无脊椎动物的一个门，提升为原生生物界的一个亚界。1980 年国际原生动物学家协会进化分类学委员会提出了新的原生动物分类系统。在这个新的分类系统中，原生动物归入原生生物界，包括七个门，即肉鞭门(Sarcomastigophora)、盘蜷门(Labyrinthomorpha)、顶复门(Apicomplexa)、微孢子门(Microspora)、囊孢子门(Ascetospora)、黏体门(Myxozoa)、纤毛门(Ciliophora)。其中，肉鞭门和纤毛门的原生动物与废水生物处理关系密切。

(一)肉鞭门原生动物

1. 鞭毛虫

肉鞭门鞭毛亚门的原生动物具有鞭毛，常称为鞭毛虫(图 5-31)。一些鞭毛虫(眼虫、油

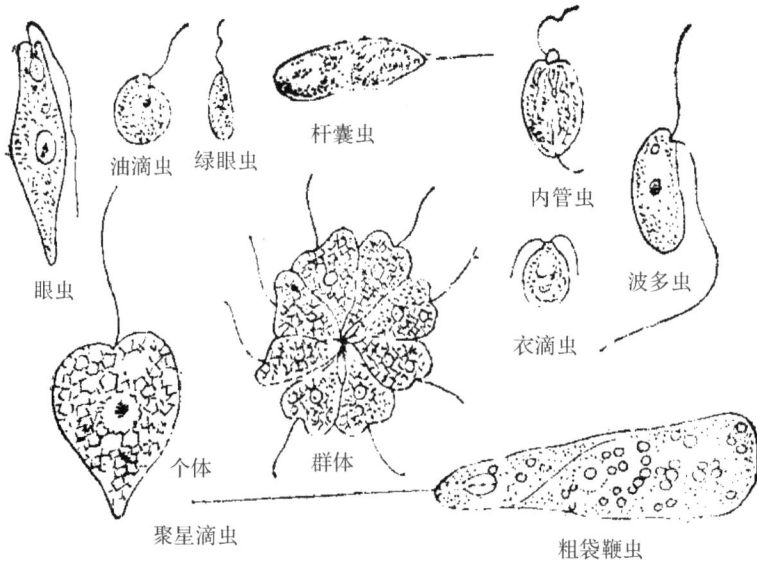

图 5-31　鞭毛虫形态

滴虫、杆囊虫等)生长一根鞭毛,另一些鞭毛虫(内管虫、波多虫、衣滴虫)具有两根鞭毛。多数鞭毛虫独立生活,也有群体生活(如聚星滴虫)。鞭毛虫的营养类型有全动性营养、植物性营养和腐生性营养。在有机物浓度增加、环境条件改变或丧失色素体时,植物性营养的鞭毛虫转变为腐生性营养。一旦环境条件恢复,又可返回植物性营养。内管虫属($Entosiphon$)和波多虫属($Bodo$)以鞭毛摄食。鞭毛虫大小从几微米至几十微米,在显微镜下可依据形态和运动方式加以辨认。

在自然水体中,鞭毛虫喜欢生活在多污带和 α-中污带。在污水生物处理系统中,鞭毛虫大量出现于活性污泥培养初期以及处理效果较差的时期。

2. 肉足虫

肉鞭门肉足亚门的原生动物有伪足,常称为肉足虫(图 5-32)。肉足虫形体小,无色透明,表面只有由细胞质形成的一层薄膜,没有固定形态。虫体没有胞口和胞咽等结构。大多数以伪足作为运动和摄食胞器,全动性营养,少数寄生生活。有的肉足虫有针状伪足,有的肉足虫可改变形态,称为变形虫。肉足虫的繁殖方式以无性生殖为主。

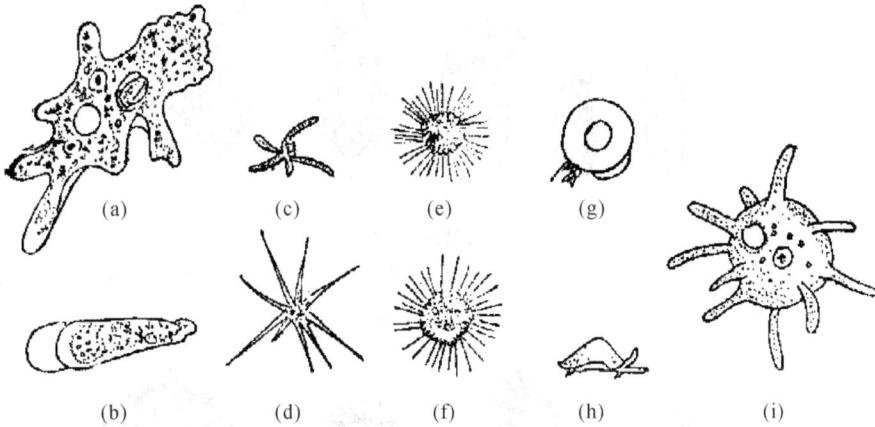

图 5-32　肉足虫形态
(a) 变形虫；(b) 蜗足变形虫；(c)(d) 辐射变形虫；(e) 单核变形虫；(f) 多核太阳虫；
(g) 表壳虫顶面观；(h) 表壳虫侧面观；(i) 珊瑚变形虫

在自然水体中,变形虫喜欢生活在 α-中污带或 β-中污带。在污水生物处理系统中,肉足虫常出现于活性污泥培养中期。

(二)纤毛门原生动物

1. 纤毛虫

纤毛门的原生动物至少在某一阶段生有纤毛,故称为纤毛虫。它们以纤毛作为运动和摄食胞器。全动性营养。无性生殖通常为二分裂,少数进行出芽生殖和复分裂生殖。有性生殖主要为接合生殖(两个细胞相互靠拢形成接合部位,进行原生质融合而生成接合子,再由接合子发育成新个体)。纤毛虫有游泳型和固着型。一些游泳型纤毛虫的形态见图 5-33和图 5-34。多数游泳型纤毛虫生活在 α-中污带和 β-中污带,少数出现在寡污带。在污水生物处理中,出现于活性污泥培养中期或处理效果较差的时期。

一些固着型纤毛虫的前端口缘有纤毛环(由两圈能波动的纤毛组成),虫体呈典型的钟罩形,称为钟虫(图 5-35)。它们多数有柄,营固着生活。在钟罩基部和柄内有肌原纤维组成的基丝,能收缩。有的钟虫独立生活,有的钟虫聚集生活(图 5-36)。固着型纤毛虫,尤其是钟虫,喜欢生活于寡污带。它们是水体自净程度高、污水生物处理效果好的指示生物。

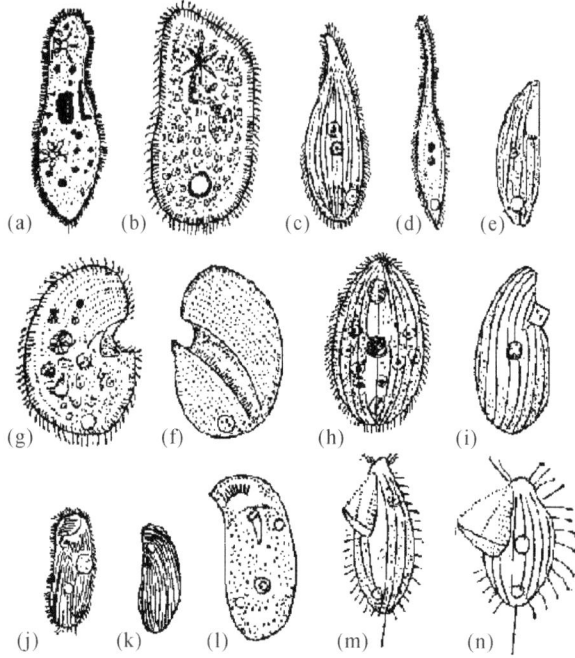

图 5-33　游泳型纤毛虫形态(一)

(a) 尾草履虫;(b) 绿草履虫;(c) 敏捷半眉虫;(d) 漫游虫;(e) 裂口虫;(f)(g) 僧帽肾形虫;

(h)(i) 梨形四膜虫;(j) 豆形虫;(k) 弯豆形虫;(l) 斜管虫;(m) 长圆膜袋虫;(n) 银灰膜袋虫

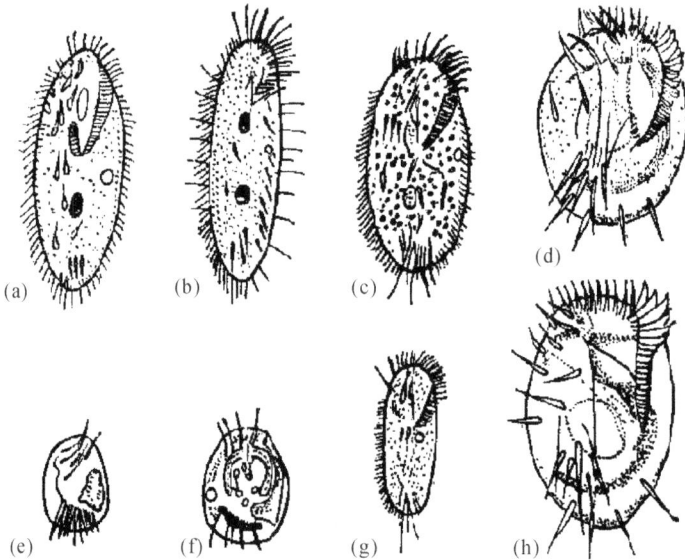

图 5-34　游泳型纤毛虫形态(二)

(a) 两面尖毛虫;(b) 髭尖毛虫;(c) 髭棘尾虫;(d) 盘状游仆虫;

(e) 楯纤虫;(f) 髭状楯纤虫;(g) 腐生棘毛虫;(h) 阔口游仆虫

2.吸管虫

纤毛门动基片纲吸管亚纲的原生动物有许多吸管状触手,称为吸管虫(图 5-37)。在吸管虫生活史中,可区分为幼体和成体。幼体长有纤毛,能游泳,又称游泳体。成虫纤毛消失,长出长短不一、形态各异的吸管状触手,用于捕食。虫体呈球形、倒圆锥形或三角形等。

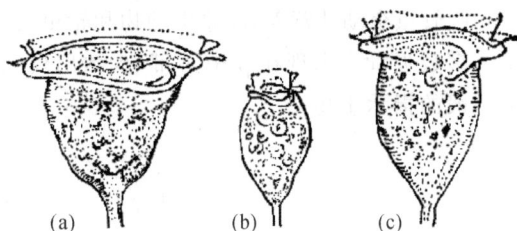

图 5-35　活性污泥中几种常见的钟虫
(a) 大口钟虫;(b) 小口钟虫;(c) 沟钟虫

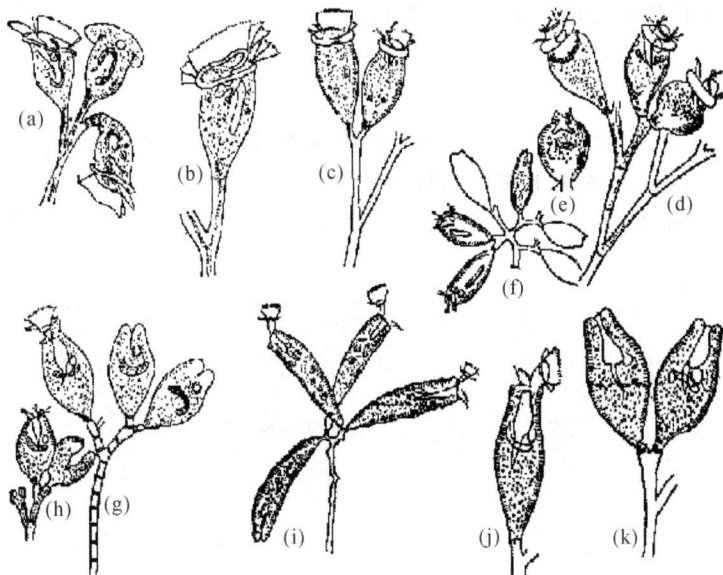

图 5-36　形成群体的固着型纤毛虫
(a) 螅状独缩虫;(b) 树状聚缩虫;(c)(d)(e) 湖累(等)枝虫;(f) 圆筒盖纤虫;(g) 节盖纤虫;
(h) 小盖纤虫;(i) 长盖纤虫;(j)(k) 彩盖纤虫

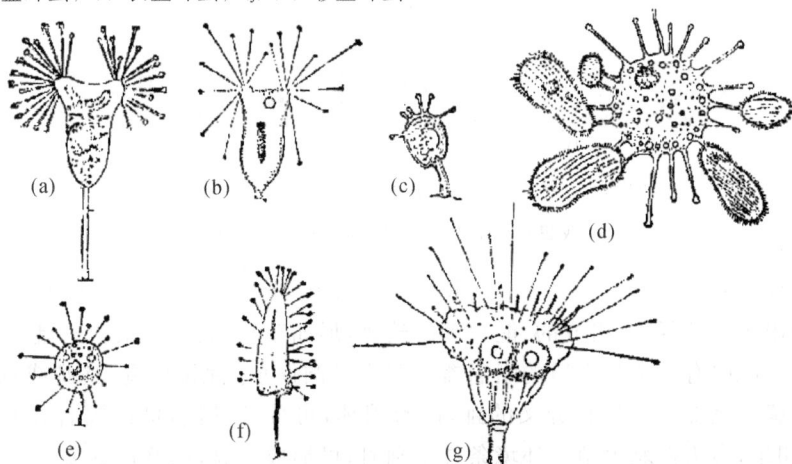

图 5-37　常见的吸管虫类原生动物
(a)(b)壳吸管虫;(c)环锤吸管虫;(d)球吸管虫捕食纤毛虫;(e)固着足吸管虫;(f)长足吸管虫;(g)尖吸管虫

　　吸管虫全动性营养，以原生动物和轮虫为食。吸管虫的生殖方式为有性生殖和出芽生殖。

　　多数吸管虫出现在β-中污带，少数出现在α-中污带和多污带。它们是污水生物处理效果一般的指示生物。

第四节　微型后生动物

　　后生动物(metazoa)是多细胞动物的统称。个体微小、需借助显微镜或放大镜才能看清的后生动物，称微型后生动物。一些微型后生动物(如轮虫、线虫、颗体虫)常见于污水生物处理系统中，可用作生物处理工况的指示生物。

一、轮虫

　　轮虫($Rotifer$)是担轮动物门(Trochelminthes)轮虫纲(Rotifera)的微型动物。因为它有初生体腔，在新的分类系统中被归入原腔动物门(Aschelminthes)。常见的有旋轮虫属($Philodina$)、猪吻轮虫属($Dicranophorus$)、腔轮虫属($Lecane$)和水轮虫属($Epiphanes$)(图5-38)。

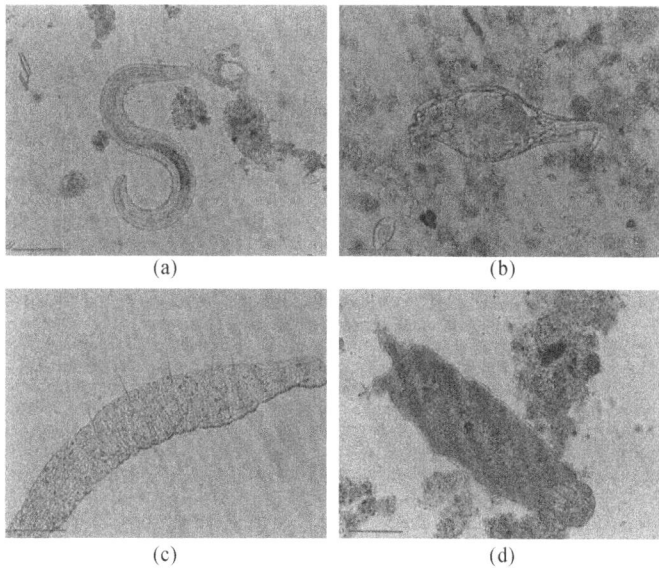

<table>
<tr><td>(a)</td><td>(b)</td></tr>
<tr><td>(c)</td><td>(d)</td></tr>
</table>

图 5-38　活性污泥、生物膜中常见的微型后生动物
(a)线虫；(b)轮虫；(c) 颗体虫；(d)节肢动物

　　轮虫形体微小，长约 $0.04 \sim 2mm$，多数不超过 $0.5mm$。轮虫可分头部、躯干和尾部。头部有一个由 $1 \sim 2$ 圈纤毛组成的、能转动的轮盘，形如车轮，故叫轮虫。轮盘是轮虫的运动和摄食器官。咽内有一个几丁质的咀嚼器。躯干呈圆筒形，背腹扁宽，具刺或棘，外表有透明的角质甲膜。尾部末端长有分叉的趾，内有腺体，可分泌黏液，借以固着在其他物体上。雌雄异体，卵生，多为孤雌生殖。环境条件不利时，可形成胞囊，以渡过难关。

　　轮虫全球分布，以底栖种类居多，栖息在沼泽、池塘、浅水湖泊和深水湖泊的沿岸带。对pH 适应范围较宽，许多种喜欢在 pH 6.8 左右的环境中生活。轮虫对溶解氧要求较高，以细菌、霉菌、酵母菌、藻类以及有机颗粒为食，它是污水生物处理效果优良的指示生物。

二、线虫

线虫(Nematode)是线形动物门(Nemathelminthes)线形纲(Nematoda)的微型动物(图 5-38)。呈长线形,一般长度为 0.25~2 mm。前端口上有感觉器官,体内有神经系统。两侧纵肌可交替收缩,作蛇形拱曲运动。消化道为直管,食道由辐射肌组成。雌雄异体,卵生。线虫有 3 种营养类型:腐食性(以动植物的残体及细菌等为食)、植食性(以绿藻和蓝藻为食)和肉食性(以轮虫和其他线虫为食)。

在污水生物处理系统中,线虫大多独立生活,以细菌、藻类、轮虫和其他线虫为食。线虫有好氧线虫和兼性厌氧线虫,缺氧时兼性厌氧线虫大量繁殖。线虫是污水净化效果不良的指示生物。

三、颗体虫

颗体虫是环节动物门(Annelida)寡毛纲(Oligochaeta)的微型动物,进化上比轮虫和线虫高级。身体细长分节,每节两侧长有刚毛,靠刚毛爬行运动。雌雄同体,卵生。颗体虫是活性污泥中体形最大的动物。

在污水生物处理系统中常见红斑颗体虫(Aeolosma hemprichii,图 5-38)。前叶腹面有纤毛,是捕食器官。主要以污泥中的细菌和有机碎片为食。颗体虫分布很广,一般生活在水质较好、溶氧充足的环境中。适宜生长温度为 20℃,温度降至 6℃ 以下时,活力下降并形成胞囊。颗体虫是污水生物处理效果优良的指示生物。

复习思考题

1. 简述真菌细胞结构。
2. 何谓无隔膜菌丝、有隔膜菌丝、菌丝体?
3. 简述真菌的无性繁殖以及无性孢子类型。
4. 简述真菌的有性繁殖以及有性孢子类型。
5. 简述真菌菌落特点。
6. 简述腐霉属、根霉属、脉孢菌属、酵母属、伞菌属、曲霉属和青霉属的特点。
7. 简述藻类分类概况以及与水体富营养化有关的藻类特征。
8. 简述原生动物形态与构造上的特点。
9. 简述原生动物分类概况以及与废水生物处理有关的原生动物。
10. 常见于污水生物处理系统中的微型后生动物有哪些? 各有什么特征?

第六章 微生物的营养与代谢

微生物从外界环境中摄取和利用营养物质的过程,称为营养(nutrition)。微生物获得的用于合成细胞成分和提供生命活动能量的各种物质,称为营养物质(nutrients)。在微生物体内,营养物质经历着各种生化反应。这些微生物体内发生的生化反应的集合,称为新陈代谢(简称代谢,metabolism)。微生物代谢是在细胞的统一调控下进行的。本章介绍微生物的营养、代谢及其调控。

第一节 微生物营养

一、微生物的营养需要

(一)细胞成分

化学分析表明(图 6-1),微生物细胞含有大量水分(约 80%),其余为干物质(约 20%)。干物质由有机物(约占 90%)和无机物(约占 10%)组成。在有机物中,碳居首位(53.1%),其余依次为氧(28.3%)、氮(12.4%)和氢(6.2%)。若只考虑有机部分,则微生物细胞的化学组成可表征为 $C_5H_7O_2N$。在无机物中,磷居首位(50%),其余依次为硫(15%)、钠(11%)、钙(9%)、镁(8%)、铁(1%)等。如果把磷考虑在内,那么微生物细胞的化学组成可表征为 $C_{60}H_{87}O_{23}N_{12}P$。一般而言,菌体内某种元素的含量越高,细胞对这种元素的需要量也越大。

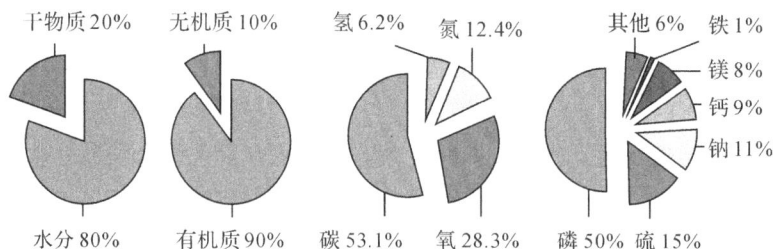

图 6-1 微生物细胞的化学成分

(二)营养物质

组成微生物细胞的化学元素是通过营养物质提供的。营养物质(又称养分)可分为水、碳源、氮源、能源、无机盐和生长因子。

1. 水

水是一切生物生存的基本条件。其主要生理功能是:① 作为溶剂,维持细胞正常的胶体状态;② 作为介质,参与营养物质吸收、废弃物排泄以及全部代谢活动;③ 作为反应物,参与水解作用、呼吸作用和光合作用。试验证明,缺水比饥饿更容易导致生物死亡。

2.碳源

凡是可被微生物用作细胞物质或代谢产物中碳素来源的营养物质,称为碳源(carbon sources)。微生物细胞的碳素含量很高,占干物质重量的50%以上,因此微生物对碳素的需要量很大。碳源主要为微生物合成细胞物质提供碳素。对于异养菌,碳源还兼作能源,为微生物的生命活动提供能量。

就整体而言,微生物能够利用的碳源范围很宽。除单质碳以外,许多有机碳和无机碳都可被微生物用作碳源。但就个体而论,每种微生物能够利用的碳源范围相对较窄,而且种间相差很大。例如,假单胞菌属(Pseudomonas)一些菌株的碳源多达90多种,而产甲烷鬃菌属(Methanosaeta)一些菌株的碳源只有乙酸盐。

3.氮源

凡是能被微生物用于细胞物质或代谢产物中氮素来源的营养物质,称为氮源(nitrogen sources)。微生物细胞的氮素含量仅次于碳和氧,约占干物质重量的12%,因此微生物对氮素的需要量也很大。氮源主要为微生物合成细胞物质提供氮素。

与碳源相似,从整体上看,微生物能够利用的氮源范围较宽,分子氮、无机氮和有机氮都可被微生物利用;但具体到种,微生物能够利用的氮源范围也较窄。一些微生物是"氨基酸自养菌",它们能自行合成一切氨基酸;也有一些微生物是"氨基酸异养菌",它们需要从外界环境吸收自己不能合成的氨基酸。

4.能源

能源(energy sources)是指微生物生命活动的最初能量来源。常见的微生物能源见表6-1。

表 6-1　微生物能源

能源	化学能	有机物	化能异养菌的能源(同碳源)
		无机物	化能自养菌的能源(不同于碳源)
	辐射能	光	光能自养菌和光能异养菌的能源(不同于碳源)

化能异养菌的能源与碳源相同,皆为有机物;而自养菌的能源与碳源不同,能源是辐射能或是一些还原态无机物(如氨、硫化氢、氢气等),碳源是二氧化碳。

5.无机盐

无机盐主要为微生物提供除碳、氮以外的各种营养元素。凡是所需浓度在$10^{-3} \sim 10^{-4}$ mol/L范围内的营养元素,称为大量元素(macroelements),如磷、硫、钾、镁、钙、钠、铁等。所需浓度在$10^{-6} \sim 10^{-8}$ mol/L范围内的营养元素,称为微量元素(microelements),如铜、锌、锰、钼、钴等。无机盐的生理功能见表6-2。

表 6-2　无机盐的来源和功能

元素		提供方式	生 理 功 能
大量元素	磷	KH_2PO_4、K_2HPO_4	磷脂、核酸、核蛋白、酶、辅酶等的成分
	硫	$MgSO_4$	含硫氨基酸(如半胱氨酸)、含硫维生素(如生物素)、辅酶等的成分
	钾	KH_2PO_4、K_2HPO_4	某些酶(如果糖激酶)的激活剂;电位差和渗透压的调控剂
	钠	$NaCl$	渗透压的调控剂
	钙	$Ca(NO_3)_2$、$CaCl_2$	胞外酶的稳定剂和激活剂;细胞质胶体状态和细胞膜透性的调控剂;细菌芽孢和真菌孢子的成分
	镁	$MgSO_4$	叶绿素、某些酶的成分;核糖体和细胞质膜的稳定剂
	铁	$FeSO_4$	叶绿素、细胞色素、过氧化物酶等的成分
微量元素	锰	$MnSO_4$	氨肽酶、超氧化物歧化酶的成分;许多酶的激化剂
	铜	$CuSO_4$	氧化酶、酪氨酸酶的成分
	钴	$CoSO_4$	维生素 B_{12} 复合物的成分;肽酶的辅助因子
	锌	$ZnSO_4$	RNA 和 DNA 聚合酶的成分;碱性磷酸酶以及脱氢酶、肽酶和脱羧酶的辅助因子
	钼	$(NH_4)_6Mo_7O_{24}$	固氮酶、同化型和异化型硝酸盐还原酶的成分

6. 生长因子

生长因子(growth factors)是某些微生物正常代谢必不可少且不能自己合成的有机物质。生长因子包括维生素、氨基酸、嘌呤和嘧啶等。根据对生长因子的需要情况,可将微生物分为 3 种类型:① 生长因子异养菌(auxoheterotrophs),必须从外界环境中摄取一种或多种生长因子;② 生长因子自养菌(auxoautotrophs),无需从外界环境中摄取生长因子;③ 生长因子过量合成菌,能分泌生长因子。在微生物培养中,一般通过添加酵母膏、牛肉膏、麦芽汁、玉米浆、肝浸液等来提供生长因子。

二、微生物的营养类型

按照能源,微生物可分为光能营养型和化能营养型。按照碳源,微生物又可分为自养型和异养型。综合能源和碳源,微生物可分为光能自养型、光能异养型、化能自养型和化能异养型 4 个基本营养类型。

(一)光能自养型

光能自养菌(photoautotrophs)是以光能作为能源,二氧化碳或碳酸盐作为碳源,水或还原态无机物作为供氢体的微生物。藻类、蓝细菌和光合细菌属于这一营养类型。

藻类和蓝细菌含有光合色素,可利用光能分解水产生氧气,并将二氧化碳还原为有机碳化物,故称为产氧光合作用(oxygenic photosynthesis)。其反应式为:

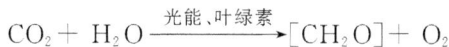

$$CO_2 + H_2O \xrightarrow{\text{光能、叶绿素}} [CH_2O] + O_2$$

绿色和紫色硫细菌的光合作用以硫化氢为供氢体,不释放氧气,故称为不产氧光合作用(anoxygenic photosynthesis)。其反应式为:

$$CO_2 + 2H_2S \xrightarrow{\text{光能、菌绿素}} [CH_2O] + 2S + H_2O$$

（二）光能异养型

光能异养菌（photoheterotrophs）是以光能作为能源，二氧化碳或碳酸盐作为碳源，简单有机物（如有机酸、醇等）作为供氢体的微生物。若以异丙醇为供氢体，其反应式为：

$$CO_2 + 2CH_3\!\!-\!\!\underset{\underset{2CH_3}{|}}{CHOH} \xrightarrow{\text{光能、叶绿素}} [CH_2O] + 2CH_3COCH_3 + H_2O$$

紫色非硫细菌中的红微菌（*Rhodomicrobium*）即属这一营养类型。它们与紫色和绿色硫细菌的主要区别在于供氢体不同。光能异养菌既可将有机物用作供氢体，也可将有机物直接同化。

（三）化能自养型

化能自养菌（chemoautotrophs）是以还原态无机物作为能源，二氧化碳或碳酸盐作为碳源，可在无机环境中生长的微生物。常见的化能自养菌有：

① 硝化细菌　能氧化氨或亚硝酸盐，同化二氧化碳。

② 硫化细菌　能氧化还原态无机硫化物（H_2S、S、$S_2O_3^{2-}$ 等），同化二氧化碳。

③ 铁细菌　能氧化 Fe^{2+}，同化二氧化碳。

$$2Fe^{2+} + \frac{1}{2}O_2 + 2H^+ \longrightarrow 2Fe^{3+} + H_2O + 能量$$

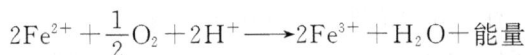

④ 氢细菌（hydrogen-oxidizing bacteria）　能氧化氢气，同化二氧化碳。

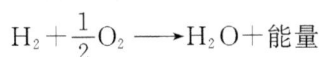

$$H_2 + \frac{1}{2}O_2 \longrightarrow H_2O + 能量$$

（四）化能异养型

化能异养菌（chemoheterotrophs）是以有机物作为能源、碳源和供氢体的微生物。这一营养类型的微生物种类很多，数量巨大，包括绝大多数细菌和放线菌，几乎全部真菌和原生动物。根据所利用的有机物，化能异养菌可分为：① 腐生菌（saprophytic microorganisms），从无生命的有机物（如动物和植物残体）中获得养分。② 寄生菌（paratrophic microorganisms），从活的有机体（宿主）中获得养分，离开宿主便不能生长和繁殖。③ 兼性腐生菌（facultatively saprophytic microorganism），既能从无生命的有机物，也能从活体中获得养分。

上述四大营养类型的划分是相对的，各营养类型之间并无截然的界线。例如，在有光和无氧条件下，红螺菌（*Rhodospirillum*）进行光能自养；而在黑暗和有氧条件下，则进行化能异养。

三、微生物的养分吸收

营养物质只有进入细胞才能参与生物代谢。营养物质进入细胞的方式主要有简单扩散、促进扩散、主动运输、基团转位、吞噬等。

（一）简单扩散

简单扩散（simple diffusion）又称被动扩散（passive diffusion），是指在浓度差的作用下营养物质扩散进入细胞的过程。养分穿过细胞膜的扩散速率主要取决于其分子大小和脂溶性。分子越小，脂溶性越强，则扩散穿过细胞膜越快。二氧化碳（44D）、乙醇（46D）和尿素

（60D）能快速穿过细胞膜；甘油（92D）不易穿过细胞膜；而葡萄糖（180D）则几乎不能穿过细胞膜。水（18D）比较特殊，尽管脂溶性很低，但能快速穿过细胞膜。细胞膜对带电物质高度屏蔽，一些小分子带电物质主要经过通道蛋白（channel protein，图 6-2）进入细胞。

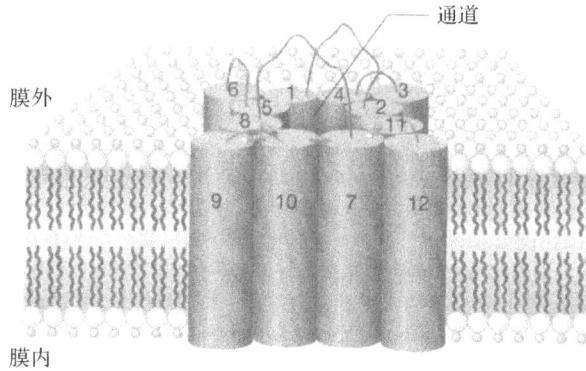

图 6-2　通道蛋白

（引自 Madigan M T，*et al*. Brock Biology of Microorganisms，eleventh edition. Prentice-hall，Inc.，2006）

如果养分不带电荷，那么膜两侧这种养分的浓度梯度便决定了输送方向。但若养分带有电荷，则运输过程不仅取决于膜两侧这种养分的浓度梯度，还取决于膜两侧的电荷梯度（即膜电位）。通常，细胞都有跨膜电位，且膜内的负电荷多于膜外。因此，阳离子进入细胞相对容易，阴离子进入细胞相对较难。

简单扩散的特点是：① 没有透过酶（permease，载体蛋白）参与，所运输的营养物质不具特异性。② 不消耗代谢能，营养物质不能逆浓度梯度运输，运输速率较低。③ 跨膜前后营养物质不发生化学变化。以简单扩散进入细胞的养分主要有水、溶于水的气体、小的极性分子，以及一些小的脂溶性物质。

（二）促进扩散

促进扩散（facilitated diffusion）是指在透过酶和浓度差的联合作用下营养物质进入细胞的过程。其特点是：① 不消耗代谢能，跨膜运输的动力是细胞膜两侧的浓度梯度。② 透过酶参与运输，具有特异性，只能与特定的养分结合；具有催化性，只能加快运输速率，不改变平衡浓度；具有饱和性，养分过高时呈现饱和效应（图 6-3）。③ 跨膜前后养分不发生化学变化。

多数透过酶是跨膜蛋白，部分暴露于细胞质内，部分暴露于环境中，这种结构能使养分在细胞膜外结合，并通过透过酶的变构而运输至细胞膜内（图 6-4）。形象地说，透过酶变构起着细胞膜"开门"的作用，让养分进入细胞。

在厌氧菌中，促进扩散是一些养分进入细胞的重要方式，但在好氧菌中，这种运输机制似乎作用不大。以促进扩散方式运输的养分主要是糖类。

（三）主动运输

主动运输（active transport）是指在代谢能的驱动下，通过透过酶作用，营养物质逆浓度梯度进入细胞的过程。其特点是：① 消耗代谢能，养分被逆浓度梯度运输，平衡浓度也被改变。② 透过酶参与运输，具有特异性和饱和性。③ 跨膜前后养分不发生化学变化。主动运输是微生物吸收养分的主要机制，也是微生物能够在养分稀少的环境中正常生活的重要

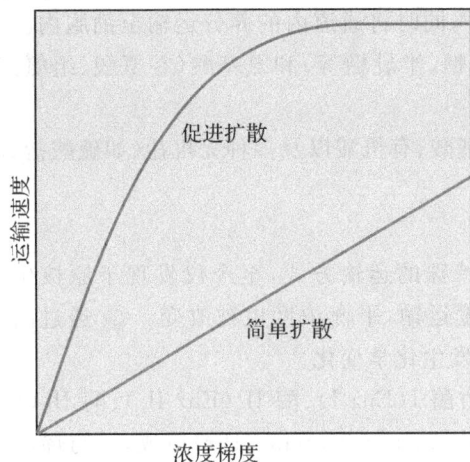

图 6-3　促进扩散和简单扩散
（引自 Prescott L M，*et al*．Microbiology，
fifth edition．高等教育出版社，2002）

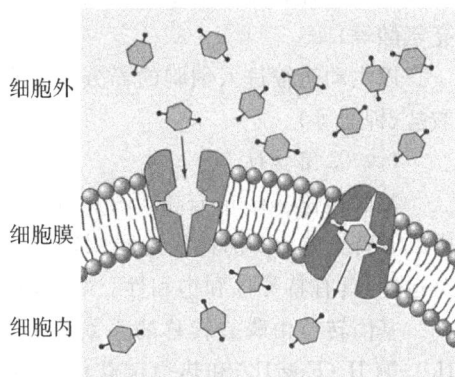

图 6-4　促进扩散
（引自 Prescott L M，*et al*．Microbiology，
fifth edition．高等教育出版社，2002）

原因。

　　现已证实，主动运输涉及 3 种透过酶（图 6-5）。单向转运蛋白（uniporters）能把一种物质从细胞膜的一侧转运到另一侧。反向转运蛋白（antiporters）能把一种物质从细胞膜的一侧转运到另一侧，同时把另一种物质以相反的方向运输。同向转运蛋白（symporters）能把两种物质以相同的方向从细胞膜的一侧转运到另一侧。

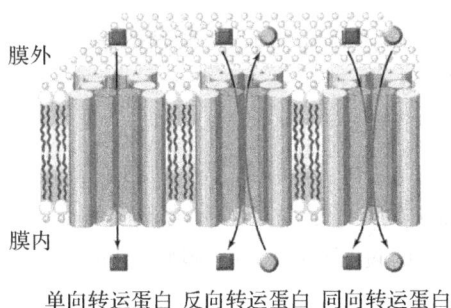

图 6-5　主动运输的三种载体蛋白
（引自 Madigan M T，*et al*．Brock Biology
of Microorganisms，eleventh edition．
Prentice-hall，Inc．，2006）

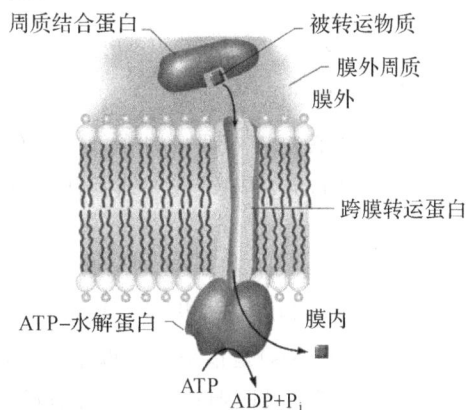

图 6-6　ATP 结合盒型转运蛋白的工作机制
（引自 Madigan M T，*et al*．Brock Biology of
Microorganisms，eleventh edition．Prentice-
hall，Inc．，2006）

　　主动运输系统多种多样，即使吸收同一种养分，微生物也有多种运输系统。例如，大肠杆菌（*Escherichia coli*）吸收半乳糖至少有 5 种主动运输系统，吸收钾离子也有 2 种主动运输系统。一些微生物的主动运输是依靠 ATP 结合盒型转运蛋白（ABC 型转运蛋白）进行的。这种运输系统由周质结合蛋白、跨膜转运蛋白和 ATP 水解蛋白组成（图 6-6）。周质结合蛋白以较高的亲和力与养分结合，将其送入跨膜转运蛋白，跨膜转运蛋白是一个转运通

道,通过 ATP 水解蛋白的作用,ATP 水解成 ADP,同时将通道内的养分运输至细胞内。大肠杆菌以这种方式运输多种糖类(阿拉伯糖、麦芽糖、半乳糖等)和氨基酸(谷氨酸、组氨酸、亮氨酸等)。

以主动运输进入细胞的养分主要有糖类、氨基酸、有机酸以及多种无机盐(如硫酸盐、磷酸盐、钾盐等)。

（四）基团转位

基团转位(group translocation)是一种较为特殊的运输方式,至今仅发现于原核生物中。其特点是:① 消耗代谢能,养分被逆浓度梯度运输,平衡浓度也被改变。② 透过酶参与运输,具有特异性和饱和性。③ 跨膜前后养分发生化学变化。

基团转位由磷酸转移酶系统进行。该系统由酶 I(Enz I)、酶 II$_a$(Enz II$_a$)、酶 II$_b$(Enz II$_b$)、酶 II$_c$(Enz II$_c$)和热稳定载体蛋白(heat-stable carrier protein,HPr)组成,可与烯醇式磷酸丙酮酸(PEP)偶联,使养分进入细胞并被磷酸化(图 6-7)。由于被磷酸化的养分可立即进入细胞合成或分解代谢,因而可避免养分浓度过高所致的不利影响。

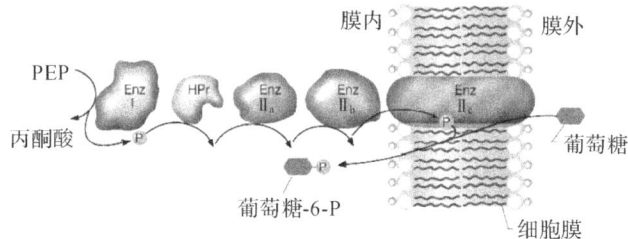

图 6-7　基团转位

(引自 Madigan M T. *et al*. Brock Biology of Microorganisms,eleventh edition. Prentice-hall, Inc.,2006)

以基团转位进入细胞的养分主要有葡萄糖、麦芽糖、N-乙酰葡萄糖胺、脂肪酸等。嘌呤和嘧啶也能以这种方式进入细胞并被磷酸化为单核苷酸。

（五）细胞吞噬

吞噬(phagotrophy)是指细胞摄食颗粒状营养物质的过程。大多数原生动物能直接以细胞膜包围并吞噬营养物质。根据被吸收的养分状态,吞噬可进一步区分为胞饮和胞噬。胞饮(pinocytosis)是指细胞摄取小滴状液体或胶体养分的过程(图 6-8)。胞噬(phagocytosis)则是指细胞摄取颗粒状固体养分的过程。

四、微生物的培养基

培养基(culture media)是人工配制的适合于不同微生物生长繁殖或积累代谢产物的营养物质。

（一）培养基配制原则

① 根据营养类型,配制培养基。各类微生物对营养物质的要求彼此不同,宜按照微生物营养类型,配制所需的培养基。例如,细菌采用牛肉膏蛋白胨培养基;放线菌采用高氏 1 号合成培养基;酵母菌采用麦芽汁培养基;霉菌采用查氏培养基等。

② 根据营养需要,调节养分浓度和配比。养分浓度太低,不能满足微生物生长之需;养

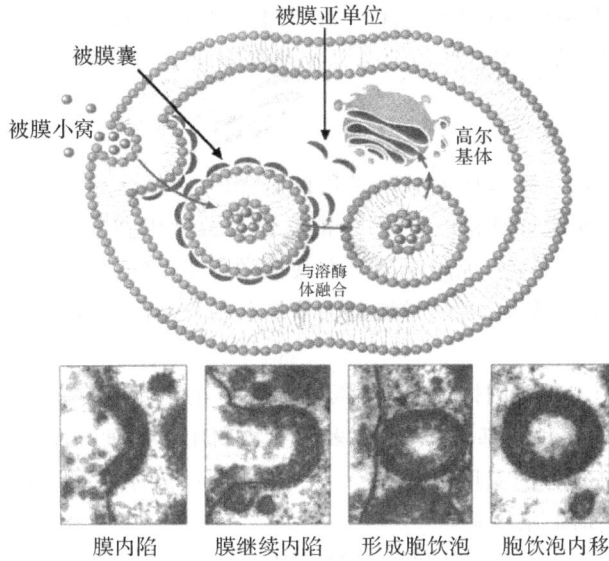

图 6-8　胞饮作用

（引自 Capbell N A，*et al*. Biology：concepts and connections，Person Education Inc. ，2003）

分浓度太高，则会抑制微生物生长。养分比例（如碳氮比）也会影响微生物的生长和代谢。在谷氨酸发酵中，采用碳氮比较高的培养基（C∶N 比为 4∶1），可促进菌体繁殖；采用碳氮比较低的培养基（C∶N 比降为 3∶1），则可抑制菌体繁殖，提高谷氨酸产量。

③ 根据生理要求，调控培养基的理化条件。各类微生物对环境条件的要求彼此不同，宜按照目标菌的要求，调节与控制培养基的理化条件（酸碱度、渗透压、氧化还原电位等）。

④ 根据经济原则，选用价廉的培养基原料。在生产上，培养基所占的成本较大，宜选用一些价格低廉、来源大宗的培养基原料。

⑤ 根据无菌要求，进行培养基的灭菌操作。新鲜培养基可能染菌，要保持无菌状态，需要对新配培养基进行灭菌。

（二）培养基的种类

1.按组分来源划分

① 天然培养基（natural media）　用化学成分不清楚或化学成分不恒定的天然有机物配制而成的培养基。例如，牛肉膏蛋白胨培养基（细菌培养基）。

② 合成培养基（synthetic media）　用化学成分完全清楚的化学物质配制而成的培养基。例如，高氏 1 号培养基（放线菌培养基）。

2.按物理状态划分

（1）培养基类型

① 液体培养基（liquid media）　将各种组分溶于水中配制而成的培养基。在工业上，液体培养基常用于发酵生产。在实验室中，液体培养基常用于菌体繁殖，研究微生物的生理和代谢。

② 固体培养基（solid media）　在液体培养基中加入凝固剂而呈固态的培养基，或直接用马铃薯块、胡萝卜条等天然固体表面作为培养基。固体培养基常用于菌种分离、鉴定、菌落计数、菌种保藏等。

③ 半固体培养基(semi-solid media)　在液体培养基中加入 0.5% 左右凝固剂(琼脂)而呈半固体状态的培养基。半固体培养基常用于穿刺培养、观察细菌运动、培养厌氧菌、保藏菌种等。

（2）凝固剂类型

① 琼脂(agar)　制备固体培养基最常用的凝固剂,添加量为 1.5% ～ 2.0%。它是从石花菜等红藻中提取的琼脂糖和琼脂胶,不能被大多数微生物降解。加温至 96℃ 以上时,琼脂融化;降温至 45℃ 以下时,琼脂凝固。在酸性条件下高压灭菌,琼脂发生部分水解,配制 pH 低于 5 的固体培养基时,需将琼脂与液体培养基分开配制,高压灭菌并降至适当温度后再混合。

② 明胶(gelatin)　制备固体培养基的凝固剂。它由动物的皮、骨、韧带等煮熬而成,主要成分为蛋白质,含有多种氨基酸,可被许多微生物利用。温度高于 28～35℃,明胶融化;低于 20℃,明胶凝固;适宜的温度范围为 20～25℃。明胶固体培养基的使用面很窄,仅用于某些特殊微生物的生理生化检验。

③ 硅胶(silica gel)　制备固体培养基的凝固剂。它是无机硅酸钠、硅酸钾与盐酸、硫酸进行中和反应而产生的胶体。由于硅胶完全由无机物组成,在分离和研究自养菌时,被用作培养基的凝固剂。一旦凝固,硅胶不能再融。

3.按用途划分

① 基础培养基(basic media)　根据某种或某类群微生物的共同营养需要而配制的培养基。一般而论,基础培养基能满足野生型菌株的营养要求。

② 加富培养基(enrichment media)　在基础培养基内加入额外营养物质(如血清、动物组织液等)而配制成的培养基。主要用于培养某种或某类营养要求苛刻的异养菌。

③ 鉴别培养基(differential media)　在基础培养基中加入某种指示剂而鉴别某种微生物的培养基。经培养后,微生物形成不同代谢产物,使指示剂产生不同的反应,以达到快速鉴别的目的。

④ 选择培养基(selective media)　根据某种或某类群微生物的特殊营养需要或对某种化合物的敏感性不同而设计的培养基。利用选择培养基可使某种或某类微生物从混杂的微生物群体中分离出来。例如,利用纤维素作为唯一碳源的选择培养基,可从混杂的微生物群体中分离出纤维素降解菌。

⑤ 种子培养基(seed media)　适合微生物菌体生长的培养基。这种培养基养分丰富,在工业生产上常用于优质菌种的扩大培养。

⑥ 发酵培养基(fermentation media)　适合发酵产物生产的培养基。这种培养基考虑了目标产物积累对养分的要求,在工业生产上常用于菌体或代谢产物的制取。

第二节　微生物代谢

一、微生物的能量代谢

(一)能量释放

在微生物体内,有机物能量的释放主要是通过氧化作用,更具体地说是通过释放电子实现的。有机物能量的降低与其在代谢中释放的电子数目直接相关,有机物所能释放的电子数目取决于最终电子受体。根据最终电子受体的性质不同,有机物的生物氧化可分为呼吸、厌氧呼吸和发酵三种类型。

1. 呼吸

呼吸(respiration)是指有机物在氧化过程中放出的电子,通过呼吸链传递,最终交给氧分子的生物过程。呼吸的电子流和碳流为:

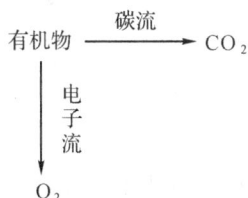

$$有机物 \xrightarrow{\text{碳流}} CO_2$$

$$\downarrow \text{电子流}$$

$$O_2$$

呼吸的特点是:以氧分子为最终电子受体;有机物氧化彻底;能量(有效电子)释放完全。例如,通过呼吸,葡萄糖可被彻底氧化成二氧化碳和水,释放出基质所含的全部能量 $688 \times 4.186kJ/mol$。由于最终产物二氧化碳和水不再含能,也不再有释放电子的能力,因此它们不会耗氧,有机物的污染性能也由此消除。

2. 厌氧呼吸

厌氧呼吸(anaerobic respiration)是指有机物氧化过程中脱下的质子和电子,经一系列电子传递体,最终交给无机氧化物等外源电子受体的生物过程。厌氧呼吸的电子流和碳流如下:

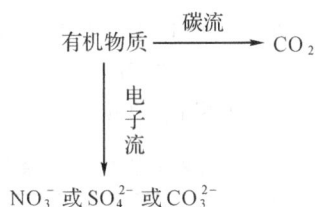

$$有机物质 \xrightarrow{\text{碳流}} CO_2$$

$$\downarrow \text{电子流}$$

$$NO_3^- \text{ 或 } SO_4^{2-} \text{ 或 } CO_3^{2-}$$

厌氧呼吸的特点是:没有氧分子参加反应,电子和质子的最终受体为无机氧化物(NO_3^-、SO_4^{2-} 或 CO_3^{2-})等外源电子受体;有机物的氧化彻底;但释放的能量低于有氧呼吸。深究发现,在以无机氧化物为电子受体的厌氧呼吸中,电子和质子受体实际上分别由两种元素承担。无机氧化物中的氧充当了质子受体的角色,与之结合的其他元素则充当了电子受体的角色。由于后者的氧化能力弱于氧,因此以它作电子受体所释放的能量相对较少,而且当厌氧呼吸所形成的产物排入有氧环境时,存在着被氧重新氧化的可能,因此它们依然是潜在的污染物。但这种污染物是否表现出污染,则取决于充当电子受体角色的元素的易氧化程度。

在以硝酸盐为电子和质子受体进行厌氧呼吸时,葡萄糖的部分能量消耗于转化过程,只释放出 $429 \times 4.186kJ/mol$ 能量,但所形成的产物水、二氧化碳和氮气均为稳定化合物,因此该过程能够有效消除有机物污染。若以硫酸盐为电子和质子受体氧化葡萄糖,则释放的能量更少,只有 $172 \times 4.186kJ/mol$,产物除水和二氧化碳外,还有硫化物。由于硫的氧化能力弱于氧,后者能够被氧重新氧化。不仅如此,由于硫接纳了有机物释放的全部电子,其耗氧能力并不亚于原始基质。如果不将硫化物从系统中分离,就不能最终实现对有机污染物的去除。庆幸的是,硫化物常以硫化氢或难溶金属硫化物的形态存在,它们很容易从系统中分离,因此能消除其对水体的污染。

3. 发酵

发酵(fermentation)是指有机物氧化过程中脱下的质子和电子,经辅酶或辅基(主要有NAD,FAD,NADP)传递给自身的代谢中间产物,最终产生还原性有机产物的生物过程。发酵的电子流和碳流为:

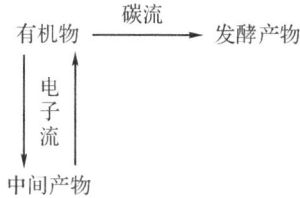

$$有机物 \xrightarrow{\quad 碳流\quad} 发酵产物$$

有机物向下（电子流）到中间产物

发酵的特点为:不需氧分子;有机物氧化不彻底;能量释放不完全。值得注意的是,由于发酵中作为电子和质子受体的有机物是原始基质的代谢中间产物,所形成的发酵产物是混合物,其中一部分产物的氧化程度高于原始基质,另一部分产物的氧化程度低于原始基质;又由于有机物的每次氧化都必须由相应的还原来平衡,因此原始基质既不能处于高度氧化状态,也不能处于高度还原状态,这就限制了发酵所能处理的有机废物种类。

在酒精发酵中,葡萄糖被降解成二氧化碳和酒精,仅释放葡萄糖所含的部分能量$54 \times 4.186 kJ/mol$。从能量的观点看,发酵结果只使一部分葡萄糖转化成不含能的稳定产物二氧化碳,另一部分葡萄糖的转化产物酒精仍然含能,依然会污染环境。不仅如此,从电子的归宿看,发酵产物酒精接纳了葡萄糖释放的全部电子,产物的耗氧能力(提供电子的能力)与葡萄糖完全一样,并没有得到任何削弱。如果就上述而论,那么发酵作为控制有机物污染的措施是无效的。然而,好在某些发酵(如沼气发酵)的不稳定产物为气体(如CH_4),能从系统内逸出,不再对水体产生污染。几种发酵的COD去除率见表6-3。

表 6-3　几种发酵的 COD 去除率

发酵类型	生　化　反　应	COD 去除率(%)
甲烷发酵	$C_6H_{12}O_6 \longrightarrow 3CH_4 + 3CO_2$	100
酒精发酵	$C_6H_{12}O_6 \longrightarrow 2CH_3CH_2OH + 2CO_2$	0
同型乳酸发酵	$C_6H_{12}O_6 \longrightarrow 2CH_3CHOHCOOH$	0
异型乳酸发酵	$2C_6H_{12}O_6 \longrightarrow CH_3CHOHCOOH + HOOCCH_2CH_2COOH$ $+ CH_3COOH + CH_3CH_2OH + CO_2 + H_2$	4
丁酸发酵	$C_6H_{12}O_6 \longrightarrow CH_3CH_2CH_2COOH + 2H_2 + 2CO_2$	17

(二)能量贮存

一切生命活动都需要能量,但生物体不能直接利用基质所含的能量,必须把初级能源(primary energy sources)转换成生命活动的通用能源(universal energy sources)——ATP。

1. 电子传递链

在生物代谢中,能量转化主要通过电子传递的方式实现。生物体内常见的电子传递链(electron transfer chains)如图 6-9 所示。其基本功能是:① 从电子供体(基质及其中间产物)接受电子,并把后者传递给电子受体(在有氧分解时,最终电子受体是氧);② 保存一部分因电子传递而释放的能量,合成 ATP。

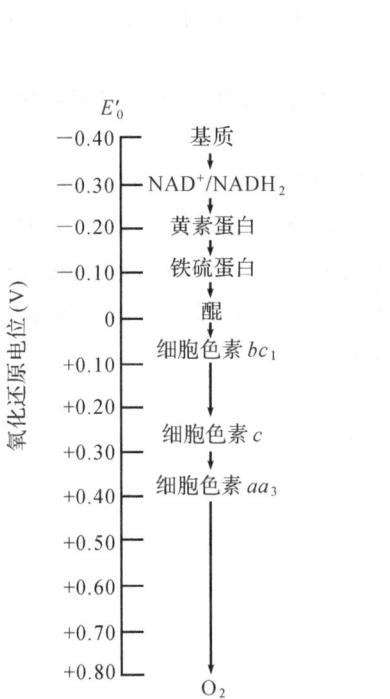

E_0'

氧化还原电位(V)

-0.40	基质
-0.30	NAD$^+$/NADH$_2$
-0.20	黄素蛋白
-0.10	铁硫蛋白
0	醌
+0.10	细胞色素 bc_1
+0.20	
+0.30	细胞色素 c
+0.40	细胞色素 aa_3
+0.50	
+0.60	
+0.70	
+0.80	O$_2$

图 6-9　电子传递链及其标准氧化还原电位(E_0')

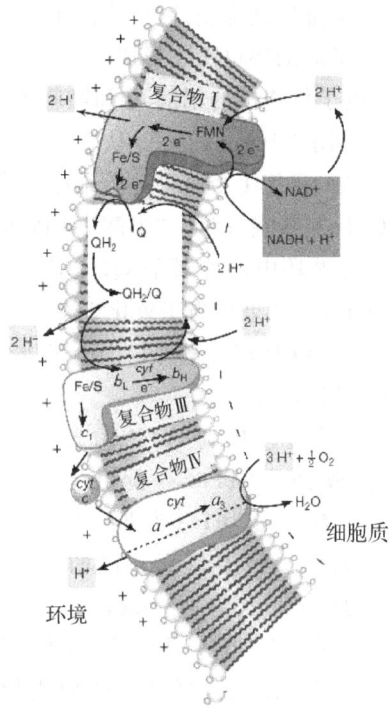

图 6-10　质子运动势的形成机理

FMN(黄素蛋白);Q(醌);Fe-S(铁硫蛋白);cyt a、b、c(细胞色素);b_L 和 b_H(分别为低和高电位 b-型细胞色素)

(引自 Madigan M T,$et\ al$. Brock Biology of Microorganisms,eleventh edition. Prentice-hall,Inc. 2006)

2.质子运动势

在电子传递过程中,载体(如 NADH$_2$)上的氢原子被解离成电子和质子,电子向传递链后端传送,质子则被排出细胞膜外,使膜外环境酸化。氧从电子传递链末端接受电子,被还原成水,所需的质子从细胞质内摄取。细胞质内的质子来源于水的解离(H$_2$O→H$^+$ + OH$^-$),H$^+$ 被消耗后只留下 OH$^-$。电子传递的净结果是在细胞内积累 OH$^-$,在细胞外积累 H$^+$,由此产生跨膜 pH 梯度和电化学势。pH 梯度和电化学势就像电池,使膜处于蓄能状态。蓄能电池常用电动势(electromotive force)来表征,同理蓄能膜采用质子运动势(proton motive force)来表征。质子运动势可直接用于细菌生命活动(如鞭毛运动和离子吸收),也可先合成 ATP,再用于生命活动。

根据图 6-10,质子运动势的形成机理是:NADH$_2$ 将 2 个氢原子传给 FMN(黄素蛋白);但在 FMN 向后传递时,只把电子传给 Fe-S(铁硫蛋白),而把 H$^+$ 排出膜外;Fe-S 把电子传给辅酶 Q,辅酶 Q 同时从细胞质中吸收两个 H$^+$ 而被还原;辅酶 Q 把电子传给细胞色素 bc_1 复合体(每次传递 1 个电子),而把 H$^+$ 排出膜外;细胞色素 bc_1 复合体把电子传给细胞色素 c;细胞色素 c 再把电子传给细胞色素 aa_3。细胞色素 aa_3 是末端氧化酶的组成成分,它将电子传给氧,同时从细胞质中吸收 2 个 H^+ 并使氧还原成水。由于不断地从细胞质中吸收质子,并将其排出细胞膜外,最终产生跨膜质子梯度,膜外酸化,膜内碱化。一旦出现跨膜质子梯度,质子运动势也随之形成。

在电子传递链的辅酶 Q 和细胞色素 bc_1 复合体之间会发生电子的来回穿梭,即 Q 循环(Q cycle,图 6-10)。辅酶 Q 从 Fe-S 接受 2 个电子并从细胞质中吸收 2 个 H^+ 而被还原成辅酶 QH_2 后,只把 1 个电子传给细胞色素 bc_1 复合体,向膜外排出 1 个 H^+,辅酶 QH_2 转变成辅酶 QH・(半醌);两个“半醌”重新形成辅酶 QH_2,并从细胞质中吸收 2 个 H^+ 而构成循环。在 Q 循环中,2 个辅酶 QH_2 只有 1 个被氧化成辅酶 Q,另 1 个经辅酶 QH・被还原为辅酶 QH_2,净结果相当于氧化 1 个辅酶 QH_2 向膜外排出 2 个 H^+,并从细胞质中吸收 2 个 H^+。因此,Q 循环可增加每个电子排出质子的数量。

3. ATP 合成

从质子运动势到 ATP 的转化过程由 ATP 合成酶(ATPase)催化(图 6-11)。ATP 合成酶可分为 F_1(头部)和 F_0(质子通道)两大部分。F_1 由 5 种不同的多肽组成,复合体的构成形式为 $\alpha_3\beta_3\gamma\delta\varepsilon$,它的主要功能是引起 ADP+$P_i$ 与 ATP 之间的相互转化;F_0 由 3 种多肽组成,复合体的构成形式为 ab_2c_{12},其主要功能是作为跨膜质子通道。

ATP 合成酶是迄今已知的最小的生物马达。F_1 是这个马达的定子,亚单位 γ 则是这个马达的转子。质子通过 F_0 由细胞膜外流入细胞膜内,产生转矩并由亚单位 γ 传递给 F_1。F_1 把马达转动产生的能量用于 ATP 合成。ATP 合成酶催化的 ATP 合成反应,称为氧化磷酸化(oxidative phosphorylation)。氧化磷酸化的能量转化效率为每消耗 4 个质子合成 1 个 ATP。

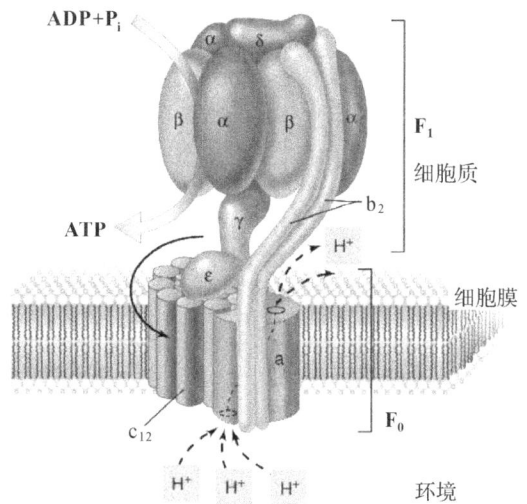

图 6-11　ATP 合成酶的结构和功能
(引自 Madigan M T. *et al*. Brock Biology of Microorganisms, eleventh edition. Prentice-hall, Inc., 2006)

(三)能量利用

能量是推动一切生命活动的动力源,能量耗尽,生命也将随之终结。在生物体中,能量被消耗于生命活动的各个方面。

1. 生物合成

生物合成是微生物耗能的主要方面。据估计,用于合成细胞物质的 ATP 约占总量的 1/3。其中,小部分(约占 10%)能量消耗于合成单体物质(单糖、氨基酸、碱基等),大部分能量消耗于合成细胞聚合物(酶、细胞膜、细胞核等)。

碳源物质的氧化状态和分子大小是影响合成能耗的重要因素。碳水化合物的氧化状态与细胞物质大致相同。若碳源物质的氧化状态高于细胞物质,微生物将它还原至所需水平。反之,若碳源物质的氧化状态低于细胞物质,微生物则将它氧化至所需水平。通常,细胞同化高氧化态碳源的能耗大于同化低氧化态碳源。此外,在生物代谢中,丙酮酸占有不寻常的地位,它很容易参与各种生化反应。若碳源物质的碳原子多于 3 个,则无需耗能即可将它裂解成所需的大小。但若碳源物质的碳原子少于 3 个,则必须耗能合成三碳化合物。因此,同化碳原子少的碳源物质的能耗大于同化碳原子多的碳源物质。二氧化碳不仅含碳原子少,而且处于最高氧化状态,自养菌以二氧化碳为碳源,合成能耗明显大于异养菌。

2.其他能耗

微生物维持细胞机能需要能量。例如,养分的主动吸收、细胞质流动以及鞭毛运动等,均需耗能。如果没有充足的能量供应,细胞机能就会受阻,最终导致细胞瓦解和死亡。

微生物发光需要能量。光是能量的一种形式,生物发光需要相应的能量来转换。

微生物发热也需要能量。在代谢过程中,微生物或多或少会以热的形式释放一部分能量。在堆肥过程中,堆肥发酵升温即生物发热所致。

二、微生物的物质代谢

按来源,环境中存在的有机污染物可分为天然有机物和人工有机物,绝大多数有机污染物的最终来源是天然有机物,即便是人工有机物,其生物降解也最终纳入天然有机物的代谢途径。本节介绍几种常见天然有机物的生物降解过程。

(一)碳水化合物分解

碳水化合物(糖类)是自然界最丰富的有机物,也是最常见的有机污染物。其典型的分解途径是糖酵解和三羧酸循环。

1.糖酵解

糖酵解(glycolysis)途径,又称 EMP 途径,是细胞将葡萄糖转化为丙酮酸的代谢过程(图 6-12)。其总反应为:

$$C_6H_{12}O_6 + 2NAD^+ + 2P_i + 2ADP \longrightarrow 2CH_3COCOOH + 2NADH_2 + 2ATP$$

在 EMP 途径中,有机物脱下的质子和电子由 NAD^+ 接纳,部分释放的能量通过底物水平磷酸化(substrate level phosphorylation,在磷酸基转移酶催化下,一个高能磷酸化合物断裂其高能磷酸键,并以 ADP 为磷酸基为受体合成 ATP)而贮存至 ATP 中,并形成具有重要作用的中间产物丙酮酸。

丙酮酸的归宿取决于菌种特性和环境条件。在无氧条件下,酵母菌可将丙酮酸分解为二氧化碳和乙醇;一些细菌则可将丙酮酸转化成乳酸、丁酸等产物。在有氧条件下,丙酮酸进入 TCA 循环。

2.三羧酸循环

三羧酸循环(tricarboxylic acid cycle, TCA)是葡萄糖降解成丙酮酸之后的分解过

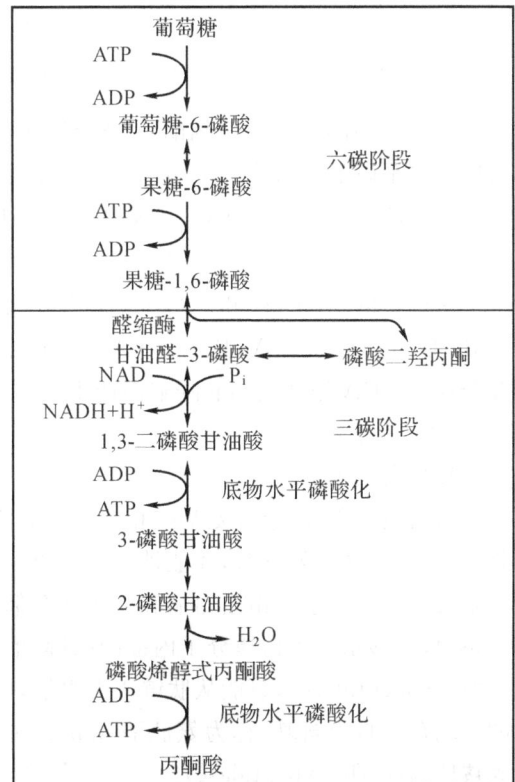

图 6-12　糖酵解(EMP)途径

程。丙酮酸先在丙酮酸脱氢酶的催化下氧化脱羧,并与辅酶 A 合成乙酰辅酶 A;乙酰辅酶 A 再与草酰乙酸缩合成柠檬酸而开始三羧酸循环(图 6-13)。

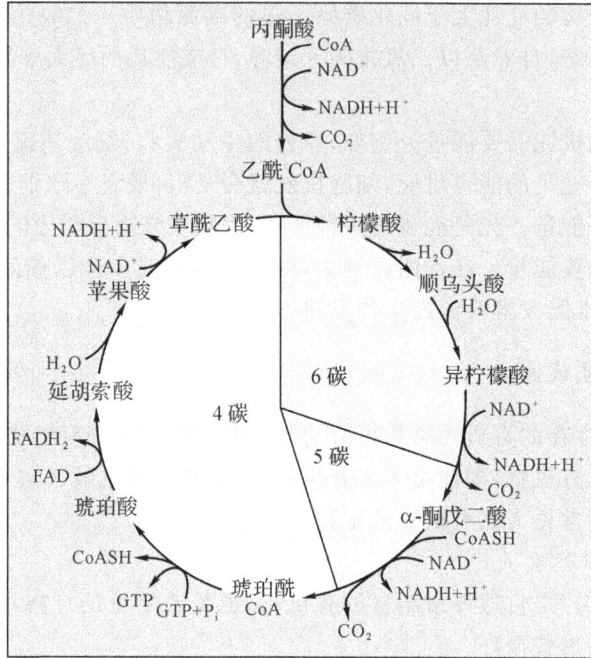

图 6-13 三羧酸(TCA)循环

(引自 Prescott L M, *et al*. Microbiology, fifth edition. 高等教育出版社, 2002)

在 TCA 循环中,乙酰辅酶 A 被分解成 2 个二氧化碳、3 个 $NADH_2$ 和 1 个 $FADH_2$,并由底物水平磷酸化形成 1 个 GTP,其总反应为:

$$乙酰 CoA + 3H_2O + 3NAD^+ + FAD^+ + GDP + P_i \longrightarrow 2CO_2 + CoA + 3NADH_2 + FADH_2 + GTP$$

所产生的 $NADH_2$ 和 $FADH_2$ 进入呼吸链(图 6-9),最后生成水。通过电子传递,1 个 $NADH_2$ 可合成 3 个 ATP,1 个 $FADH_2$ 可合成 2 个 ATP,1 个 GTP 可合成 1 个 ATP。葡萄糖通过 TCA 循环被彻底降解而产生 38 个 ATP。

(二)蛋白质分解

1.蛋白质水解

蛋白质是由 20 余种氨基酸相互联结而成的大分子,构造复杂。蛋白质不能直接进入细胞,必须先分解成氨基酸,才能被菌体吸收。蛋白质水解过程为:蛋白质→蛋白胨→多肽→氨基酸。蛋白质水解由蛋白酶和肽酶联合催化。蛋白酶(proteinase)又称内肽酶(endopeptidase),能够水解蛋白质分子内部的肽键,形成蛋白胨及各种短肽。肽酶(peptidase)又称外肽酶(exopeptidase),只能从肽链一端水解,每次释放一个氨基酸。有的外肽酶要求在肽链的一端存在自由氨基,称为氨肽酶(aminopeptidase);有的外肽酶则要求存在自由羧基,称为羧肽酶(carboxypeptidase)。

2.氨基酸分解

氨基酸分解主要有脱氨基和脱羧基两种方式,分别由脱氨酶(deaminase)和脱羧酶

(decarboxylase)催化,这两类酶的合成受环境条件,特别是 pH 的影响。pH 呈酸性时合成脱羧酶,pH 呈碱性时合成脱氨酶。

(1)脱氨基作用

① 氧化脱氨(oxidative deamination)　氧化脱氨存在于好氧菌中,由氨基酸氧化酶和氨基酸脱氢酶催化,产物为酮酸和氨。例如:

$$CH_3CHNH_2COOH+1/2O_2 \rightarrow CH_3COCOOH+NH_3$$

　　　　丙氨酸　　　　　　　　　　丙酮酸

② 还原脱氨(reductive deamination)　还原脱氨存在于厌氧菌中,由氢化酶催化,产物为饱和脂肪酸。例如:

$$HOOCCH_2CHNH_2COOH+2[H] \rightarrow HOOCCH_2CH_2COOH+NH_3$$

　　　　天门氨酸　　　　　　　　　　琥珀酸

③ 水解脱氨(hydrolytic deamination)　水解脱氨主要发生在含羟基的氨基酸中,由水解酶催化,产物为酮酸。例如:

$$CH_2OHCHNH_2COOH \rightarrow CH_3COCOOH+NH_3$$

水解脱氨存在于某些真菌和细菌中。水解后不同的氨基酸生成不同的产物。例如,大肠杆菌水解色氨酸生成吲哚、丙酮酸。

④ 氧化还原脱氨(redox deamination)　氧化还原脱氨存在于某些厌氧菌中,它们能使一对氨基酸发生氧化与还原的偶联反应,即一个氨基酸氧化脱氨,另一个氨基酸还原脱氨。这种反应又称 Stickland 反应。例如:

$$CH_3CHNH_2COOH+CH_2NH_2COOH+H_2O \rightarrow CH_3COCOOH+CH_3COOH+2NH_3$$

　丙氨酸　　　　　甘氨酸　　　　　　　丙酮酸　　　　乙酸

(2)脱羧基作用

脱羧基作用由脱羧酶催化,其反应式为:

$$RCHNH_2COOH \rightarrow RCH_2NH_2+CO_2$$

　　　氨基酸　　　　　胺

作为诱导酶,脱羧酶只有在相应的氨基酸存在时才能合成,专一性较高。氨基酸的脱羧产物(胺)有难闻的臭味,废物生物处理中释放的腐臭气味常与胺有关。

(3)中间产物分解

在有氧条件下,氨基酸的脱氨产物为酮酸,可经各种途径进入 TCA 循环(图 6-14),最终氧化成二氧化碳和水。氨基酸脱羧产物为胺,可在胺氧化酶的作用下,氧化成醛,进一步氧化成酸,再经 β-氧化生成乙酰 CoA,然后进入 TCA 循环,彻底氧化成二氧化碳和水。

在无氧条件下,氨基酸脱氨或脱羧,产生醇、有机酸、胺等。在多种微生物协同作用下,可转化为乙酸,最终由产甲烷菌转化为甲烷和二氧化碳。

(三)脂肪分解

脂肪是比较稳定的有机物,但能被许多微生物分解。微生物依靠脂肪酶分解脂肪。脂肪的分解过程包括脂肪水解和脂肪酸氧化。

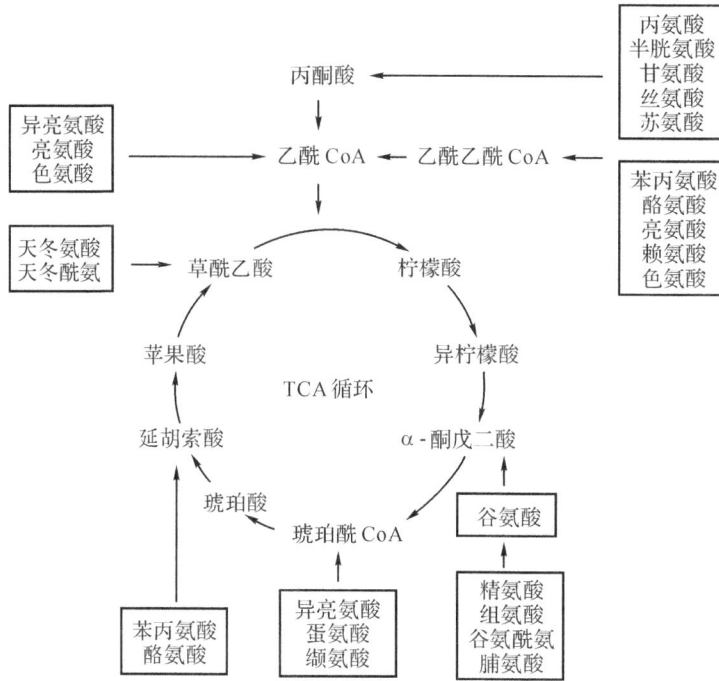

图 6-14 氨基酸碳架进入 TCA 循环的途径

1. 脂肪水解

在脂肪酶(lipase)催化下,脂肪水解成甘油和脂肪酸。其反应为:

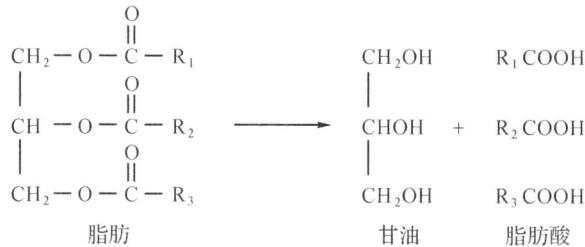

2. 甘油和脂肪酸氧化

(1)甘油氧化

甘油进入微生物体后,在磷酸甘油激酶催化下,先形成磷酸甘油,继而在 β-磷酸甘油脱氢酶作用下,生成磷酸二羟丙酮,并进入糖酵解和 TCA 循环,最终生成二氧化碳和水。

(2)脂肪酸分解(β-氧化)

脂肪酸先经活化形成脂酰 CoA,然后经 β-氧化作用(β-oxidation)形成乙酰 CoA(图 6-15),后者进入 TCA 循环,彻底矿化为二氧化碳和水。

在无氧环境中,甘油和脂肪酸被转化为乙酸,最后形成甲烷和二氧化碳。

(四)卡尔文循环

除了分解代谢,微生物还进行着合成代谢。在废物生物处理中,许多污染物是先通过合成代谢转化成细胞物质,再通过排放菌体而去除的。不仅如此,微生物是废物生物处理的主体,微生物要维持生命,本身也离不开合成代谢。

碳是细胞的骨架元素,碳的同化是拉动其他元素同化的火车头。异养菌以有机物为碳

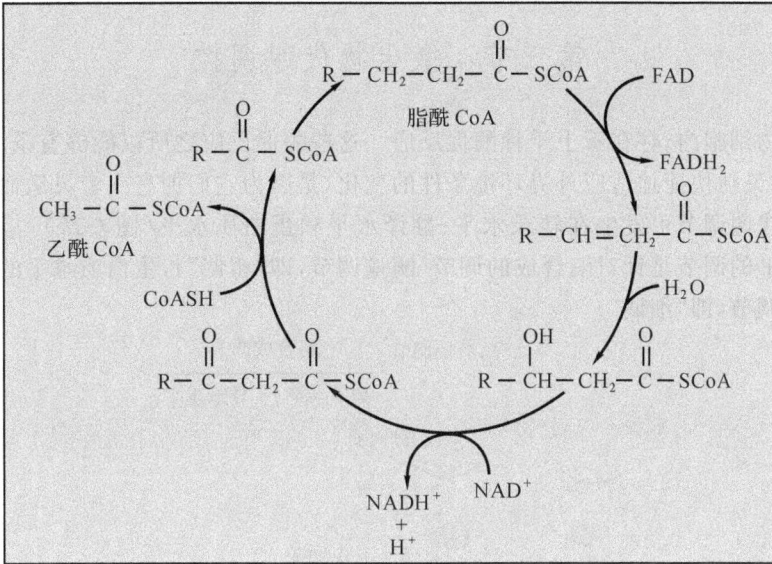

图 6-15　脂肪酸的 β-氧化

（引自 Berg J M,*et al*. Biochemistry,fifth edition. W H freeman and Company,2002）

源,能够直接从基质获得碳架合成细胞物质,而自养菌以二氧化碳为碳源,必须首先将二氧化碳转化为相应的碳架才能合成细胞物质。在自养菌体内,二氧化碳主要通过卡尔文循环（Calvin cycle,图 6-16）同化。卡尔文循环需要能量 ATP、还原力 NAD(P)H$_2$ 以及一系列酶。其中,二磷酸核酮糖羧化酶(ribulose 1,5-biphosphate carboxylase)和磷酸核酮糖激酶(ribulose 5-phosphokinase)是两个关键酶,它们是区分自养菌与异养菌的重要标志。在卡尔文循环中,消耗 18ATP 和 12NAD(P)H$_2$,固定 6CO$_2$ 产生 1 个 6-磷酸果糖。后续的合成代谢途径类同于异养菌。

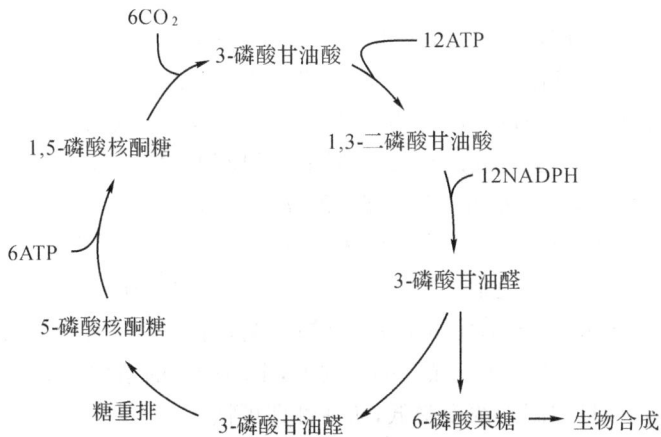

图 6-16　卡尔文循环

（引自 Berg J M,*et al*. Biochemistry,fifth edition. W H freeman and Company,2002）

第三节　微生物代谢调控

在微生物细胞内,存在着上千种酶促反应。这些酶促反应之所以能够有条不紊、协调有效地进行,并灵活快捷地适应外界环境条件的变化,是因为它们拥有一套灵敏而精确的代谢调节系统。代谢调节可发生在转录水平、翻译水平和蛋白质水平(图 6-17)。其中,转录水平和翻译水平的调节是针对酶合成的调节(酶量调节,即"粗调"),蛋白质水平的调节则是针对酶活性的调节(即"细调")。

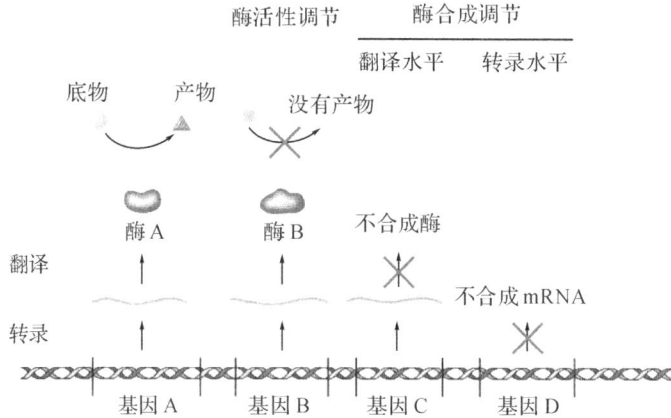

图 6-17　微生物代谢调节方式

(引自 Madigan M T,*et al*. Brock Biology of Microorganisms,eleventh edition. Prentice-hall, Inc.,2006)

一、酶活性调节

酶活性调节主要通过"调节酶"(regulatory enzyme)实施,具有直接、快速的特点。调节酶可以被激活,也可以被抑制(图 6-18)。通常,把基质对酶的影响称为前馈(feedforward),一般是激活作用;把产物对酶的影响称为反馈(feedback),一般是抑制作用。在一些分解代谢中,位于代谢途径下游的酶促反应可被上游酶促反应的产物所激活,即前馈激活(feedforward activation)。例如,在培养粗糙脉孢霉(*Neurospora crassa*)过程中发现,柠檬酸可提高异柠檬酸脱氢酶活性(异柠檬酸位于柠檬酸下游)。在一些合成代谢中,末端产物过量会抑制该途径前端的酶促反应(通常为第一个酶促反应),使整个途径的反应速率减慢或停止,即反馈抑制(feedback inhibition,图 6-19)。反馈抑制,特别是末端产物的反馈抑制是微生物中普遍存在的酶活性调节方式。除末端产物外,末端产物的结构类似物也可充当抑制剂。反馈抑制是可逆的,一旦抑制剂浓度降低,酶活性即可恢复。

二、酶合成调节

酶合成调节发生在基因转录水平,主要作用是阻止酶的过量合成,具有间接、缓慢的特点。

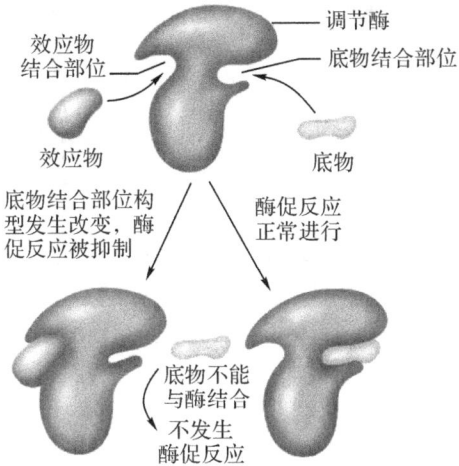

图 6-18 调节酶的抑制

（引自 Madigan M T，*et al*．Brock Biology of Microorganisms，eleventh edition．Prentice-hall，Inc．，2006）

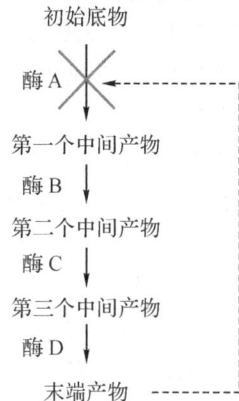

图 6-19 末端产物的反馈抑制

（引自 Madigan M T，*et al*．Brock Biology of Microorganisms，eleventh edition．Prentice-hall，Inc．，2006）

（一）酶合成诱导

根据酶对环境条件的响应，可把酶分为组成酶和诱导酶。组成酶（constitutive enzymes）是菌体固有的酶，其合成不受环境条件影响，含量相对稳定。诱导酶（induced enzymes）平时不存在于菌体中，只有当环境中出现诱导物（inducers）时，它们才开始合成，一旦诱导物消失，酶合成也即终止。这种环境物质（诱导物）诱发微生物合成相应酶的现象，称为酶合成的诱导（induction）。

酶合成的诱导可分为同时诱导和顺序诱导。同时诱导（simultaneous induction）是指加入一种诱导物后，微生物同时或几乎同时合成代谢途径中的所有酶。这种诱导主要存在于较短的代谢途径中，编码这些酶的基因通常由同一个操纵子控制。顺序诱导（sequential induction）是指初始底物可诱导第一种酶的合成，第一种酶的产物可诱导第二种酶的合成，依此类推，直至合成代谢途径中的所有酶。这种诱导主要存在于较长的代谢途径中，可对复杂代谢途径实施分段调节。

酶合成的诱导可使微生物根据代谢需要调节酶的合成量，增强微生物对环境变化的适应能力。经诱导，大肠杆菌的精氨酸酶含量可增加 100 倍以上，代谢能力大大提高。

（二）酶合成阻遏

在一些代谢途径中，产物积累可阻遏酶的合成并由此减少产物的生成，这种现象称为酶合成阻遏（repression）。被阻遏的酶称为阻遏酶（repressible enzymes）。酶合成阻遏主要有末端产物阻遏和中间产物阻遏。

1．末端产物阻遏

由代谢途径的末端产物积累所致的酶合成阻遏，称为末端产物阻遏（end product repression）。这种阻遏一般发生在合成代谢中，特别是在氨基酸、核苷酸和维生素的合成途径中。对于直线型代谢途径，末端产物积累可阻遏代谢途径中所有酶的合成。

如图 6-20 所示，对于分支型代谢途径，每种末端产物积累只阻遏与己有关的分支途径的酶合成;分支点以前的"公共酶"则受所有分支途径末端产物的协同阻遏。任何一种末端产物单独积累,不影响"公共酶"合成;只有当所有末端产物同时积累时,"公共酶"合成才被阻遏。

末端产物阻遏可维持细胞内代谢产物浓度的稳定。若某种产物足够或环境中存在该物质,细胞停止相关酶的合成;一旦缺乏某种物质,细胞马上恢复相关酶的合成。

2.中间产物阻遏

如果环境中同时存在两种基质 A 和 B,基质 A 会阻止基质 B 的代谢。究其原因,是基质 A 分解产生的中间产物阻遏了催化基质 B 转化的酶的合成。这种由中间产物引起的酶合成的阻遏,称为中间产物阻遏(catabolite repression)。葡萄糖效应(glucose effect,当细胞以葡萄糖为基质进行生长时,各种与葡萄糖代谢无关的酶的合成均受抑制)是中间产物阻遏的经典例子。1942 年,在以混合碳源培养大肠杆菌的过程中,Monod 发现如果培养

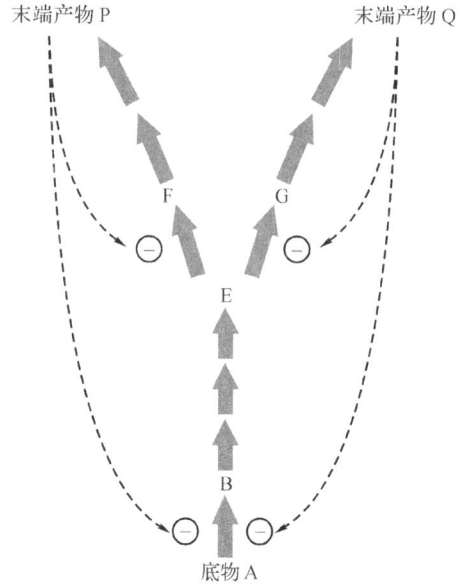

图 6-20　分支代谢途径中的末端产物阻遏
(引自 Prescott L M, et al. Microbiology, fifth edition. 高等教育出版社,2002)

基中同时存在葡萄糖和乳糖,大肠杆菌优先利用葡萄糖,并且只有在葡萄糖耗尽后才能利用乳糖。在以葡萄糖为基质与以乳糖为基质的生长之间,存在一个延滞期,这种现象叫做"二次生长"(diauxic growth,图 6-21)。在多基质环境中,二次生长现象普遍存在。

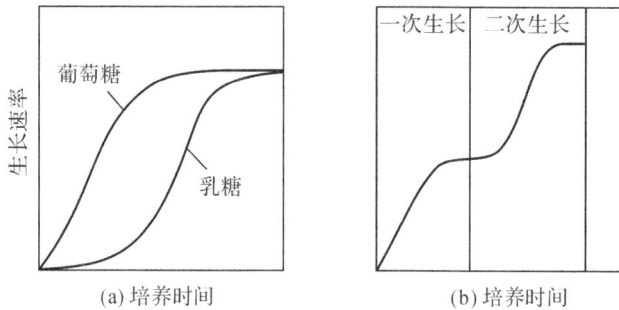

图 6-21　大肠杆菌的二次生长

(a)以葡萄糖为底物时,菌体生长几乎没有延滞期;以乳糖为底物时,菌体生长有明显的延滞期;

(b)葡萄糖和乳糖同时存在时,菌体出现二次生长

三、酶合成调节机制

(一)乳糖操纵子的负调控模型

大肠杆菌的乳糖操纵子由启动基因(promoter genes)、操纵基因(operator genes)以及三个结构基因(structural genes,*lacZ*、*lacY*、*lacA*)组成(图 6-22)。*lacZ*、*lacY*、*lacA* 分别编码 β-半乳糖苷酶、渗透酶和转乙酰基酶。无诱导物(乳糖)时,阻遏蛋白与操纵基因结合,阻碍 RNA 聚合酶对结构基因的转录[图 6-22(a)]。相反,存在诱导物时,乳糖与阻遏蛋白结

合,致使阻遏蛋白发生构象变化而降低与操纵基因的亲和力,阻遏蛋白脱离操纵基因,RNA
聚合酶转录结构基因,并通过翻译,合成三种诱导酶[图 6-22(b)]。由于阻遏蛋白与操纵基
因结合时不能转录,阻遏蛋白脱离操纵基因时进行转录,因此这种酶合成的阻遏机制称为负
调控模型(negative control)。

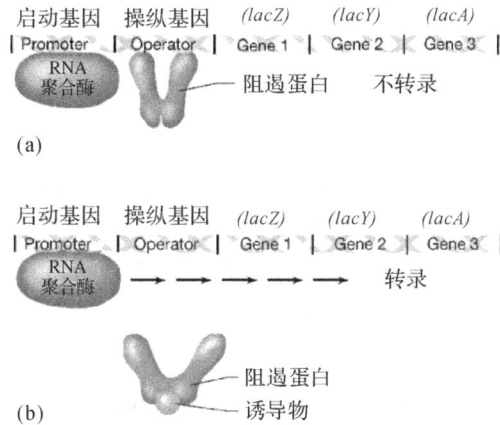

图 6-22　乳糖操纵子的负调控模型

(a) 酶被阻遏;(b) 酶被合成

(引自 Madigan M T,*et al*. Brock Biology of Microorganisms,eleventh edition. Prentice-hall,
Inc. ,2006)

(二)乳糖操纵子的正调控模型

在含有葡萄糖和乳糖的培养基中,大肠杆菌之所以优先利用葡萄糖是因为:① 分解葡
萄糖所需的酶是组成酶,而分解乳糖所需的酶是诱导酶;② 分解乳糖所需的酶受葡萄糖的
间接阻遏。在乳糖操纵子中,RNA 聚合酶不能直接与启动基因结合[图 6-23(a)];只有当诱
导物(cAMP,即环腺苷酸)与激活蛋白(CRP,即环腺苷酸受体蛋白)组成复合物,并与 DNA
上的激活蛋白结合部位结合时,RNA 聚合酶才能与启动基因结合而开始乳糖操纵子结构基
因的转录[图 6-23(b)]。

cAMP 合成需要 ATP 和腺苷酸环化酶,即:

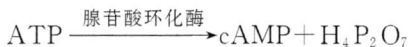

$$ATP \xrightarrow{\text{腺苷酸环化酶}} cAMP + H_4P_2O_7$$

在大肠杆菌中,cAMP 一方面由腺苷酸环化酶(adenylate cyclase)合成,另一方面又由
磷酸二酯酶(phosphodiesterase)分解。葡萄糖可抑制腺苷酸环化酶活性或增强磷酸二酯酶
活性,因此它能降低细胞内 cAMP 浓度。

综上所述,葡萄糖效应的作用机制是:葡萄糖通过抑制腺苷酸环化酶或激活磷酸二酯
酶,降低细胞内 cAMP 浓度;造成 CRP 不能与 DNA 上的激活蛋白结合部位结合;引起
RNA 聚合酶不能与启动基因结合而转录结构基因,最终导致三种乳糖利用酶不能合成。由
于激活蛋白不与 DNA 上的激活蛋白结合部位结合时,结构基因不能转录,激活蛋白与
DNA 上的激活蛋白结合部位结合时,结构基因进行转录,因此这种酶合成的阻遏机制称为
正调控模型(positive control)。

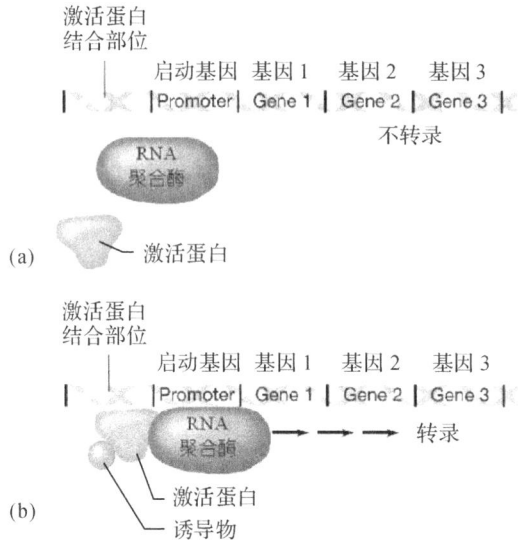

图 6-23　乳糖操纵子正调控模型

（a）酶被阻遏；（b）酶被合成

（引自 Madigan M T. et al. Brock Biology of Microorganisms. eleventh edition. Prentice-hall. Inc.，2006）

复习思考题

1. 何谓营养物质、营养和代谢？

2. 按照生理需要，微生物需要哪些营养物质？

3. 简述微生物的四种基本营养类型。

4. 简述微生物摄取营养物质的五种基本方式。

5. 何谓培养基？简述配制培养基的原则和培养基的种类。

6. 试比较呼吸、厌氧呼吸和发酵的特点。

7. 简述糖酵解途径和三羧酸循环。

8. 简述蛋白质和氨基酸的分解途径。

9. 简述脂肪和脂肪酸的分解途径。

10. 简述卡尔文循环。

11. 何谓酶活性调节和酶合成调节？

12. 何谓葡萄糖效应？

13. 简述乳糖操纵子正调控模型和乳糖操纵子负调控模型。

第七章　微生物的生长繁殖与遗传变异

在适宜的环境条件下,微生物不断吸收营养物质,并按照自己的代谢方式进行代谢活动,如果同化作用大于异化作用,那么细胞质量就会增加,体积就会膨大,这就是生长(growth)。当细胞生长到一定程度时,即以二分裂方式形成两个基本相似的子细胞。对于单细胞微生物,这种细胞分裂会引起个体数目的增加,称为繁殖(reproduction)。在繁殖过程中,微生物将亲代性状传递给子代,叫做遗传(heredity)。由于外界环境条件的作用,有时微生物的遗传物质会发生结构上的变化,这种变化称为变异(variation)。本章介绍微生物的生长、繁殖、遗传和变异。

第一节　微生物测定

一、总菌数测定

(一)显微计数法

显微计数法采用特制的细菌计数器或血球计数器测定细胞数目的方法。操作步骤如图7-1 所示,将一定稀释度的细胞悬液加到固定体积的计数器小室内,在显微镜下观察细胞

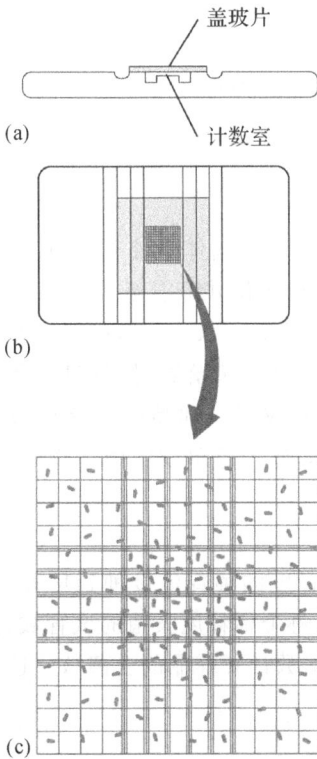

(a)计数室剖面图。盖玻片下方为计数室,用于细菌悬液样品计数。

(b)计数室俯视图。玻片中央有方格。

(c)方格放大图。大方格面积 $1mm^2$,深度 $0.02\ mm$,由 25 个小方格组成。

在显微镜下计数小方格中的细菌,根据平均值计算样品中的细菌浓度。$1\ mm^2$ 面积上的菌数为:(细菌数/小方格数)×25(小方格总数)=菌数/mm^2。计数室内的细菌浓度为:(细菌数/小方格数)×25(小方格总数)÷0.02(计数室体积)=菌数/μL。样品中的细菌浓度为:(细菌数/小方格数)×25(小方格总数)÷0.02(计数室体积)×10^3($1mL=10^3\ \mu L$)=菌数/mL。若每个小方格中菌数平均值为 28,则样品中的细菌浓度为 $28×25÷0.02×10^3=3.5×10^7$ 个/mL。

图 7-1　彼得罗夫－霍瑟细菌计数板

(引自 Prescott L M.*et al*. Microbiology.fifth edition. 高等教育出版社.2002)

数,计算每毫升或每克样品中的个体数目。

显微计数法的优点是简便、快速。缺陷是只能计数单细胞微生物,不能计数多细胞微生物。

(二)比浊法

菌体悬液中的细胞浓度与浊度成正比。在某一波长(600～700nm 之间)下测定菌体悬液的光密度,通过标准曲线可计算细胞含量(图 7-2)。由于测定结果受培养基成分和代谢产物的干扰,该法不适用于颜色较深的样品和含有固体颗粒的样品,也不适用于多细胞微生物的计数。

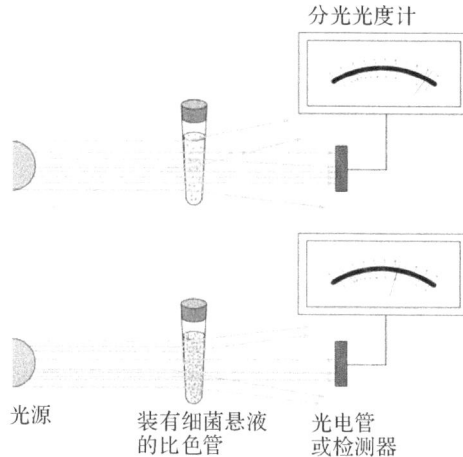

图 7-2　比浊法测定细菌浓度

(引自 Prescott L M,*et al*. Microbiology,fifth edition. 高等教育出版社,2002)

二、活菌数测定

(一)平皿菌落计数法

将样品制成菌体悬液,作一系列 10 倍稀释。取一定稀释度的菌体悬液 0.1mL 涂布在固体培养基表面(涂布法,smearing culture);或将菌体悬液与融化并降温至 45℃ 左右的培养基混匀[浇注法(pour plate method)或混菌法(agar shake plate method)],静置冷凝。倒置平皿,在适温下培养一定时间后,观察平皿中的菌落数。由平皿菌落数、接种量和稀释倍数计算样品的含菌数(图 7-3)。平皿菌落计数法常用每毫升或每克样品的菌落形成单位(详见第十三章)来表示样品的含菌数。该法适用于细菌和酵母菌等单细胞微生物的计数,不适用于霉菌等多细胞微生物的计数。

(二)MPN 法

将样品制成菌体悬液,作一系列 10 倍稀释。取合适稀释度的稀释液接种到培养液中,每个稀释度设 3～5 个重复(图 7-4)。在适温下培养后,记录每个稀释度长菌的试管数,然后查最大可能数(most probable number,MPN)表,根据稀释倍数计算样品的含菌数。这种细菌计数法称为 MPN 法。

(三)滤膜法

滤膜法(membrane filter culture method)适用于含菌量较少的液体样品。取孔径为 0.45μm 或 0.22μm 的滤膜过滤液体样品,使菌体截留在滤膜上,再将滤膜贴放在平板上培

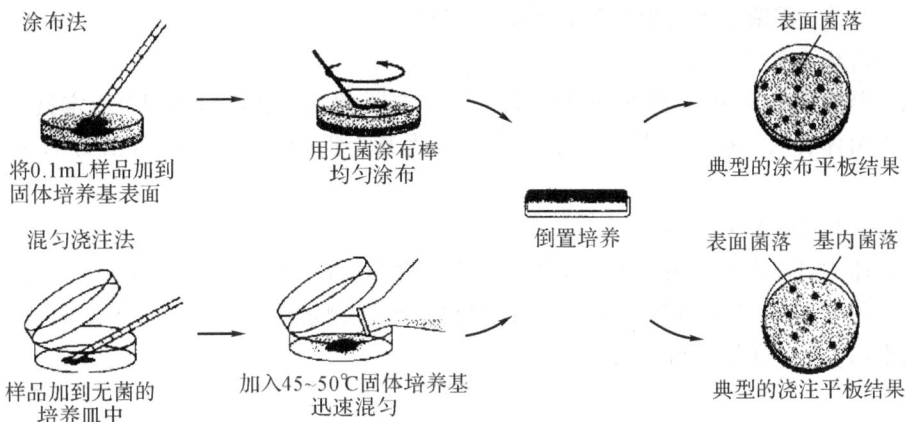

图 7-3 涂布法和浇注法的操作程序

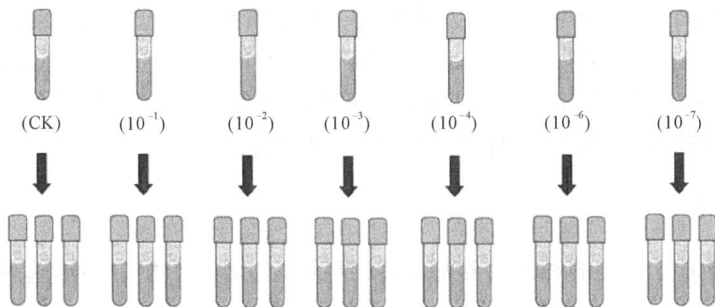

图 7-4 用不同稀释度做 3 个重复的 MPN 计数

养,由长出的菌落数和过滤样品的毫升数计算样品的含菌量(图 7-5)。

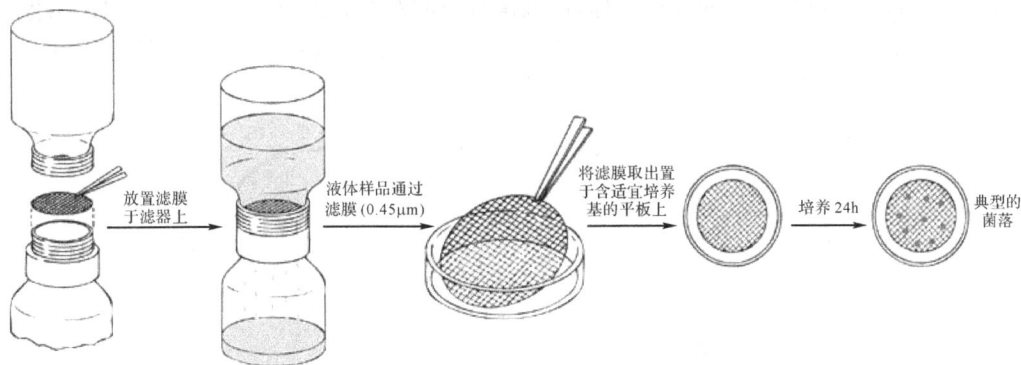

图 7-5 滤膜法计数的操作程序

(引自 Prescott L M,*et al*. Microbiology,fifth edition. 高等教育出版社,2002)

三、生物量测定

(一)菌体干重测定

用清水洗净培养液中的菌体,然后在 100℃ 左右将菌体烘干或减压干燥,由菌体干重计算生物量。菌体鲜重可由干重换算。细菌干重约为鲜重的 20%～25%,酵母干重约为鲜重的 15%～30%,霉菌干重约为鲜重的 10%～15%。

（二）菌体含氮量测定

从培养物中分离菌体,将其洗净(排除培养基带入的含氮物质),再用凯氏定氮法测定含氮量。由菌体含氮量推算生物量。细菌含氮量为其干重的 12.5%,酵母菌为 7.5%,霉菌为 6.0%。

（三）菌体 DNA 含量测定

在菌体中,DNA 含量相对稳定,每个细菌平均 DNA 含量为 8.4×10^{-5} ng。通过 DNA 与 3,6-二氨基苯甲酸-盐酸溶液的特殊荧光反应,可以测定菌体悬液的 DNA 含量;由每个细菌的平均 DNA 含量算出细菌数目。

第二节 微生物生长

环境条件不同,微生物生长速率差异很大。在加富培养基上,细菌的倍增时间可短到 10min;而在某些自然条件下,细菌的倍增时间可长至 100 年。迄今为止,大部分有关微生物生长的知识,都是通过纯培养试验获得的。根据培养基的投加方式,纯培养可分为分批培养和连续培养;按照供氧状况,又可分为有氧培养和无氧培养。

一、分批培养

把微生物接种于一定容积的培养基中,培养后一次收获菌体或产物,这种培养方式称为分批培养(batch culture)。

（一）细菌生长曲线

在分批培养中,将少量细菌接种到一定容积的新鲜液体培养基中,于适宜条件下培养,细菌会生长繁殖。以培养时间为横坐标,以细菌数量的对数为纵坐标作图,可绘得细菌生长曲线(bacterial growth curve)。该曲线可分为延滞期、对数期、稳定期和衰亡期(图 7-6)。

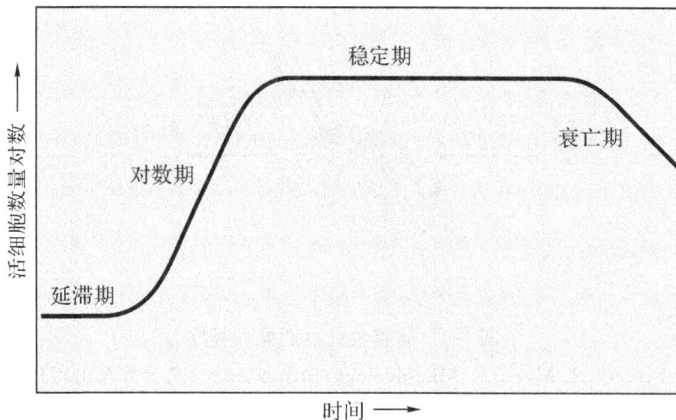

图 7-6 细菌生长曲线

(引自 Prescott L M, *et al*. Microbiology, fifth edition. 高等教育出版社, 2002)

1. 延滞期

延滞期(lag phase)也称延滞生长期。细菌进入新环境后,需要一定时间的调整和适应,一般不会立即繁殖。培养一段时间后,菌体细胞物质增加,细胞体积增大;代谢机能活化;诱导酶、辅酶以及其他产物大量合成,以适应环境变化。但在这个阶段,细菌个体数目几乎没有增加。

延滞期的长短与菌种的遗传特性、菌龄、接种量以及移接前后环境条件的变化大小有关。缩短延滞期的主要措施是:采用适当菌龄的菌种;选用接近种子培养基的发酵培养基等。

2. 对数期

对数期也称指数期(exponential phase)。经过延滞期,细胞分裂速率加快,个体数目以几何级数增长($2^0 \rightarrow 2^1 \rightarrow 2^2 \rightarrow 2^3 \rightarrow \cdots$);分裂 n 次后,细菌个体数目达到 2^n 个。由于细菌个体数目与时间之间的关系服从对数规律,通常将这一生长时期称为对数期(log phase)。

研究证明,细菌生长速率与现有细菌浓度成正比。即:

$$\frac{dX}{dt} = \mu X \tag{7-1}$$

式中,dX/dt 指细菌生长速率;X 指细菌浓度;μ 指比生长速率常数。

将式(7-1)变形并积分,得:

$$\int_{X_0}^{X} \frac{dX}{X} = \int_0^t \mu dt \tag{7-2}$$

$$\ln X = \mu t + \ln X_0 \quad \text{或} \quad X = X_0 e^{\mu t} \tag{7-3}$$

式中,X_0 指初始细菌浓度;t 指培养时间。

细菌完成一次分裂所需的时间称为代时(generation time)或倍增时间(doubling time)。由式(7-3)得:

$$\ln \frac{X}{X_0} = \mu t_g \tag{7-4}$$

$$\ln 2 = \mu t_g \tag{7-5}$$

$$t_g = \frac{\ln 2}{\mu} \tag{7-6}$$

式中,t_g 指代时或倍增时间。

由式(7-6)可知,细菌种类不同,比生长速率也不同,表现出来的代时相差很大。有的仅为 9.8 min 左右,有的长达数天。但在一定条件下,对于同一种细菌,它的代时是相对稳定的。

对数期细菌的特征是:个体高速增殖,代时最短;活性强,代谢旺盛;菌体大小、个体形态、化学组成和生理特性等相对一致。

3. 稳定期

稳定期也称最高生长期。经过对数期,培养液中的养分消耗很大,限制性养分耗尽;由于细菌的选择性利用,养分比例失调,酸、醇、毒素等代谢产物积累,致使生长条件恶化,细菌繁殖速率逐渐下降,死亡速率上升。当繁殖速率与死亡速率基本持平时,培养液中活菌个体数目保持相对稳定,这一时期称为稳定期(stationary phase)。可用数学式表示为:

$$\frac{dX}{dt} = 0 \tag{7-7}$$

在稳定期,尽管细菌个体数目没有净增长,但并不意味细胞分裂停止;只不过是增加的个体数目与死亡的个体数目相等。培养基中的养分消耗殆尽后,细菌会消耗体内贮藏物质,称之为内源代谢(endogenous metabolism)。此外,死亡的菌体发生裂解,所释放的物质也可为其他细菌提供养分。

稳定期细菌的特征是:个体数目达到最大;细菌活性下降,细胞内开始积累内含物,如肝糖粒、脂肪粒、PHBs 等;芽孢细菌形成芽孢。

4. 衰亡期

在稳定期后,由于养分缺乏,代谢产物积累,细菌增殖逐渐停止,活菌个体数目不断减少,称之为衰亡期(decline phase)。在某一时段,活菌个体数目呈几何级数下降,称之为"对数死亡期"(logarithmic death phase)。可用数学式表示为:

$$\frac{\mathrm{d}X}{\mathrm{d}t} = -K_d X \tag{7-8}$$

式中,K_d 指比衰减速率。

衰亡期的细菌会出现畸形或多形态,细胞内产生液泡和空泡,甚至细胞自溶而消亡。

(二)基质浓度的影响

在式(7-1)中,引入了比生长速率常数 μ。然而,比生长速率常数并非是真正的常数,它受基质浓度的影响。经过大量试验,1940 年 Monod 提出了描述比生长速率与限制性基质浓度之间关系的经验方程(Monod 方程)。其数学表达式为:

$$\mu = \frac{\mu_{\max} S}{K_S + S} \tag{7-9}$$

式中,μ 指比生长速率常数;$\mu_{\max}$ 指最大比生长速率常数;S 指限制性基质浓度;K_S 指半饱和常数(比生长速率达到最大比生长速率一半时的基质浓度)。

将式(7-9)代入式(7-1)中,可得:

$$\frac{\mathrm{d}X}{\mathrm{d}t} = \frac{\mu_{\max} SX}{K_S + S} \tag{7-10}$$

在限制性基质浓度很高时,$S \gg K_S$,式(7-10)转变为:

$$\frac{\mathrm{d}X}{\mathrm{d}t} = \mu_{\max} X \quad (S \gg K_S) \tag{7-11}$$

生长速率基本上等于最大生长速率,即细菌生长不受限制性基质浓度的影响。

在限制性基质浓度很低时,$S \ll K_S$,式(7-10)转变为:

$$\frac{\mathrm{d}X}{\mathrm{d}t} = \frac{\mu_{\max} SX}{K_S} \quad (S \ll K_S) \tag{7-12}$$

生长速率偏离最大生长速率,细菌生长速率不但与现有的菌体浓度有关,而且还受限制性基质浓度的制约。

在培养过程中,细菌对的基质利用速率与生长速率有关。可用数学表达式为:

$$\frac{\mathrm{d}S}{\mathrm{d}t} = -\frac{1}{Y}\frac{\mathrm{d}X}{\mathrm{d}t} \tag{7-13}$$

式中,$\mathrm{d}S/\mathrm{d}t$ 指基质利用速率;Y 指细胞得率(cell yield,即消耗单位基质所产生的菌体数量)。

将式(7-10)代入式(7-13),可得:

$$\frac{\mathrm{d}S}{\mathrm{d}t} = -\frac{1}{Y}\frac{\mu_{\max} SX}{K_S + S} \tag{7-14}$$

二、连续培养

在分批培养中,由于基质消耗和产物积累,环境条件不断恶化,使微生物不能长久保持在对数生长状态。经过一段时间后,微生物便停止生长,继而开始死亡。如果改变培养方法,在微生物处于对数生长状态时,不断添加新鲜培养基,同时排出等量培养液。由于消耗的养分得到及时补充,有害产物得到及时排除,微生物的对数生长状态就能长久保持。这种连续补料和出料的培养方法称为连续培养(continuous culture)。

连续培养有恒浊连续培养和恒化连续培养。恒浊连续培养(turbidostat culture)是指在保持培养基总体积不变的条件下,通过自动化仪表调节培养基的输入速率和输出速率,使培养液中的微生物浓度保持恒定的培养方法。恒化连续培养(chemostat culture)则是指在保持培养基总体积不变的条件下,以稳定的速率输入培养基并以同一速率输出培养液,通过控制培养液中限制性基质浓度来调节微生物生长速率,使菌体浓度保持恒定的培养方法。下面就恒化连续培养作一具体介绍。

1. 恒化器中培养液的稀释率

用于恒化连续培养的生物反应器,叫做恒化器(chemostat)。如图 7-7 所示,在恒化连续培养中,新鲜培养基以不变的流速输入恒化器,并立即与恒化器内的培养液充分混合。经过混合的培养液以相同的流速从恒化器输出。在恒化器内,培养液的体积保持不变。显而易见,恒化器内培养液的更换速率与新鲜培养基的输入速率以及培养液的总体积有关。当培养液的总体积不变时,更换速率与新鲜培养基的输入速率成正比。更换速率常用稀释率(dilution rate)来表示:

$$D = \frac{F}{V} \qquad\qquad (7\text{-}15)$$

式中,D 指稀释率(稀释率的倒数是培养液在恒化器中的平均停留时间);F 指新鲜培养基的输入速率;V 指恒化器内培养液的总体积。

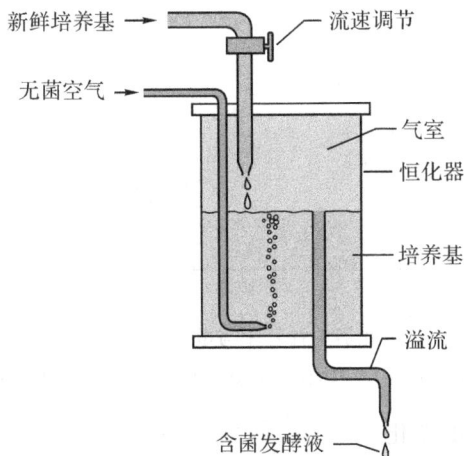

图 7-7　恒化连续培养

(引自 Madigan M T. *et al*. Brock Biology of Microorganisms,eleventh edition. Prentice-hall,Inc.,2006)

2. 恒化器中细菌浓度的变化

假设新鲜培养基输入时恒化器内没有细菌生长,那么培养液中原有的细菌就会随培养液输出而流失。流失速率为:

$$\left(-\frac{\mathrm{d}X}{\mathrm{d}t}\right)_{流} = \frac{FX}{V} = DX \tag{7-16}$$

式中,$(-\mathrm{d}X/\mathrm{d}t)$ 流指细菌流失速率。

对于连续培养,通常认为细菌处于对数期,遵循对数生长规律式(7-1)。

$$\frac{\mathrm{d}X}{\mathrm{d}t} = \mu X \tag{7-1}$$

在恒化器中,单位时间内细菌浓度变化(净生长速率)等于繁殖所致的细菌浓度升高(生长速率)与流失所致的细菌浓度下降(流失速率)之差。即:

净生长速率＝生长速率 － 流失速率   (7-17)

可用数学式表示为:

$$\left(\frac{\mathrm{d}X}{\mathrm{d}t}\right)_{净} = \mu X - DX \tag{7-18}$$

式中,$(-\mathrm{d}X/\mathrm{d}t)$ 净指细菌流失速度。

关于式(7-18),存在 3 种可能的状态:① 若 $\mu > D$,则 $(-\mathrm{d}X/\mathrm{d}t)_{净} > 0$,恒化器内细菌浓度不断升高。② 若 $\mu < D$,则 $(-\mathrm{d}X/\mathrm{d}t)_{净} < 0$,恒化器内细菌浓度不断降低,最终趋向于零,细菌被全部洗出。③ 若 $\mu = D$,则 $(-\mathrm{d}X/\mathrm{d}t)_{净} = 0$,恒化器内细菌浓度保持恒定,换言之,细菌浓度处于生长速率等于流出速率的动态平衡状态,这是连续培养希望达到的状态。恒化器中稀释率与微生物生长之间的关系如图 7-8 所示。

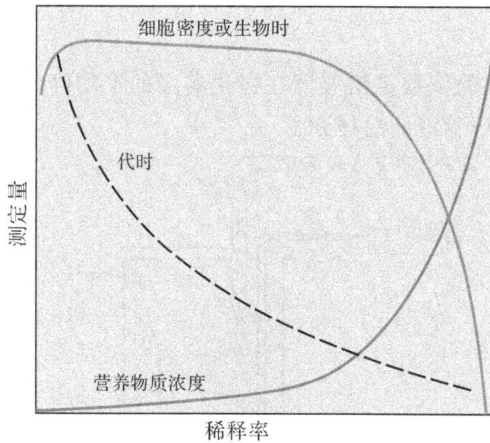

图 7-8　恒化器中稀释率与微生物生长之间的关系

(引自 Prescott L M.*et al*. Microbiology.fifth edition. 高等教育出版社,2002)

3. 恒化器中基质浓度的变化

在一定条件下,细菌浓度增加与基质消耗成正比,可用式(7-13)表述。

$$\frac{\mathrm{d}S}{\mathrm{d}t} = -\frac{1}{Y}\frac{\mathrm{d}X}{\mathrm{d}t} \tag{7-13}$$

在连续培养中,浓度为 S_0 的限制性基质以一定速率输入恒化器,经过细菌利用,大部分基质被消耗,剩余基质以浓度 S 输出恒化器。恒化器内基质浓度变化为:

$$基质变化＝基质流入量　－　基质消耗量　－　基质流失量 \tag{7-19}$$

可用数学式表示为：

$$\frac{\mathrm{d}S}{\mathrm{d}t}=\frac{FS_0}{V}-\frac{1}{Y}\frac{\mathrm{d}X}{\mathrm{d}t}-\frac{FS}{V} \tag{7-20}$$

用式(7-1)和式(7-15)代入式(7-19)，可得：

$$\frac{\mathrm{d}S}{\mathrm{d}t}=DS_0-\frac{\mu X}{Y}-DS=D(S_0-S)-\frac{\mu X}{Y} \tag{7-21}$$

式中，S_0 指流入的限制性基质浓度；S 指流出的限制性基质浓度。

如同细菌浓度变化，恒化器中基质浓度的变化也有 3 种状态，只有当 $\mathrm{d}S/\mathrm{d}t=0$ 时，流出的基质浓度才能保持恒定。

三、有氧培养

(一)有氧培养方法

在有氧呼吸中，氧被用作最终电子受体。对于好氧微生物，培养中必须满足它们对氧的需要。实验室里常用的有氧培养方法有：平板培养、斜面培养、浅层液体培养、液体振荡培养和通气搅拌培养等。前三种培养方法借助空气自然扩散供氧；后二种培养方法依靠外力强制供氧。

在工业生产(包括废水生物处理)上，多采用外力强制供氧，主要供氧方式有鼓风曝气和机械曝气。鼓风曝气(diffused aeration)是指采用曝气器(扩散板或扩散管)将空气引入培养液的曝气方式。鼓风曝气系统由鼓风机、曝气器、空气输送管道等组成。机械曝气(mechanical aeration)是指利用叶轮等器械将空气引入培养液的曝气方式。

(二)好氧微生物生长

在有氧条件下，微生物将大部分基质(以葡萄糖为例)氧化为二氧化碳和水，小部分转化为细胞物质(以 $C_5H_7NO_2$ 表示)。即：

$$a(C_6H_{12}O_6)+b(NH_3)+c(O_2)\rightarrow d(C_5H_7NO_2)+e(CO_2)+f(H_2O) \tag{7-22}$$

式中，a、b、c、d、e、f 代表摩尔数。

式(7-22)把微生物生长看成一个化学反应，把基质看成反应物，而把细胞物质看成反应产物。从这个意义上说，基质减少或细胞物质增加都可作为微生物生长的指标。在大多数情况下，微生物生长确实遵循上述规律，也即基质消耗与微生物生长相偶联。但在少数情况下，基质消耗也会与微生物生长相分离，虽有基质分解，但没有微生物生长。消耗的基质全部用于产生能量，满足细胞维持生命之需。维持细胞生命所需的能量，称为维持能(maintenance energy)。维持能对细胞得率可产生较大影响。

从能量角度看，基质不同，释放的能量不同；基质相同，代谢途径不同，释放的能量也不同。从碳源角度看，细胞物质的氧化水平接近碳水化合物，对于氧化水平较高的碳源基质，需要将它还原到细胞物质的水平，消耗代谢能；反之，对于氧化水平较低的碳源基质，也需将它氧化到细胞物质的水平，但不消耗代谢能。各菌种利用不同基质的细胞得率相差较大。据报道，葡萄糖的细胞得率为 0.4，五氯酚为 0.05，正十八烷则为 1.49(图 7-9)。

葡萄糖　　　　　　　　　五氯酚　　　　　　　　　　　　正十八烷
Y=0.4　　　　　　　　　Y=0.05　　　　　　　　　　　Y=1.49

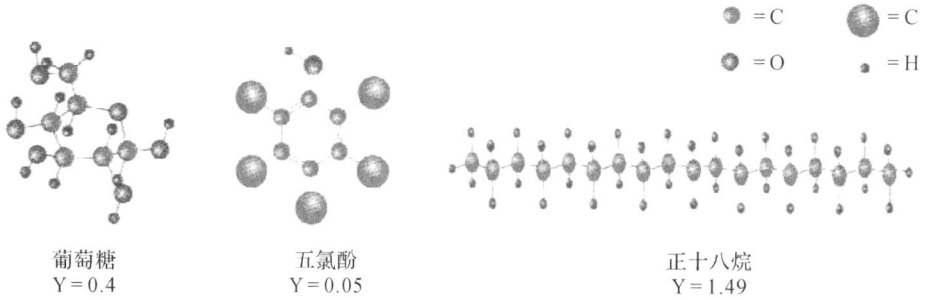

图 7-9　不同基质的细胞得率

（引自 Maier R M，*et al*. Environmental Microbiology，second edition. Academic Press，2009）

四、无氧培养

（一）创建无氧环境

在起源上，厌氧微生物现身于地球的时间早于好氧微生物，这与原始地球的还原性大气环境有关。自从大气中积累氧气后，厌氧微生物的生存空间受到挤压。由于氧对厌氧微生物的毒害作用，无氧培养所需解决的首要问题是：为微生物创建一个无氧环境。常见的除氧方法有物理法、化学法和生物学法。

1. 物理法除氧

① 煮沸法。通过加热煮沸 15～20 min，驱除无菌水或液体培养基中的溶解氧。② 表面封闭法。在试管中分装较多的液体培养基，接种后用无菌液状石蜡封盖表面，造成无氧环境。③ 抽真空法。将培养物放置于密闭容器内，用真空泵反复抽气，使密闭容器中的氧气低于一定水平。④ 无氧气体取代法。用无氧的氮气、氩气、氦气等通入液体培养基或密闭容器，驱除并取代原有空气。

2. 化学法除氧

① 焦性没食子酸法。在特定容器内放置一小块脱脂棉，把一定数量（1g）的焦性没食子酸加到脱脂棉上，在脱脂棉上加入浓氢氧化钠溶液（10mL 10% NaOH/100mL 容器），密闭容器并用固体石蜡加封后，使两种试剂接触反应，消耗其中的氧气。② 特种催化剂法。在厌氧培养箱或厌氧培养罐内，采用特种催化剂，使其中的氧气与氢气反应而去除。③ 还原剂法。在液体培养基中加入半胱氨酸、硫化钠等还原性试剂，通过它们与氧气反应来创造无氧环境。

3. 生物学法除氧

在密闭容器内放入好氧生物，如某些植物、发芽种子、好氧微生物等，通过它们的活动来消耗容器中的氧气，为厌氧微生物培养创造条件。

（二）厌氧微生物生长

在无氧条件下，微生物能够以硝酸盐、硫酸盐、高价铁等作为电子受体进行厌氧呼吸；也能够以发酵中间产物作为电子受体进行发酵。在自然界的许多无氧生境中，有机物经过多种微生物协同代谢，最终转化为沼气。即：

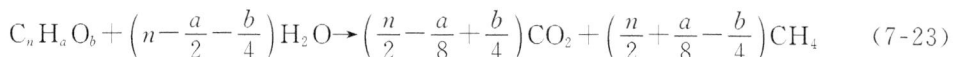

$$C_nH_aO_b+\left(n-\frac{a}{2}-\frac{b}{4}\right)H_2O \longrightarrow \left(\frac{n}{2}-\frac{a}{8}+\frac{b}{4}\right)CO_2+\left(\frac{n}{2}+\frac{a}{8}-\frac{b}{4}\right)CH_4 \qquad (7\text{-}23)$$

式中，n、a、b 代表摩尔数。

值得注意的是，经过该反应，基质碳被转化为氧化状态最高的二氧化碳或氧化状态最低的甲烷。因此，这个反应称为有机碳歧化反应（disproportionation）。反应产物中二氧化碳和甲烷的比例，取决于基质的氧化状态。氧化水平较高的基质（如甲酸、草酸）产生较少的甲烷；氧化水平较低的基质（如甲醇、脂肪酸）产生较多的甲烷。

由于厌氧条件下电子受体的氧化能力弱于氧气，因此释放能量相对较少，细胞得率也相对较低。

第三节 微生物遗传

微生物繁衍后代，不仅保证了生命世代延续，也使子代生物获得了亲代生物的性状。这种亲代生物到子代生物的遗传物质传递方式，称为遗传物质的垂直传递。微生物体内的 DNA 集合，从根本上决定了这种微生物的潜质。根据中心法则（central dogma），DNA 通过自我复制，实施对子代生命过程的操控；通过 DNA-RNA 转录和 RNA-蛋白质翻译，实施对当代生命过程的操控（图 7-10）。

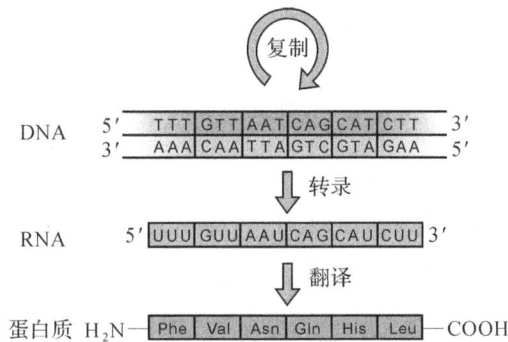

图 7-10 中心法则

（引自 Madigan M T，et al. Brock Biology of Microorganisms，eleventh edition. Prentice-hall，Inc.，2006）

一、DNA 与基因

（一）DNA 的化学组成与结构

DNA 是生物大分子，相对分子质量为 $2.3 \times 10^4 \sim 1 \times 10^{10}$ D。在化学组成上，它含有脱氧核糖、磷酸以及腺嘌呤（adenine，A）、鸟嘌呤（guanine，G）、胸腺嘧啶（thymine，T）和胞嘧啶（cytosine，C）4 种碱基。在一级结构上，由脱氧核糖和碱基形成脱氧核糖核苷，再由脱氧核糖核苷和磷酸形成脱氧核糖核苷酸，最后由脱氧核糖核苷酸通过 $3'$，$5'$-磷酸二酯键连接成 DNA 分子（图 7-11）。DNA 分子内 4 种碱基的排列顺序构成了生物遗传信息。

1953 年 Watson 和 Crick 提出了 DNA 二级结构模型（DNA 双螺旋结构，DNA double helix，图 7-12）。该模型认为：脱氧核糖与磷酸以 $3'$，$5'$-磷酸二酯键交互连接，形成 DNA 主链并充当 DNA 骨架；两条主链再以反向平行的方式组成双螺旋；主链位于螺旋外侧，碱基位于螺旋内侧；螺旋具有固定且一致的直径。两条主链上的碱基互补配对，即 A—T 相配，

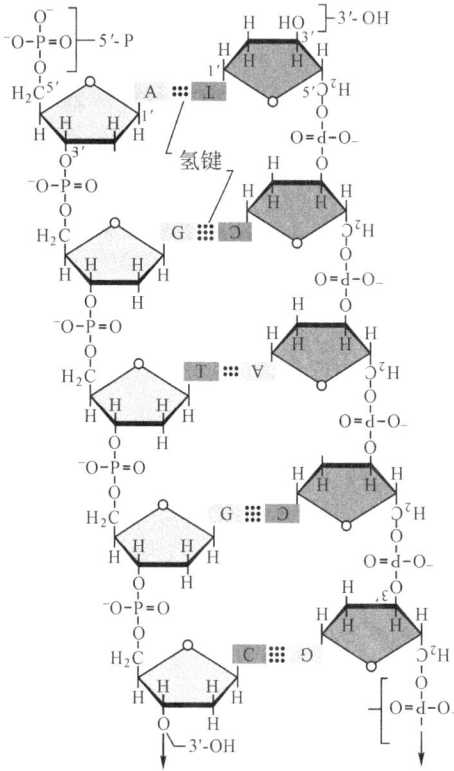

图 7-11　DNA 一级结构

（引自 Madigan M T，*et al*．Brock Biology of Microorganisms，eleventh edition．Prentice-hall，Inc．，2006）

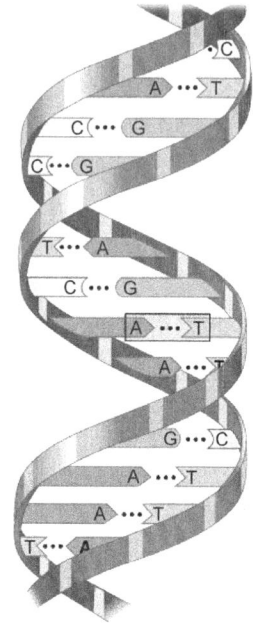

图 7-12　DNA 双螺旋结构

（引自 Berg J M，*et al*．Biochemistry，fifth edition．W H freeman and Company，2002）

G—C 相配。

（二）DNA 的存在形式

1．原核生物中 DNA 的存在形式

在原核生物中，DNA 没有核膜包围，以裸露状态存在于细胞质内；虽与少量蛋白质结合，但没有真正的染色体结构（核小体结构）。通常，人们把这种 DNA 称为原核生物的染色体（chromosomes）。染色体所携带的遗传信息，对微生物生活必不可少。质粒（plasmids）是存在于染色体外的 DNA。质粒所携带的遗传信息有助于微生物生活，但并非必不可少。

2．真核生物中 DNA 的存在形式

在真核生物中，DNA 与组蛋白构成核小体（图 7-13），再由核小体构成染色体。染色体存在于细胞核内。染色体数目因种而异，少的几条，多的几十条或更多。除染色体 DNA 外，也存在其他 DNA（约占 DNA 总量的 1%），这些 DNA 呈环状，不含组蛋白，大多存在于细胞器（线粒体和叶绿体）中。

3．基因

基因（genes）是生物携带、传递遗传信息的基本单位。它是 DNA 分子上一段特定的核苷酸序列。按照功能，可分为：① 结构基因（structural genes），转录为 mRNA、tRNA 和 rRNA 的基因。其中，mRNA 编码蛋白质（包括酶）。② 调节基因（regulatory genes），编码调节蛋白的基因。③ 操纵基因（operator gene），一段可以与阻遏蛋白结合从而调控转录的

DNA 序列。

大肠杆菌的染色体 DNA 由 $4.6×10^6$ bp(碱基对)组成,假如每个基因的平均长度为 1000bp,整个 DNA 可以容纳 3000～4000 个基因。在这些基因中,功能相关的基因经常集中于 DNA 的某个区段,形成一个功能单元或转录单元。例如,乳糖操纵子由启动基因、操纵基因和三个结构基因组成,在启动基因和操纵基因控制下,它们作为一个转录单位转录。根据需要,转录过程被同时"打开"(被诱导)或"关闭"(被抑制)。

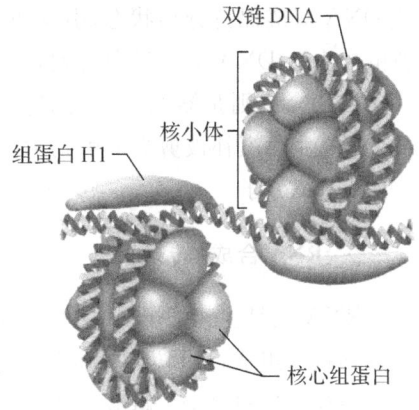

图 7-13 核小体
（引自 Madigan M T, *et al*. Brock Biology of Microorganisms, eleventh edition. Prentice-hall, Inc. , 2006）

二、DNA 合成（复制）

自我增殖是所有生物的基本功能。在细胞分裂中,亲代细胞的遗传信息会原原本本地传递给两个子细胞,使子细胞 DNA 携带母细胞的所有遗传信息。为此,亲代细胞需要精确合成两个完全相同的 DNA 拷贝,并均匀地分配到两个子细胞中去。

在微生物细胞内,组成 DNA 的单体(脱氧核糖核苷酸)由糖代谢的中间产物逐步合成,再由单体聚合成 DNA。DNA 聚合以复制方式进行。复制(replication)是指以原有 DNA 为模板,通过碱基互补配对(A—T 配对,G—C 配对)方式,合成与原有 DNA 相同的两个 DNA 拷贝的过程。在 DNA 复制中,一条核苷酸链是新合成的,另一条核苷酸链则是原有的,这种复制方式称为半保留复制(semiconservative replication,图 7-14)。

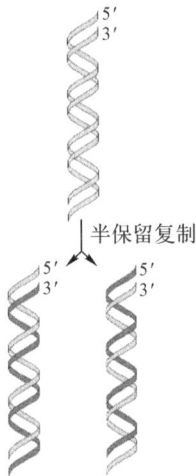

图 7-14 DNA 半保留复制
（引自 Madigan M T, *et al*. Brock Biology of Microorganisms, eleventh edition. Prentice-hall, Inc. , 2006）

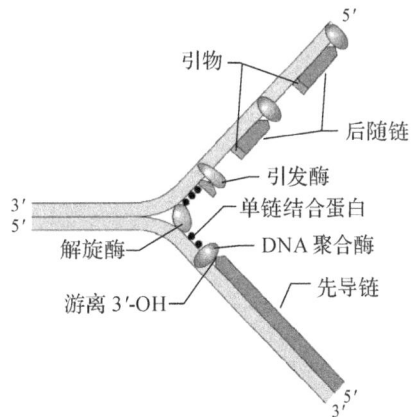

图 7-15 DNA 复制过程
（引自 Madigan M T, *et al*. Brock Biology of Microorganisms, eleventh edition. Prentice-hall, Inc. , 2006）

DNA 复制是一个十分复杂的过程(图 7-15)。解旋酶将 DNA 双链解开;单链结合蛋白使 DNA 双链保持分离状态;引发酶合成一段引物(RNA 片段),使 DNA 按 5′→3′方向合成新链。由于 DNA 双链反向排列,只有一条链的合成是连续的(先导链,leading strand),另一条链的合成则是断续的(后随链,lagging strand)。复制结束前,水解剪去引物 RNA,合成 DNA 片段填补被剪去的引物 RNA,再由连接酶(ligase)将各个 DNA 片段连接成一个完整的 DNA 分子。

三、RNA 合成(转录)

RNA 也是生物大分子,它由核糖、磷酸以及腺嘌呤、鸟嘌呤、尿嘧啶(uridine,U)和胞嘧啶 4 种碱基组成。由核糖和碱基缩合成核糖核苷,再由核糖核苷和磷酸形成核糖核苷酸,最后单核苷酸通过 3′,5′-磷酸二酯键连接成 RNA。

在遗传信息传递中,RNA 起着遗传信息从 DNA 流向蛋白质的"驿站"作用。以 DNA 为模板,通过碱基互补配对合成 RNA 的过程称为转录(transcription)。转录与复制的差别在于:合成 DNA 的材料是脱氧核糖核苷酸,合成 RNA 的材料则是核糖核苷酸;复制中的碱基互补配对为 A—T 和 G—C,转录中的碱基互补配对为 A—U 和 G—C。

RNA 合成也是一个非常复杂的过程(图 7-16)。在 σ 因子帮助下,RNA 聚合酶结合到

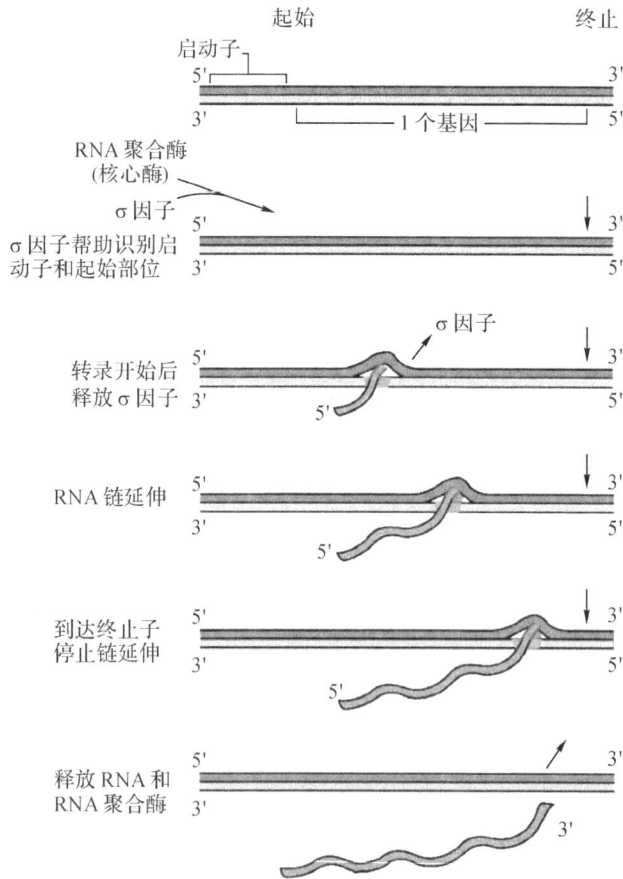

图 7-16　RNA 转录过程

(引自 Madigan M T. *et al*. Brock Biology of Microorganisms,eleventh edition. Prentice-hall,Inc.. 2006)

DNA 启动子上；开始转录后，释放 σ 因子；随着转录过程推进，RNA 不断延伸；到达终止子（编码终止信号的密码子）后，RNA 链停止延伸；最后从 DNA 分子上释放 RNA 分子和 RNA 聚合酶。

转录产物有 mRNA、rRNA 和 tRNA。mRNA 叫做信使 RNA（messenger RNA），一般呈单链，携带指导蛋白质合成的遗传信息。每三个连续排列的核苷酸（即一个三联体）规定一种氨基酸，称为密码子（codon）。来自 DNA 的遗传信息即以密码子的形式贮存于 mRNA 中。rRNA 叫做核糖体 RNA（ribosome RNA），用于组成核糖体。核糖体是蛋白质合成的场所。tRNA 叫做转运 RNA（transfer RNA），起着识别和定向转运氨基酸的作用。它通过接受臂识别氨基酸，借助反密码子识别 mRNA 上的密码子，并将携带的氨基酸定向转运到所需部位（图 7-17）。

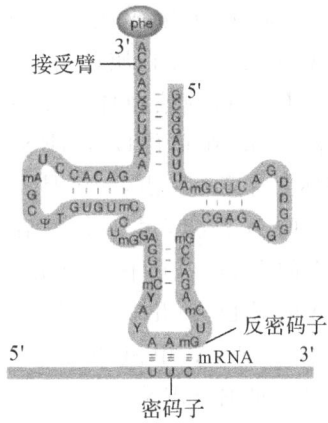

图 7-17　tRNA

（引自 Madigan M T，et al. Brock Biology of Microorganisms，eleventh edition. Prentice-hall，Inc.，2006）

原核生物的基因在 DNA 上的分布是连续的，转录产生的 mRNA 可直接翻译成蛋白质。真核生物的基因在 DNA 上的分布则是不连续的，往往在编码蛋白质的序列（外显子，extron）之间插入不编码蛋白质的序列（内含子，intron）；转录产生的 mRNA 不能直接翻译成蛋白质，需要通过加工，切除内含子，拼接外显子，形成成熟的 mRNA 后，才能翻译成蛋白质。

四、蛋白质合成（翻译）

蛋白质是由许多（大约 20 种）氨基酸通过肽键缩合而成的生物大分子。它是遗传信息的体现者。以 mRNA 为模板合成蛋白质的过程称为翻译（translation）。由于在 DNA 转录成 mRNA 的过程中，已将亲代细胞的遗传信息传给 mRNA；tRNA 又根据 mRNA 上的密码子来识别和转运氨基酸，最终使 DNA 上的核苷酸序列转变为蛋白质上的氨基酸序列，合成各种所需的蛋白质。

蛋白质合成在核糖体上进行。核糖体由 rRNA 和蛋白质组成。在原核细胞内，核糖体可以游离存在，也可以串联成聚核糖体（polyribosome，图 7-18）。在生长旺盛的细胞里，主要以聚核糖体形态存在，这时蛋白质高速合成。

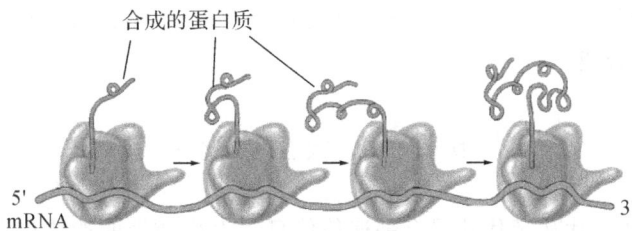

图 7-18　聚核糖体

（引自 Madigan M T，et al. Brock Biology of Microorganisms，eleventh edition. Prentice-hall，Inc.，2006）

蛋白质合成可分为三个阶段：

（1）起始阶段

组成蛋白质的氨基酸常处于非激活态，只有将其转化成激活态——氨酰tRNA，才能用于蛋白质合成。

原核生物的核糖体由 30S 亚单位（亚基）、50S 亚单位以及 rRNA 组成。核糖体上有三个位点，一个是结合氨酰-tRNA 的 A 位点，另一个是结合肽酰-tRNA 的 P 位点，还有一个是结合卸载tRNA 的 E 位点（出口）。在起始阶段，核糖体、mRNA、甲酰甲硫氨酰-tRNA形成"核糖体-mRNA-甲酰甲硫氨酰-tRNA"复合物，甲酰甲硫氨酰-tRNA 不经过 A 位点而直接与 P 位点结合［图7-19（1）］。

（2）延伸阶段

该阶段有三步反应：氨酰-tRNA 与核糖体 A 位点结合［图 7-19（2）］；在肽链转移酶的作用下，结合于核糖体 P 位点的甲酰甲硫氨酰-tRNA（或肽酰-tRNA）将甲酰甲硫氨酸（或肽链）转移到结合于 A 位点的氨酰-tRNA 上，使两个氨基酸以肽键连接［图 7-19（3）］；核糖体在 mRNA 上沿 $5'→3'$ 方向移动一个密码子（三个核苷酸），结合于 P 位点的

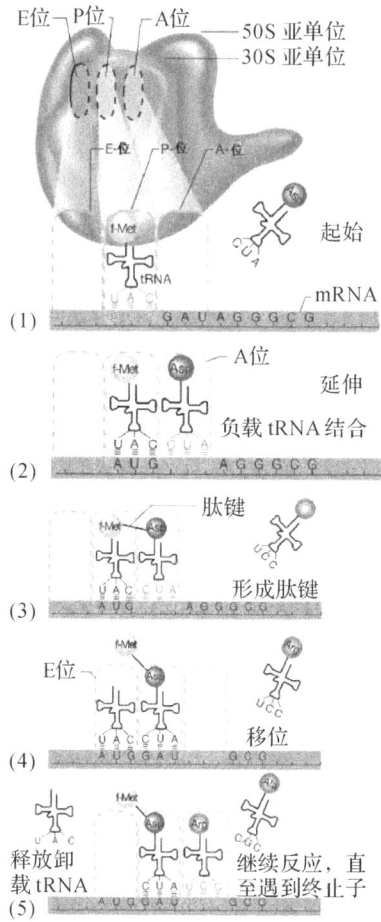

图 7-19　蛋白质的生物合成

（引自 Madigan M T，*et al*. Brock Biology of Microorganisms，eleventh edition. Prentice-hall，Inc. 2006）

tRNA 转移至 E 位点，结合于 A 位点的肽酰-tRNA 转移到 P 位点，空出的 A 位点［图 7-19（4）］可接受下一个氨酰-tRNA。三步反应依次循环，肽链不断延长。

（3）终止阶段

当核糖体 A 位点移位到终止密码子时，A 位点上没有氨酰-tRNA，肽链延长过程停止［图 7-19（5）］。在释放因子的作用下，核糖体释放肽链和 tRNA。核糖体解离成两个亚基，然后参与新蛋白质合成。

第四节　微生物变异

通过繁殖，生物子代从亲代获得全部遗传信息。生物携带的遗传信息（或基因）的集合称为遗传型（genotype）。但是，具有某种遗传型的生物个体只有在特定的环境条件下，才能通过生长和发育而表现出各种形态和生理特征。生物个体的这些形态和生理特征的集合称为表现型（phenotype，简称表型）。由于外界环境条件的差异，同一遗传型的生物会呈现不

同的表型。

一、非遗传型变异

非遗传型变异（non-hereditary variation）是在遗传物质结构没有改变的情况下发生的微生物某些性状的改变。这种表型上的变异没有遗传性，主要由环境条件改变所致，一旦环境条件复原，变异随之消失。例如，在25℃下培养时，黏质沙雷氏菌（*Serratia marcescens*）会产生一种深红色的灵杆菌素，把菌落染成血红色；将培养温度提高至37℃后，群体中的所有细胞都不再产生色素。如果将培养温度重新降回25℃，则恢复产生色素。由于细胞群体受环境条件的作用是同等的，非遗传型变异往往涉及许多个体，即许多个体同时变异。

二、遗传型变异

遗传型变异（hereditary variation）是由于遗传物质结构发生改变而导致微生物某些性状的改变。突变（mutation）是指核酸中的核苷酸序列突然产生稳定且可遗传的变化。突变包括染色体畸变（chromosomal aberration）和基因突变（gene mutation，又称点突变）。

（一）基因突变类型

根据突变菌株所表现的特征不同，可分为：表型突变型、生化突变型、致死突变型、条件致死突变型以及其他突变型。

表型突变型（phenotypic mutation）是指发生细胞形态或菌落形态改变的突变型。如细胞大小、形状、荚膜以及菌落大小、形状、颜色等性状的变异。

生化突变型（biochemical mutation）是指代谢途径发生改变但没有明显形态改变的突变型。如营养缺陷型、抗性突变型和抗原突变型。① 营养缺陷型（auxotrophic mutation），基因突变引起代谢过程中某种酶的合成能力丧失。对于这类微生物，必须在培养基中添加相应的营养成分才能正常生长。② 抗性突变型（resistant mutation），基因突变导致对有害理化因素的抵抗性发生改变，如抗药性、抗紫外线、抗噬菌体等。③ 抗原突变型（antigen mutation），基因突变引起细胞成分，尤其是细胞表面成分（细胞壁、荚膜、鞭毛等）的细微变异而导致抗原性的改变。

致死突变型（lethal mutation）是指由于基因突变而造成个体死亡的突变型。条件致死突变型（conditional lethal mutation）则是指在某一条件下基因突变具有致死效应，而在另一条件下基因突变没有致死效应的突变型。温度敏感突变型是最典型的条件致死突变型，有些大肠杆菌的突变株可在37℃下生长，但不能在42℃生长。

（二）基因突变机制

1. 自发突变

自发突变（spontaneous mutation）是指在没有人为作用的情况下微生物所发生的突变。① 背景辐射和环境因素的诱变。不少自发突变来自一些不明原因的低剂量诱变剂的长期作用。② 微生物自身有害产物的诱变。咖啡碱、硫氰化合物、二硫化二丙烯、过氧化氢等是微生物自身的代谢产物，对微生物具有诱变作用。③ 环出效应（loop-out effect），即环状突出效应。在DNA复制过程中，如果某一单链DNA上偶然产生一个小环，该小环上的基因就会被越过而发生缺失，引起自发突变。④ 互变异构效应（tautomeric shift）。在组成DNA的4种碱基的第6位上，不是酮基（T或G）就是氨基（C或A），T和G会发生酮式至烯醇式的变化,C 和 A 会发生氨基至亚氨基的变化,这些结构变化可导致碱基错配而引起自发突变。

2.诱发突变

诱发突变(induced mutation)是指在人为诱变剂作用下微生物所发生的突变。凡能提高突变率的任何理化因子,都称为诱变剂(mutagens)。诱变剂的作用机制是引起碱基对的置换突变、移码突变和染色体畸变。

碱基对置换是指一对碱基被另一对碱基所置换(substitution),有时也称点突变(point mutation)。置换可分为转换和颠换。置换(transition)是指 DNA 分子中的一个嘌呤被另一个嘌呤,或者一个嘧啶被另一个嘧啶所置换。颠换(transversion)是指一个嘌呤被一个嘧啶,或者一个嘧啶被一个嘌呤所置换。

移码突变(frame-shift mutation)是指诱变剂引起 DNA 分子中的一个或几个核苷酸的增添或缺失,从而使其后的全部遗传密码发生转录和翻译错误的一类突变。它可分为插入突变(insertion mutation)和缺失突变(deletion mutation,图 7-20)。

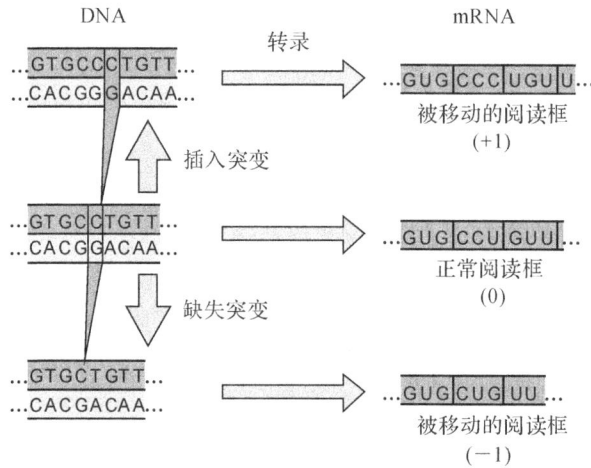

图 7-20　移码突变

(引自 Madigan M T.et al. Brock Biology of Microorganisms,eleventh edition. Prentice-hall, Inc.,2006)

染色体畸变(chromosomal aberration)是指某些理化因子(如 X-射线、烷化剂、亚硝酸等)引起 DNA 分子的大段损伤,从而产生染色体结构上的缺失(deletion)、重复(duplication)、倒位(inversion)和易位(translocation)等变化。

三、微生物基因重组

将两个具有不同性状的生物遗传基因转移至一个生物内,使遗传基因重新组合而形成新的遗传型个体的过程,称为基因重组(gene recombination)。在原核微生物中,实现基因重组的主要方式有转化、转导和接合。这种一个生物的遗传物质传递给另一个生物而非其子代的遗传物质传递方式,称为遗传物质的横向传递。

(一)转化

受体菌直接吸收来自供体菌的游离 DNA 片段,并整合到自己的基因组中,从而获得供体菌的部分遗传性状的过程,称为转化(transformation,图 7-21)。获得 DNA 片段的受体菌称为转化子(transformants)。受体菌获得的 DNA 片段可以由供体菌自溶释放,也可以经过人为加工。要进行转化,受体菌细胞必须处于感受态。所谓感受态(competence)是指细胞能从环境中吸收 DNA 片段,保证它不被体内 DNA 酶水解,并整合到自己的基因组中的生理状态。它与受体菌的遗传特性、生理状态、菌龄大小和培养条件等有关。

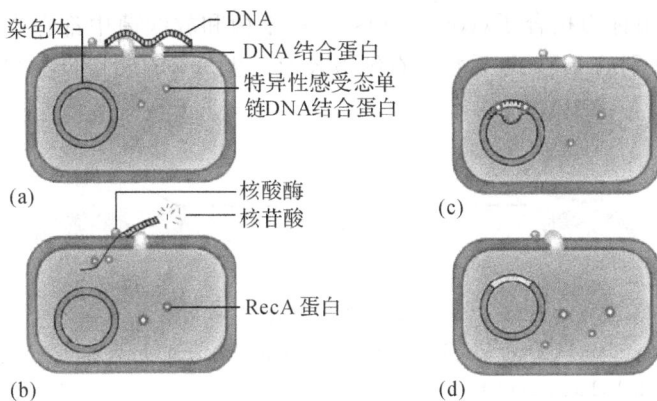

图 7-21　转化

(引自 Madigan M T．*et al*．Brock Biology of Microorganisms,eleventh edition．Prentice-hall,Inc.，2006)

如果把噬菌体或其他病毒的 DNA 或 RNA 抽提出来,然后让它们去感染宿主,可产生噬菌体或病毒后代。这种特殊的"转化",称为转染(transfection)。

(二)转导

通过温和噬菌体的介导,将供体菌 DNA 片段带入受体菌中,从而使受体菌获得供体菌的部分遗传性状的过程,称为转导(transduction,图 7-22)。获得新遗传性状的受体细胞称

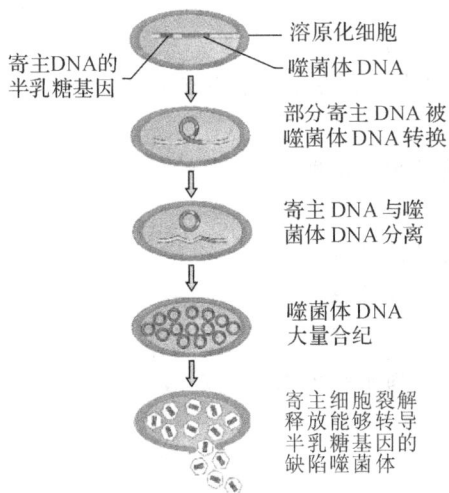

图 7-22　转导

(引自 Madigan M T．*et al*．Brock Biology of Microorganisms,eleventh edition．Prentice-hall,Inc.，2006)

为转导子(transductants)。转导过程以噬菌体为载体,不需要供体细胞与受体细胞直接接触。

(三)接合

通过两个完整的菌体细胞直接接触,将供体菌 DNA 片段(包括质粒)带入受体菌中,从而使受体菌获得供体菌的部分遗传性状的过程,称为接合(conjugation,图 7-23)。获得 DNA 片段的受体菌称为接合子(conjugants)。在细菌和放线菌中都存在接合现象。一些大肠杆菌有决定性别的 F 因子(质粒),在细胞表面产生 1～4 条性纤毛,供体菌通过性纤毛把 F 因子转移至受体菌中。

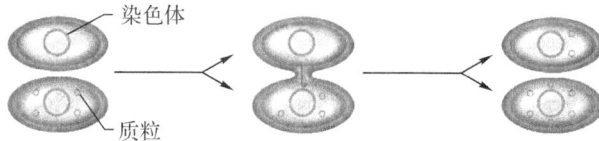

图 7-23　接合

(引自 Madigan M T.*et al*. Brock Biology of Microorganisms,eleventh edition. Prentice-hall,Inc.,2006)

复习思考题

1. 简述本章涉及的微生物测定方法。
2. 何谓细菌生长曲线? 可分哪几个阶段? 各有什么特点?
3. 简述基质浓度对细菌生长的影响。
4. 何谓恒浊连续培养和恒化连续培养?
5. 简述恒化器中菌体浓度和基质浓度与稀释率的关系。
6. 微生物有氧培养的方法有哪些?
7. 为什么基质不同,微生物生长的细胞得率也不同?
8. 厌氧微生物培养中创建无氧条件的方法有哪些?
9. 何谓有机碳歧化反应?
10. 何谓基因? 何谓遗传中心法则?
11. 何谓半保留复制?
12. 何谓转录? 请简述转录过程。
13. 何谓翻译? 请简述翻译过程。
14. 简述基因突变的类型和机制。
15. 简述原核微生物的基因重组方式。

第八章　微生物生态

微生物极少单独生存。即使将它们分开,每个个体也会增殖而形成群体。这种由一个(或一种)微生物增殖产生的群体,称为种群(population)。在自然界,多个种群往往共同生活。这些共同生活于特定空间内的微生物种群的集合,称为群落(community)。微生物不仅相互依赖,也依赖环境。微生物群落加环境就构成了生态系统(ecosystem)。本章介绍微生物之间以及微生物与环境之间的相互关系。

第一节　非生物因素对微生物的影响

一、最小因子定律和耐受性定律

(一)最小因子定律

1840 年,德国农业化学家 Liebig 发现,作物产量不受大量需要的营养物质的制约,但受土壤中较为稀少而又为作物所必需的营养物质的制约。他认为,就像构成分子的原子一样,在构成作物的营养元素之间是有一定比例的;作物产量取决于环境中处于最小量状态的营养物质。如果土壤供氮不足,施用再多的磷肥也无济于事。后来,Liebig 理论被扩展为最小因子定律(law of the minimum):任何因子的存在量低于某种生物的最小量时,这种因子即成为决定该物种生存或分布的根本因素。

每种微生物都有各自的细胞化学组成和营养物质需要,在能源、碳源、氮源、无机盐、生长因子、水等诸多营养物质中,哪种营养物质处于最小量状态,这种物质即成为微生物生长的限制因子。

(二)耐受性定律

最小因子定律揭示了最小因子对生物生存的影响,但并未考虑过量因子的影响。1931年美国生态学家 Shelford 提出了耐受性定律(law of tolerance):每种生物对环境因素都有一个耐受范围,任何环境因素超过某种生物的耐受限度(上限或下限),都会影响这种生物的生存。

不同物种对环境因素的耐受范围各不相同,同一物种对不同环境因素的耐受范围也不一样。耐受下限和耐受上限分别称为最低点和最高点,介于两者之间最适于生命活动的水平称为最适点。这三点合称为生物响应环境因素的三基点。最低点与最高点之间的跨度称为生态幅(ecological valence)。

如图 8-1 所示,在很多情况下,最适合生物生长的环境条件并非是某个值而是某个区间,在这个区间内生物生长没有显著差异,该最适生长区间称为最适区。超出最适区,生物生长降低但仍能正常表现基因潜能,该环境条件区间称为适宜区。越过适宜区,生物生长降至正常基因潜能以下,该环境条件区间称为胁迫区。胁迫(stress)是指一种显著偏离生物生长适宜范围的环境因素水平。它可引发生物功能变化,随着持续时间延长,生物活力变弱,最终走向死亡。

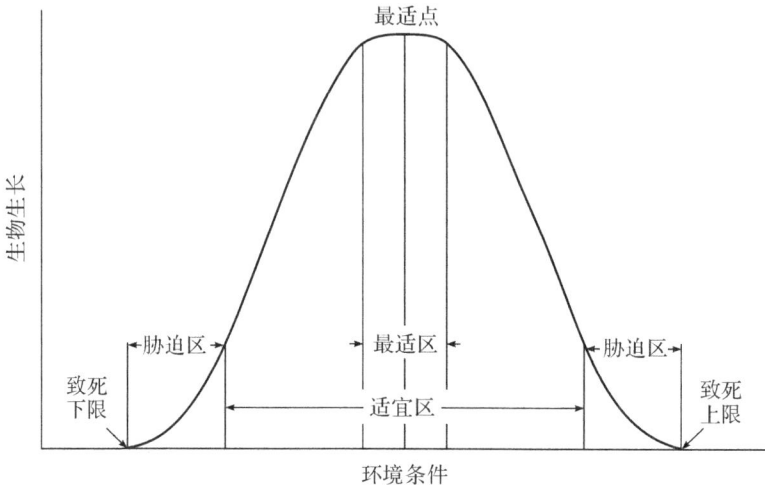

图 8-1　耐受性定律图解

　　面对胁迫,生物会产生适应性变化,使生长恢复到正常状态。这种在环境压力定向作用下发生的生物生态幅的变化,称为驯化(acclimation)。驯化实质上是环境因素引发的生理补偿作用。由于生物生理和结构变化都以生化反应为基础,而催化这些反应的酶又受制于环境因素,因此追根究底,驯化是生物体内酶系统的变化。通过驯化,生物可以增强抗胁迫能力,但会付出一定代价。这是因为胁迫可损伤生物结构、干扰代谢过程,而修复损伤、调整代谢都需要额外的物质和能量。生物抗胁迫能力的提高,往往导致生物量和生长速率的降低。

二、温度

　　温度是影响微生物生存和发展的重要环境因素。随着温度升高,细胞内生化反应加快,微生物生长加速;超过上限温度后,对温度敏感的细胞组分(如蛋白质和核酸)变性加剧,微生物生长停止,甚至死亡(图 8-2)。

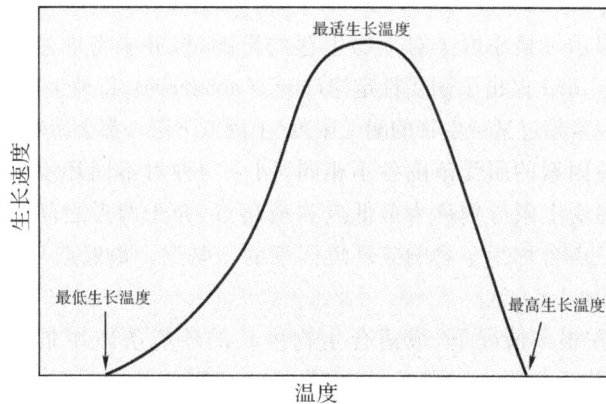

图 8-2　温度对微生物生长速度的影响

(引自 Prescott L M,et al. Microbiology,fifth edition. 高等教育出版社,2002)

（一）微生物的温度类型

每种微生物都有特定的最低生长温度、最适生长温度和最高生长温度。按照最适生长温度，微生物可分为低温微生物（嗜冷微生物）、中温微生物（嗜温微生物）和高温微生物（嗜热微生物）三类（表 8-1，图 8-3）。

表 8-1　微生物的生长温度类型

微生物类型		生长温度范围（℃）			主要分布
		最低	最适	最高	
低温	专性嗜冷	−12～0	5～15	15～20	地球两极
	兼性嗜冷	−5～0	15～30	30～40	海水及冷藏食品
中温	室温	10～20	25～40	40～50	温带和热带地区
	体温	10～20	35～40	40～45	温血动物
高温	嗜热	35～45	55～70	75～85	堆肥、温泉等
	超嗜热	60～70	80～100	100～110	火山泉

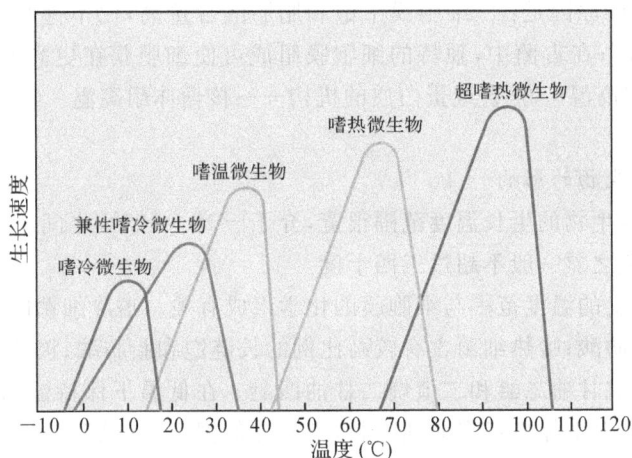

图 8-3　微生物生长温度范围和最适生长温度

（引自 Prescott L M，*et al*．Microbiology．fifth edition．高等教育出版社，2002）

1. 低温微生物

低温微生物（psychrophiles）又称嗜冷菌，可区分为专性嗜冷和兼性嗜冷菌。专性嗜冷菌长期生存于寒冷的环境中，耐寒不耐热，短时升到室温即可致死。兼性嗜冷菌分布较广，生长温度范围较宽，既能在 0℃ 左右生长，也能在室温下生长。

低温能抑制微生物生长。在 0℃ 以下时，微生物体内水分冻结，生化反应难以持续。升至 0℃ 以上后，水分解冻，但在一定温度范围内，中温和高温菌的细胞膜仍处于"冻结"状态，养分无法正常进入细胞。微生物体内存在许多复合体（如核糖体、复合酶等），它们由两个或两个以上高分子通过疏水键结合而成。低温可削弱疏水键，使复合体松散而丧失活性。一般低温使微生物停止生长，但并不致死。

嗜冷菌耐低温的机理尚未探明。一般认为：① 嗜冷菌的细胞膜含有大量不饱和脂肪酸，可在低温下保持半流动状态，从而正常行使功能；② 嗜冷菌的酶耐低温，可在低温下保持较高的催化活性。

2.中温微生物

中温微生物(mesophiles)又称嗜温菌,可区分为室温性和体温性微生物。室温性微生物,如土壤微生物和植物病原菌,适宜生长于 25～40℃。体温性微生物多为人和温血动物的病原菌,其最适生长温度与宿主体温相近。

嗜温菌不耐低温,通常在 10℃ 以下不能生长。对大肠杆菌所做的研究表明,当温度低于 10℃ 时,嗜温菌的蛋白质合成不能启动(一旦启动,则能完成);许多酶对反馈抑制异常敏感,不能正常行使功能。

3.高温微生物

高温微生物(thermophiles)又称嗜热菌,可区分为嗜热和超嗜热菌(hyperthermophiles),前者的最适生长温度高于 55℃,后者高于 80℃。嗜热菌只分布于有限生境内,如温泉、堆肥、日光直射的土壤表面。超嗜热菌的分布范围更窄,仅发现于海底火山泉和地表火山泉中。一般而论,原核微生物的耐高温能力强于真核微生物;非光合微生物强于光合微生物;构造简单的微生物强于构造复杂的微生物。

嗜热菌耐高温的原因是:① 细胞膜中饱和脂肪酸含量高,比不饱和脂肪酸形成更多的疏水键,不易"熔解";在古菌中,独特的细胞膜组成可使细胞膜在更高的温度下保持稳定。② 酶和其他蛋白耐高温。③ 合成蛋白质的机构——核糖体耐高温。④ DNA 中 G+C％ 比例大,熔点高。

(二)温度对微生物的影响

就总体而言,微生物的生长温度范围很宽,介于 −12～113℃ 之间。但就某种微生物而言,上限值与下限值之差一般不超过三四十度。

微生物能够耐受的温度范围与细胞膜的化学组成有关。嗜冷细菌的细胞膜含有较高比例的短链不饱和脂肪酸;嗜热细菌含有较高比例的长链饱和脂肪酸;极端嗜热古菌则含有独特的类异戊二烯植烷甘油二醚和二植烷二甘油四醚。在低温下保持流动的细胞膜,易在高温下"熔解";而在高温下保持稳定的细胞膜,则易在低温下"冻结"。虽然环境温度变化时,微生物可调整细胞膜组成(例如,温度升高时,嗜温菌可增加细胞膜中长链饱和脂肪酸的比例),但调整幅度有限。因此,一种微生物难以在很宽的温度范围内生长。

对于温度的缓慢变化,微生物可进行相应调整,最终产生适应。但是,对于温度的快速波动,微生物的调整往往跟不上温度的升降,因而较难适应。温度的无规律变化对微生物产生的影响远远大于温度的有规律变化。

由于每种生物都有特定的生长温度范围,升高温度可逐渐淘汰某些生物种群。例如,温度超过 60℃ 时,真核微生物(如原生动物、真菌和藻类)遭淘汰;超过 90℃ 时,光能营养型微生物(如蓝细菌和不产氧光合细菌)遭淘汰;超过 100℃ 后,极端嗜热菌也走向衰亡。

(三)高温灭菌

由于高温对微生物的杀灭作用,人们经常采用高温来控制微生物。常见的高温消毒或灭菌方法如图 8-4 所示。

$$\text{高温}\begin{cases}\text{消毒}\begin{cases}\text{巴氏消毒法}\quad 60\sim65℃,15\sim30\text{min}\\\text{煮沸消毒法}\quad 100℃,15\sim30\text{min}\end{cases}\\\text{灭菌}\begin{cases}\text{干热灭菌法}\begin{cases}\text{火焰灼烧}\\\text{烘箱干烤}\quad 160\sim170℃,1\sim2\text{h}\end{cases}\\\text{湿热灭菌法}\begin{cases}\text{间歇蒸汽灭菌}\quad 100℃,15\sim30\text{min}\\\text{高压蒸汽灭菌}\quad 1.03\times10^5\,\text{Pa},121℃,15\sim30\text{min}\end{cases}\end{cases}\end{cases}$$

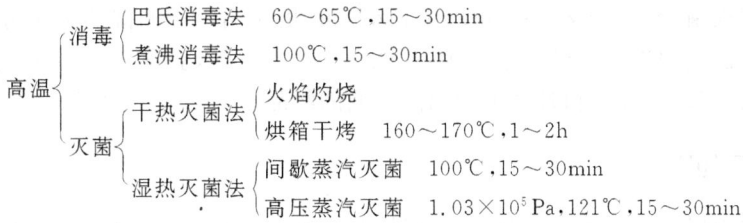

图 8-4　常用的高温消毒或灭菌方法

1. 消毒

消毒(disinfection)是指杀死或消除所有病原微生物的方法,可达到防止传染病传播的目的。

巴氏消毒(pasteurization)也称低温消毒,是在规定时间内以不太高的温度处理液体食品的消毒方法,可分为低温巴氏消毒(60~65℃,15~30min)和高温巴氏消毒(70~80℃,5~15min)。其理论依据是:加热到60~65℃并持续15~30min,或加热到70~80℃并持续5~15min,无芽孢细菌不能存活。采用该法处理牛奶、啤酒和葡萄酒等液体食品,既可杀死致病菌(特别是无芽孢的肠道细菌),又可保持营养成分。

煮沸消毒是通过煮沸一段时间处理耐热液体的消毒方法。操作条件为:加热到100℃并持续15~30min。该法常用于处理饮用水、玻璃注射器、注射器针头等。

2. 干热灭菌

灭菌(sterilization)是指杀死物品中的所有微生物的方法。干热灭菌包括灼烧灭菌和干热空气灭菌。

灼烧灭菌是直接将物品放在火焰上灼烧,使微生物(包括营养体、休眠体和繁殖体)在200℃以上的高温下迅速炭化的灭菌方法。该法灭菌彻底,但使用范围有限,常限于耐烧的金属制品(如接种环和接种针)和可焚毁物品(如实验动物尸体)。

干热灭菌(dry heat sterilizeation)又称干烤灭菌,通常放置在电热烘箱中进行。灭菌原理是:利用高温空气穿透微生物细胞,导致核酸和蛋白质变性,破坏细胞结构,最终杀死一切微生物(包括芽孢和孢子)。操作条件为:160~170℃,1~2h。常用于处理金属制品(如解剖刀和手术器械)及玻璃器皿(如试管和培养皿)等耐热物品。

3. 湿热灭菌

湿热灭菌(moist heat sterilization)是利用高温蒸汽穿透微生物细胞,导致核酸和蛋白质变性,破坏细胞结构,最终杀死一切微生物(包括芽孢和孢子)的灭菌方法。湿热灭菌效果一般优于干热灭菌,这是因为:① 水蒸气穿透细胞的能力强于干热空气;② 水蒸气含有潜热,与被灭菌的物品接触时可释放大量热能;③ 含水量越高,菌体蛋白的凝固温度越低,在同一温度下,湿热蒸汽比干热空气易使蛋白质变性。常见的湿热灭菌有间歇蒸汽灭菌和高压蒸汽灭菌。

间歇蒸汽灭菌(fractional sterilization)通常放置在间歇灭菌器(一种加热水产生蒸汽的装置,类似蒸笼)中进行。操作条件为:常压,100℃,15~30min。一般间歇蒸汽灭菌分三次进行,第一次灭菌可杀死物品中的微生物营养体,但不能杀死物品中的芽孢。将经过第一次灭菌的物品降至30℃左右,保温过夜,使存活的芽孢萌发为营养体,再进行第二次灭菌,杀死萌发的营养体。重复操作三次,可以彻底灭菌。

高压蒸汽灭菌(pressurized steam sterilization)是应用最广的湿热灭菌方法,通常放置于高压蒸汽灭菌锅中进行。操作条件为:压力 1.03×10^5 Pa,温度 121℃,时间 15～30min。常用于处理培养基、无菌水和各种不受潮湿影响的物品。

三、酸碱度(pH)

酸碱度通常以氢离子浓度的负对数(pH)来表示。每差 1 个 pH 单位,氢离子浓度相差 10 倍。纯水 pH 为 7,小于 7 呈酸性,大于 7 呈碱性。

pH 是影响微生物生存和发展的另一重要环境因素。① 引起细胞膜电荷的改变,影响微生物的养分吸收;② 引起酶活性的改变,影响微生物的代谢反应;③ 引起养分可给性的改变,影响微生物的养分利用;④ 引起毒物毒性的改变,加重微生物的机体损害。

每种微生物都有特定的最低生长 pH、最适生长 pH 和最高生长 pH。自然环境的 pH 在 5.0～9.0 之间,最适生长 pH 处于这个范围的微生物也最常见。只有少数微生物能够在 pH 低于 2.0 或高于 10.0 的条件下生长。大多数细菌、藻类和原生动物的最适生长 pH 为 6.5～7.5;放线菌的最适生长 pH 为 7.5～8.0;多数真菌(酵母菌和霉菌)的最适生长 pH 为 5.0～6.0。

能够在低 pH 下生长的微生物称为嗜酸菌(acidophiles),如氧化硫硫杆菌(*Thiobacillus thiooxidans*)。氧化硫硫杆菌的嗜酸性可能与其细胞膜组成有关,当 pH 升至中性时,该菌细胞膜解体,细胞自溶。由此可见,该菌需要高浓度氢离子来保持细胞膜稳定。能够在高 pH 下生长的微生物称为嗜碱菌(alkaliphiles),如硝化杆菌(*Nitrobacter* spp.)。

值得注意的是,上述最适生长 pH 是指细胞外 pH,由于许多生物大分子对酸或碱敏感,细胞内 pH 必须保持在近中性。对于极端嗜酸菌或极端嗜碱菌,细胞内 pH 可偏离中性 1.0～1.5个 pH 单位。但对大多数最适生长 pH 为 6.0～8.0 的嗜中性菌(neutrophiles),细胞内 pH 通常保持在中性或近中性。

四、水的可给性

水是生命活动的基础,离开水生物就不能生存。在自然界,水的可给性(water availability)可对微生物产生重大影响。水的可给性与水含量有关,也与水中的溶质(如盐和糖)含量有关,因为水与溶质结合会丧失可给性。

(一)水活度与渗透

水的可给性通常用水活度表示。水活度(water activity,a_w)是指在温度相同的条件下溶液蒸汽压与纯水蒸气压之比,取值范围 0～1。水活度越高,水的可给性越好。

水会从水浓度高(溶质浓度低)的区域向水浓度低(溶质浓度高)的区域扩散,即渗透(osmosis)。如果细胞内溶质浓度高于环境,那么水将渗透进入细胞;反之,水将渗透流出细胞。在水活度低的溶液(如糖溶液或盐溶液)中,微生物会失水而质壁分离。在这种情况下,糖溶液或盐溶液产生的效应等同于干燥。

大多数微生物不能在水活度低的环境中生长,若处于这类环境中,则往往导致微生物休眠或死亡。在自然界,海水约含 3% 氯化钠和少量其他无机盐,易造成低水活度。海洋微生物对氯化钠有特殊需要,被称为嗜盐菌(halophiles)。轻度、中度和极端嗜盐菌所需的氯化钠浓度分别为 1%～6%、6%～15% 和 15%～30%。此外,一些微生物能够在含糖量很高的环境中生长,被称为嗜高渗菌(osmophiles);另一些微生物能够在干燥的环境中生长,被称为嗜干菌(xerophiles)。

(二)亲和性溶质

嗜盐菌、嗜高渗菌和嗜干菌是怎么适应水活度较低的环境的? 在水活度较低的环境中,微生物会提高细胞内的溶质浓度来吸收环境中的水分,其主要途径是从环境中泵入无机离子,合成或浓缩有机溶质。用于调节细胞内水活度的溶质不会干扰细胞正常代谢,这样的溶质称为亲和性溶质(compatible solutes)。

微生物的亲和性溶质种类较多。它们可以是糖或糖醇,氨基酸及其衍生物,也可以是钾离子。可以由微生物合成,也可以从环境中吸收。通常,细胞内亲和性溶质浓度是细胞外溶质浓度的函数。每种微生物所能合成或所能积累的亲和性溶质的最大数量是由自身的遗传特性决定的。从这个意义上说,非嗜盐菌、耐盐菌、嗜盐菌和极端嗜盐菌的差别在于它们合成或积累亲和性溶质的能力不同。

五、氧气

以体积计,氧气约占大气的1/5。对一些微生物来说,氧气是不可缺少的生命物质,但对另一些微生物来说,氧气却是十分有害的毒性物质。

(一)氧气与微生物的关系

根据微生物与氧气的关系(图8-5),可将微生物分为如表8-2所列的几种类型。

表 8-2　微生物与氧的关系

微生物类型		与氧的关系	代谢类型	例　子
好氧	专性好氧	需氧	呼吸	藤黄微球菌 (*Micrococcus lutrus*)
	微好氧	需氧,但要求氧分压低于空气	呼吸	迂回螺菌 (*Spirillum volutans*)
厌氧	耐氧	不需氧,有氧时长不好	发酵	酿脓链球菌 (*Streptococcus pyogenes*)
	专性厌氧	有毒杀作用	发酵或厌氧 呼吸	甲酸产甲烷杆菌 (*Methanobacterium formicicum*)
兼性	兼性厌氧	不需氧,但有氧时长得更好	呼吸、无氧 呼吸或发酵	大肠杆菌 (*Escherichia coli*)

① 好氧菌(aerobes)　具有完整的呼吸链,以氧气为最终电子受体,能解除氧毒。对氧的上限浓度反应不敏感,能够生长在氧分压等于或大于空气氧分压(2×10^4 Pa)的环境中。

微好氧菌(microaerophiles)　具有完整的呼吸链,以氧气为最终电子受体。但只能在较低的氧分压[$(1 \sim 3) \times 10^3$ Pa]下生长,主要原因是其呼吸能力有限,某些细胞成分(如酶)对氧气敏感。

② 兼性厌氧菌(facultative aerobes)　在有氧和无氧条件下均能生长,但在有氧时生长更好。有氧时进行呼吸,无氧时进行发酵或无氧呼吸。能解除氧毒。

③ 厌氧菌(anaerobe)　没有呼吸链,依靠发酵、厌氧呼吸或光合磷酸化产能。不能解

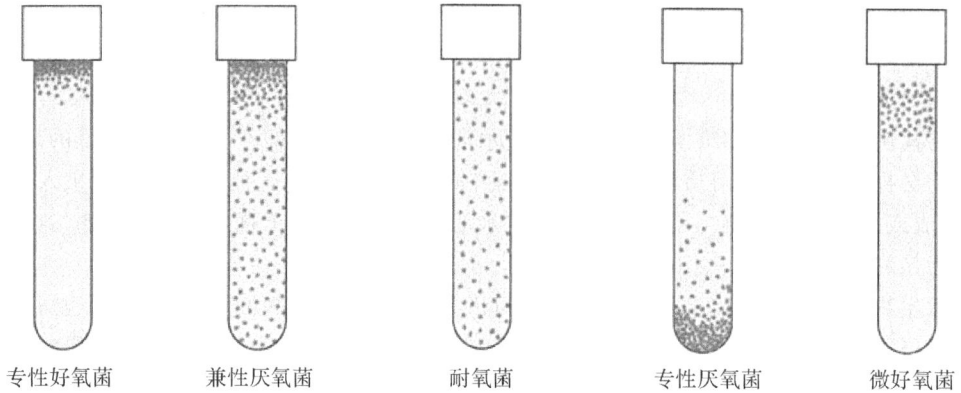

图 8-5　液体培养中各类细菌的生长特性

(引自 Prescott L M, *et al*. Microbiology. fifth edition. 高等教育出版社, 2002)

除氧毒,对氧气敏感。短时接触空气,生长便受抑制甚至致死。

耐氧菌(aerotolerant anaerobe)　没有呼吸链,依靠发酵产能。细胞内存在超氧化物歧化酶和过氧化物酶,但缺乏过氧化氢酶。其生长不需要氧气,但氧气对它们无害。

(二)氧对微生物的影响

1. 氧的毒害

氧是一种强氧化剂。在正常情况下,氧处于低能状态,反应活性不高,称之为三线态氧(triplet oxygen,外层两个不成对电子分处两个轨道平行自旋)。具有毒害作用的氧是单线态氧(singlet oxygen,外层两个不成对电子占据同一轨道或分处两个轨道逆向自旋),处于高能状态,反应活性很高。在生物体内,单线态氧能自动进行许多不需要的氧化反应。常遇单线态氧的微生物(如空气微生物和光能营养型微生物)含有类胡萝卜素,能够把单线态氧转化为三线态氧。

氧的其他毒性形态是超氧化物、过氧化物和氢氧自由基。在呼吸过程中,氧气被用作电子受体而还原成水,即:

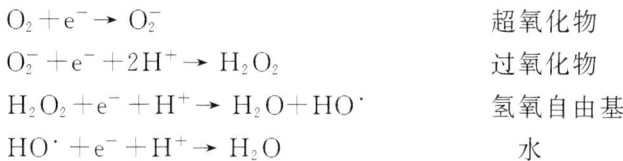

$$O_2 + e^- \rightarrow O_2^- \qquad\qquad\qquad 超氧化物$$
$$O_2^- + e^- + 2H^+ \rightarrow H_2O_2 \qquad\qquad 过氧化物$$
$$H_2O_2 + e^- + H^+ \rightarrow H_2O + HO^{\cdot} \qquad 氢氧自由基$$
$$HO^{\cdot} + e^- + H^+ \rightarrow H_2O \qquad\qquad 水$$

$$O_2 + 4e^- + 4H^+ \longrightarrow H_2O$$

超氧化物、过氧化物和氢氧自由基都是呼吸过程的副产物。超氧化物反应活泼,能氧化细胞内的任何有机成分。过氧化物(如过氧化氢)也能损坏细胞成分,但其破坏作用一般不如超氧化物和氢氧自由基。在所有氧的形态中,氢氧自由基的反应活性最高,能迅速氧化细胞内的各种有机物,因此它的破坏作用也最大。不过,氢氧自由基的寿命极短。

2. 氧毒的解除

针对毒性态氧,微生物可产生许多解除氧毒的酶,例如过氧化氢酶(catalase)、过氧化物酶(peroxidase)和超氧化物歧化酶(superoxide dismutase)。

过氧化氢酶可分解过氧化氢：

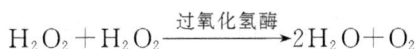

$$H_2O_2+H_2O_2 \xrightarrow{\text{过氧化氢酶}} 2H_2O+O_2$$

过氧化物酶也可分解过氧化氢，它与过氧化氢酶的差别在于需要还原剂（$NADH_2$）：

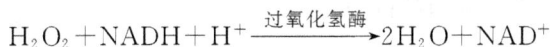

$$H_2O_2+NADH+H^+ \xrightarrow{\text{过氧化氢酶}} 2H_2O+NAD^+$$

超氧化物歧化酶可分解超氧化物：

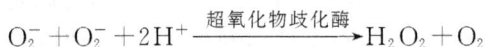

$$O_2^-+O_2^-+2H^+ \xrightarrow{\text{超氧化物歧化酶}} H_2O_2+O_2$$

经过超氧化物歧化酶和过氧化氢酶的联合作用，超氧化物重新转化成氧气。

好氧和兼性厌氧菌同时含有超氧化物歧化酶和过氧化氢酶。耐氧性厌氧菌含有数量较少的超氧化物歧化酶，但不含过氧化氢酶。厌氧菌则既不含超氧化物歧化酶，也不含过氧化氢酶。缺少这两种酶是厌氧菌对氧毒敏感的主要原因。

第二节　种群内微生物的相互作用

一、阿利规律

种群是一定时间和空间内同种微生物个体的集合，具有一定的密度。种群密度（population density）是指在单位体积（或面积）中生物个体的数量或生物总体的质量（即生物量）。种群具有自我调节能力，当种群密度超过某一水平时，种群密度降低；当种群密度低于这一水平时，种群密度提高。经过自我调节，种群密度会长期保持在某一水平，这种状态称为种群平衡（population balance）。处于平衡状态的种群密度称为平衡种群密度（balanced population density）。由于平衡种群密度一般是环境所能容纳的最高种群密度，因此又称为环境种群容量（environmental population capacity）。

根据对动物和植物的观察，Allee 发现：种群密度适宜时，种群生长最快；密度过低或过高都会限制种群生长。这个规律称为阿利规律（Allee's principle，图 8-6）。实验证明，阿利规律同样适用于微生物种群。种群密度较低时，微生物相互协作，共同促进种群生长，这种作用称为协同作用（positive interaction）。相反，种群密度较高时，微生物相互影响，限制种群生长，这种作用称为拮抗作用（negative interaction）。随着种群密度的提高，协同作用减弱，拮抗作用加强。对应于最大生长速率的种群密度，称为最佳密度（optimum density）。

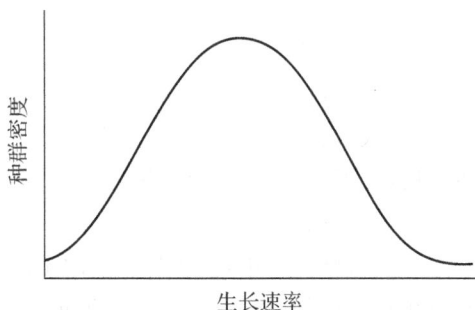

图 8-6　种群密度对种群生长的影响

二、协同作用

（一）联合阻止细胞物质外泄

在实验室的菌体培养中，接种量过少会导致微生物滞留适应期延长，甚至不生长。对于生长条件要求苛刻的微生物，这种效应更为明显。究其原因，主要是细胞物质外泄。微生物细胞膜不尽完善,总会将一些生长必需的小分子物质(如代谢中间产物)泄漏到细胞外面。在接种量不大(种群密度低)的情况下,泄漏物质常因扩散而消失于培养基中,很难重新返回细胞内。接种量加大(种群密度高)后,泄漏物质扩散受阻而积累于细胞表面,既减少了细胞物质的继续泄漏,也增大了泄漏物质重返胞内的机会。

(二)共同利用不溶性基质

在种群利用木质素或纤维素之类不溶性基质时,某个成员产生胞外酶,将原先不能利用的基质转化为可利用的基质,供自身和大家分享;在单个菌体利用同类基质时,产生的胞外酶及其水解产物会扩散至周围环境中,难以发挥应有的效益。例如,黄色黏球菌(*Myxococcus xanthus*)能分泌胞外酪蛋白酶,以不溶的酪蛋白为食,但把该菌培养在不溶的酪蛋白上时,其生长却取决于种群密度。菌数少于 10^3 个/mL 时,不能生长;只有达到 10^3 个/mL 以后,才开始生长。

(三)共同抵御非生物因素的影响

观察发现,一种相同浓度的抑制剂对不同密度的种群具有显著不同的效应。其对低密度悬浮种群的抑制远远大于高密度悬浮种群。紫外线对微生物具有很强的杀伤力,在高密度种群中,生长于表面的菌体可以屏蔽或削弱紫外线,从而减轻它对生长于内部的菌体的损害。高密度种群能够有效降低水的冰点,使微生物适应更低的生长温度。

(四)促进基因交换

微生物对抗生素和重金属的抗性基因以及对一些特殊有机物的降解基因,通常分布在质粒上。这些基因可通过转化、转导和接合等途径在个体间水平转移。保持较高的种群密度可促进个体间的基因交换。例如,当菌数大于 10^5 个/mL 时,某些细菌能有效接合;种群密度较低时,其接合效果很差。

三、拮抗作用

(一)种群内竞争

由于种群由众多个体组成,且每个个体所利用的资源相同,如果一个成员利用某个分子,其他成员就不能利用。为了获取有限的共同资源,种群内的微生物发生竞争。资源越稀少,种群密度越高,竞争也越激烈。

(二)产物抑制

在高密度种群中,菌体"泄漏"的中间产物和排出的最终产物可积累至周围环境中,抑制种群生长。例如,在发酵中,乳酸细菌可将葡萄糖转化为乳酸,当乳酸积累至一定浓度时就会抑制整个种群的生长。同理,硫化氢能反馈抑制硫酸盐还原菌生长,酒精能反馈抑制酵母菌的生长。

(三)菌体自毁

某些微生物含有自杀基因,一旦表达,所合成的多肽或蛋白具有致死作用。例如,大肠杆菌有一个 *hok*(host-killing)基因,编码 Hok 多肽,后者可瓦解细胞膜电位,致死细胞;该菌也有一个 *sok*(suppression of killing)基因,编码反义 mRNA,能阻止 *hok* 基因表达,使细胞存活。只要持留 *sok* 基因,大肠杆菌就能存活,反之则将毁灭。高种群密度易导致大肠杆菌自毁。

第三节　种群间微生物的相互作用

在自然界,不仅存在种群内的微生物相互作用,也存在种群间的微生物相互作用。种群间的微生物相互关系见表 8-3。

表 8-3　两个微生物种群之间的相互关系

种群间关系		相互作用的影响*		主 要 特 征
		种群 A	种群 B	
中立关系	中立	0	0	彼此互不影响
协作关系	栖生	0	＋	对种群 A 无影响,对种群 B 有利
	互生	＋	＋	彼此有利
共生关系	共生	＋	＋	彼此有利
	竞争	－	－	彼此相互有害
拮抗关系	偏生	0/＋	－	对种群 A 无影响或有利,对种群 B 有害
	捕食	＋	－	对种群 A 有利,对种群 B 有害
寄生关系	寄生	＋	－	对种群 A 有利,对种群 B 有害

注:*"0"表示无影响;"＋"表示有利;"－"表示有害。

一、中立

中立(neutralism)是指两个或两个以上的微生物种群同处某一生境时不发生相互影响的现象。空间上的分离(低种群密度)或时间上的间隔(不同时进行代谢活动)都能促进或保持两个种群的中立。例如,在海洋中,微生物的种群密度很低,一个种群根本"觉察"不到另一个种群的存在,彼此"井水不犯河水"。又如,在不利生境中,两个芽孢细菌种群均形成芽孢而处于休眠状态,双方也不会相互影响。

二、协作

协作(synergism)是指一种微生物的生活(主要是代谢产物)创造或改善了另一种微生物的生活条件的现象。这种协作的获益者可以是单方的,即栖生;也可以是双方的,即互生。

(一)栖生

栖生(commensalism)也称单利共生,是指两个微生物种群共同生长时,一方受益,另一方不受影响的现象。"commensalism"来源于拉丁词"mensa"(餐桌),原始含意是指一种微生物以另一种微生物的"残羹剩饭"为食。微生物种群之间发生栖生关系的重要纽带有如下几种。

① 甲方为乙方提供养分。例如,一些真菌种群可产生并分泌胞外酶,将复杂的多聚物(如纤维素)转化成单体(如葡萄糖),供原来不能利用该多聚物的其他种群利用。又如,短黄杆菌(*Flavobacter brevis*)可产生并分泌半胱氨酸,嗜肺军团菌(*Legionella pneumophila*)将其用作生长因子。

② 甲方为乙方创造适宜生境。例如，在许多生境中，兼性厌氧菌的生长和代谢，可消耗氧气使之适合于专性厌氧菌的生长。专性厌氧菌从兼性厌氧菌的代谢活动中获益，兼性厌氧菌不受影响。又如，贝氏硫菌（*Beggiatoa*）能氧化硫化氢，从而消除其毒害作用，使对硫化氢敏感的微生物种群得以生长。

③ 共降解。在共降解中，一个种群以某种特定的基质生长，可同时降解另一种不能用作能源和养分的基质。虽然这个种群不能利用自身的降解产物，但可供其他种群利用。例如，当母牛分枝杆菌（*Mycobacterium vaccae*）以丙烷为基质生长时，可同时将环己烷氧化成环己醇，后者可被其他种群利用（图 8-7）。

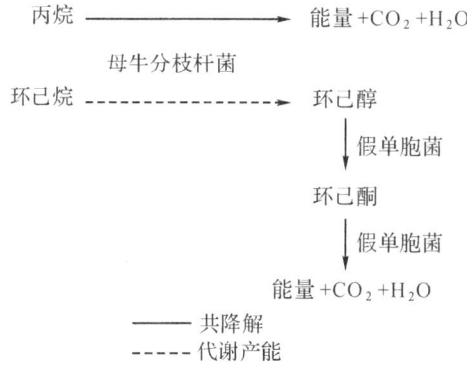

丙烷 ——————————→ 能量 +CO_2 +H_2O

母牛分枝杆菌

环己烷 - - - - - - - - - - - - -→ 环己醇

↓ 假单胞菌

环己酮

↓ 假单胞菌

能量 +CO_2 +H_2O

—— 共降解
----- 代谢产能

图 8-7　母牛分枝杆菌与假单胞菌之间的栖生关系

（二）互生

互生（syntrophism）也称互惠共生（mutualism），是指两个微生物种群共同生活时双方受益的现象。具有互生关系的两个种群可以独立生活，但共同生活时生长更好。有时难以确定是否双方都从互生中获益，因而很难判断它们是互生还是栖生关系。相反，有时难以确定双方的关系是否专一，也很难判断它们是互生还是共生关系。

两个种群互生可使其完成独自不能完成的代谢。其经典例子是粪链球菌（*Streptococcus faecalis*）与大肠杆菌之间的互养（图 8-8）。虽然粪链球菌可把精氨酸转化成鸟氨酸，大肠杆菌可把鸟氨酸转化成腐胺，但两个种群都不能独自把精氨酸转化成腐胺。通过双方协同代谢，可把精氨酸转化成腐胺，后者可被两个种群共享。

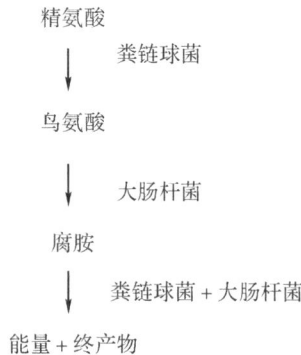

精氨酸

粪链球菌

↓

鸟氨酸

大肠杆菌

↓

腐胺

粪链球菌 + 大肠杆菌

↓

能量 + 终产物

图 8-8　粪链球菌与大肠杆菌之间的互生关系

两个种群互惠共生也可使其获得独自难以获得的生长因子。例如，在基本培养基上，阿拉伯糖乳酸杆菌（*Lactobacillus arabinosus*）与粪链球菌只能共同生长，但不能独自生长。究其原因是,粪链球菌需要叶酸(维生素 Bc),需由阿拉伯糖乳酸杆菌提供;相反,阿拉伯糖乳酸杆菌需要苯丙氨酸,需由粪链球菌提供。只有双方共同生活,才能各得其所。

三、共生

共生(symbiosis)是互生的发展。它是指两种微生物专一地共同生活,在形态上形成了特殊的共生体,在生理上产生了一定的分工,相互依存,彼此获益的现象。在共生关系中,一种生物已难以离开另一种生物而独立生存。蓝细菌或藻类与真菌共生而形成地衣(lichens)(图 8-9)是微生物种群之间共生关系的范例。地衣由共生藻和共生菌构成(图 8-10)。共生菌为共生藻提供水分和无机盐,有时也提供生长因子。共生藻则为共生菌提供氨氮和有机物。蓝细菌或藻类与真菌之间存在一定的专一性,但这种专一性并非绝对。一种藻可分别与多种真菌共生而形成地衣(一藻一菌),反之亦然。在某些地衣中,则同时出现多种藻类或多种真菌(一藻多菌;一菌多藻;多藻多菌)。

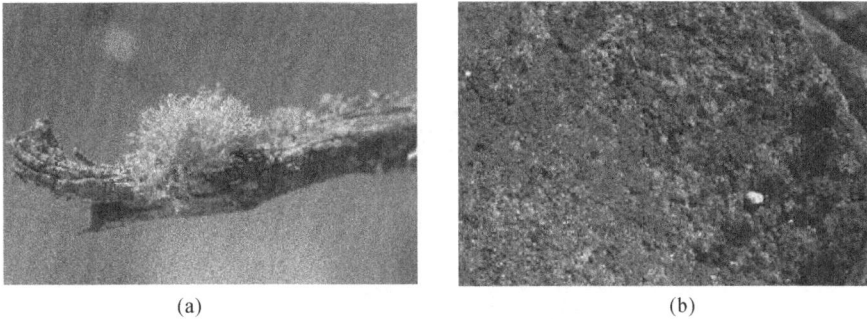

(a)　　　　　　　　　　　　　　(b)

图 8-9　不同形态的地衣

(a)长在枯死树干上的地衣;(b) 长在岩石表面的地衣

(引自 Madigan M T, *et al*. Brock Biology of Microorganisms, eleventh edition. Prentice-hall, Inc. , 2006)

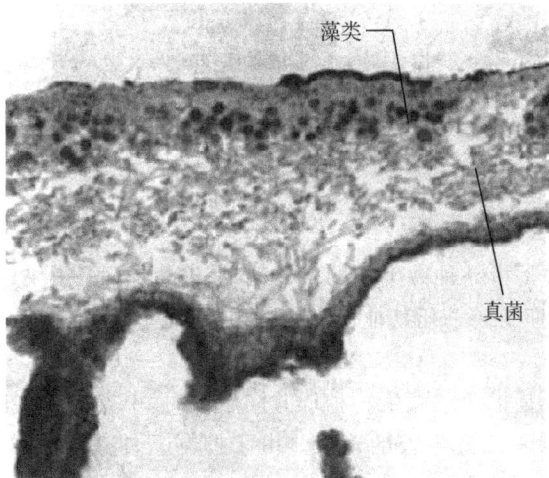

图 8-10　地衣内菌藻共生状况(横切面)

(引自 Madigan M T, *et al*. Brock Biology of Microorganisms, eleventh edition. Prentice-hall, Inc. , 2006)

四、寄生

寄生(parasitism)是指一种微生物(寄生物,parasites)生活于另一种微生物(宿主,hosts)体内或表面,从中取得养分进行生长,同时使后者遭受损害甚至死亡的现象。若寄生物进入宿主体内,称为内寄生(endoparasite);若寄生物不进入宿主体内,称为外寄生(ecto-parasite)。寄生关系有多种类型,如噬菌体寄生于细菌,真菌寄生于真菌,细菌或真菌寄生于原生动物。细菌寄生于细菌体内的情况很少发生,其范例是食菌蛭弧菌(*Bdelllovibrio bacteriovorus*)寄生于大肠杆菌体内(图 8-11)。

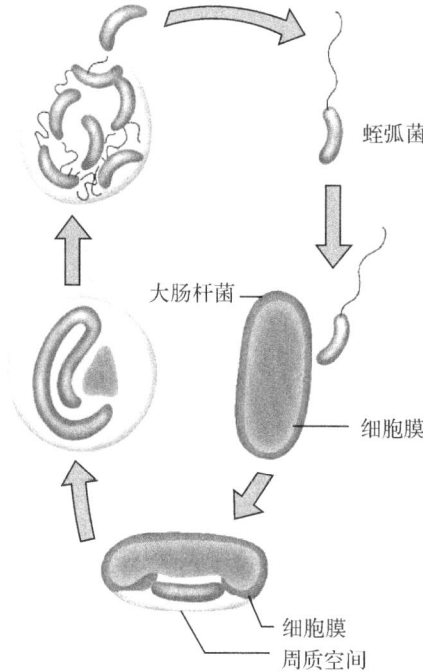

蛭弧菌

大肠杆菌

细胞膜

细胞膜
周质空间

图 8-11　微生物之间寄生关系

(引自 Madigan M T,*et al*. Brock Biology of Microorganisms,eleventh edition. Prentice-hall,Inc.,2006)

五、拮抗

拮抗(antagonism)是指一种微生物的生命活动,产生某种代谢产物、改变环境条件或以其他微生物为食,从而抑制或杀死其他微生物的现象,可分为偏生、竞争和捕食。

(一)偏生

偏生(amensalism)是指两个微生物种群共同生活时,甲方产生抑制条件(如产生抑制物质或改变生存环境),限制乙方生长的现象。由于抑制条件对甲方自身没有影响或影响较小,在双方竞争中,甲方可获得对生境的优先占领权。不仅如此,甲方占据特定生境后,还能有效排除异己。

在制作酸菜和泡菜过程中,乳酸细菌旺盛生长,产生大量乳酸而酸化环境,无选择地阻抑其他种群生长,这种作用称为非特异性拮抗(non-specific antagonism)。有的微生物产生抗生素,在很低浓度下有选择地抑制或杀死其他种群(图8-12),这种作用称为特异性拮抗(specific antagonism)。非特异性拮抗与特异性拮抗均有助于特定种群取得竞争优势。

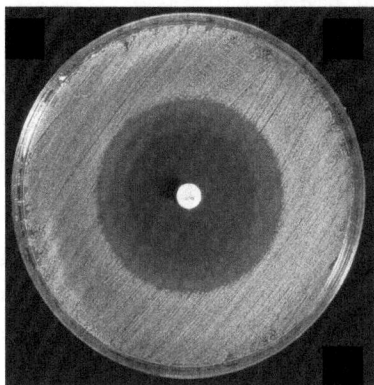

图 8-12　一种微生物产生抗生素对其他敏感微生物的抑制作用

(引自 Prescott L M,*et al*. Microbiology,fifth edition. 高等教育出版社,2002)

（二）竞争

竞争(competition)是指两个或两个以上微生物个体(同种或异种)利用同一种有限资源而产生的相互抑制作用。种群内竞争属于"分摊性"竞争,由于竞争者的能力相同,每个个体获得的资源均等。当摊得的资源不足以维持生存时,种群死亡率急剧从 0 上升至 100%(有福共享,有难同担)。种群间竞争比较复杂,既可因共同资源短缺而直接争夺资源(即资源竞争);也可为争夺资源(资源不一定短缺)而在获取资源的过程中损害对方(即干扰竞争)。

从生态学理论上看,竞争都是针对生态位的,服从竞争排斥原理。生态位(niche)是用来描述物种资源空间特征的一个概念,以表明该物种在生物群落中的位置和作用。生态位不仅包括生物占有的物理空间,还包括它在生物群落中的功能地位以及它在温度、pH 和其他生存条件的环境梯度中的位置。打个比方,生态位就相当于在现实社会生活中,你住在哪里? 担什么职务? 享受何种待遇?

当两个种群被迫竞争某种共同且有限的资源时,总有一个种群被排挤出局(优胜劣汰);除非双方的生态位明显有别,这就是竞争排斥原理(competition exclusion principle)。种群间生态位越近,彼此竞争越激烈。1934 年,高斯以两种亲缘关系很近的原生动物大草履虫(*Paramecium caudatum*)和双小核草履虫(*Paramecium aurelia*)为材料,做了竞争试验。结果显示,在两个种群单独培养过程中,只要细菌(猎物)供给充足,两种草履虫都能生长并维持在一定水平。但将两个种群共同培养后,经过 16 天竞争,只有双小核草履虫幸存,大草履虫被淘汰(图 8-13)。相反,将大草履虫和囊状草履虫(*Paramecium bursaria*)放在一起培养时,双方可以共同生长并达成平衡。尽管两者竞争同一食物,但它们分布在培养瓶不同部位。生态位的分离保证了双方的长期共存。

（三）捕食

捕食(predation)是指一种较大的微生物直接捕捉、吞食另一种较小的微生物的现象(图 8-14)。前者称为猎食者(predators),后者称为猎物(preys)。例如,原生动物能吞食细菌和藻类。捕食关系在污水净化中具有重要意义。

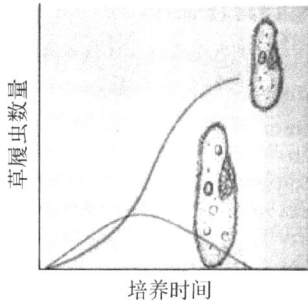

图 8-13　大小草履虫竞争试验

（引自 Prescott L M.*et al*. Microbiology.fifth edition. 高等教育出版社.2002）

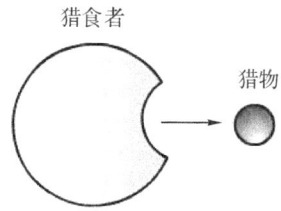

图 8-14　微生物之间的猎食关系

（引自 Prescott L M.*et al*. Microbiology. fifth edition. 高等教育出版社.2002）

第四节　微生物群落的形成与发展

从细菌生长曲线，人们见到了细菌种群形成、发展、稳定和衰亡的整个过程。如果把种群视为由单个种群组成的群落，那么人们也可看出群落演变的端倪。

一、群落的形成与演替

在没有生物定居史的生境中，先锋种群的侵入可建立初级群落。例如，新生儿降生时，肠道内是无菌的，出生 1～2 小时后便有微生物侵入，开始数量很少，以后逐渐增多，并形成初级群落。在建立初级群落的过程中，先锋种群会改变生境条件，使之有利于自身发展，逐渐扩大自身优势。但随着时间推移，生境条件发生变化，当有更合适的种群侵入时，一些先锋种群逐渐遭到淘汰。这种发生于特定生境中一类群落取代另一类型群落的过程，称为演替（succession）。若这个过程发生在没有生物定居史的生境中，称为初级演替（primary succession）。若这个过程发生于有生物定居史或有生物群落的生境中，则称为次级演替（secondary succession）。经典生态学认为，在群落演替中，可出现顶极群落（climax communities），它代表着群落内部各个种群之间以及群落与环境之间的动态平衡。现代生态学则认为，顶极群落极少出现，外来干扰可随时打破演替平衡。但不可否认，在许多生物反应器中确实存在相对稳定的微生物群落，它是生物反应器稳定运行的重要保证。

二、群落的结构与稳定性

生物群落有两种典型结构：一种结构是种类相对较少、但每个种群的个体数相对较多；另一种结构是种类相对较多、但每个种群的个体数相对较少。群落的生物多样性越高，由其构成的食物链（网）越复杂，物流和能流的通道越多。一条通道出现堵塞，可以由其他通道分流。因此，结构复杂的生物群落具有较强的抗干扰能力。这一规律叫做"多样性导致稳定性规律"。

在生态系统的结构与功能之间，可能存在 3 种关系：① 功能变化与结构变化一一对应。群落结构与群落功能密切相关，一方变化必然引起另一方变化。② 功能变化先于结构变化。群落功能对胁迫的敏感性高于群落结构，胁迫已影响个体（或种群）的生理功能，但还没有使其淘汰而影响群落结构。③ 功能变化后于结构变化。群落功能对胁迫的敏感性低于群落结构。胁迫已使个体(或种群)淘汰而改变群落结构,但群落中存在相同的生理群,它们分担了被淘汰菌群的生理功能。这种生态系统的功能不受生物群落结构影响的现象,称为功能冗余(functional redundancy)。功能冗余是维持生态系统功能稳定的有效途径。

当受到外来因素干扰时,群落能通过自我调节恢复初始状态,即群落具有一定的稳定性。例如,反应器内积累硫化氢,可抑制硫化氢产生菌代谢,促进硫化氢利用菌生长;硫化氢利用菌增加后,可有效地降低硫化氢浓度,解除对硫化氢产生菌的抑制,同时也会限制硫化氢利用菌自身的生长;最终反应器恢复初始状态。当然,群落稳定是有条件的。当外来干扰超过一定强度时,群落丧失自我调节能力,遭受损害甚至崩溃。例如,有毒污染物大量进入水体,可彻底摧毁水体中现存的群落。

三、群落演替的致因

群落演替的致因是群落发展的动力。探明群落演替的致因,有助于制导群落发展的方向,强化微生物生态系统的功能。

(一)群落进化

基因库(gene pool)是指种群中全部个体所有基因的总和。在种群中,不断有新个体产生和老个体死亡。能够繁殖的个体所携带的基因会伴随繁殖而向下传递,不能繁殖的个体所携带的基因则会伴随个体死亡而从基因库中消失。通过突变,新基因加入基因库,致使种群基因库不断吐故纳新。对环境适应能力强的个体后裔较多,对种群基因库的贡献也较大;反之,适应能力弱的个体通常后裔较少,对种群基因库的贡献也较小。种群的基因频率从一个世代到另一个世代的变化过程就是物种的进化过程。种群长期生活于某一环境中,会对该环境产生适应,形成一些稳定的生态性状,并可遗传。种群的这种适应分化是产生生态型,并进一步产生新种的重要途径。种群是群落的组成单位,物种性状的改变势必影响群落特征。

在废水生物处理中,经常遇到毒物。毒物胁迫可引起反应器内微生物的定向突变,产生抗性基因。有证据表明,将细菌放置于存在毒物胁迫的环境中,其基因组内与抗毒有关的特定区域的突变率明显增加,最终形成抗性物种。与随机突变相比,这种定向突变所致的抗性菌株的进化速度明显加快。抗性种群的形成过程可分为3个阶段:① 种群中最敏感的基因型被消除;② 种群中其他基因型也被消除,留下最具抗性的基因型;③ 种群中具有抗性基因型的个体之间进行基因交流,产生抗性更强的个体,并在污染物选择压的作用下,繁殖形成抗性种群(图 8-15)。

抗性进化会付出所需的代价。在正常环境条件下,生物各部分间的资源配置是由基因型决定的,由于其长期与某种环境发生作用,所拥有的资源配置模式可能是该条件下的最佳模式。抗性进化可使生物改变各生理过程之间的资源配置,如解毒物质的合成和营养物质的过度吸收。这些变化能够通过多种机制降低抗性个体对其他胁迫因素的适应能力。一旦毒物(选择压)消失,抗性个体内发生的资源配置改变不利于其正常生长和繁殖。理论和实践都证明,在正常环境中抗性种群的适应能力下降。

(二)营养因子影响

生态学中的 Losgistic 方程为:

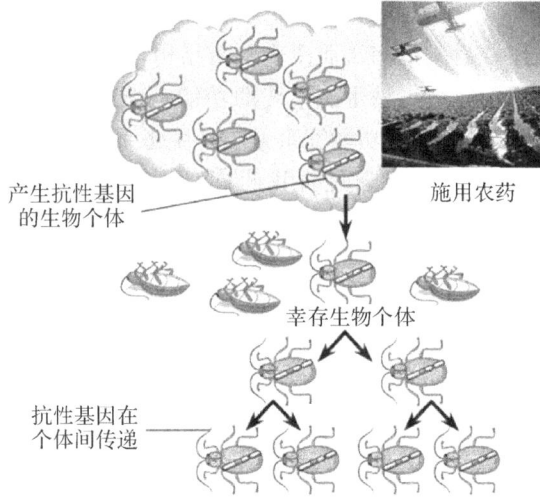

图 8-15　抗性种群形成过程

（引自 Capbell N A，*et al*. Biology：concepts and connections．Person Education Inc．，2003）

$$\frac{\mathrm{d}N}{\mathrm{d}t}=\frac{rN(K-N)}{K}$$

式中，N 指生物个体数；r 指物种潜在增殖能力；K 指环境容量（environmental capacity，即物种在特定环境中的饱和密度）。

　　Losgistic 方程的生物学含义是，在特定环境中，任何物种都有一个饱和密度（K 值）。增加一个个体，需要占据一个个体的"空间"（$1/K$）。增加个体数（N）越多，"剩余空间"（$1-N/K$）就越少。当全部"空间"都被占据（$N \rightarrow K$）时，个体数达到最大值（即 K 值）。

　　1976 年 McArthur 和 Wilson 根据进化对策，把生物分为 r 对策者（r strategists）和 K 对策者（K strategists）。r 对策者个体小、寿命短、生长率高，但竞争力较弱。r 对策者以高 r 值（生长率）取得竞争优势的方法，称为 r 对策（r strategy）。相反，K 对策者个体大、寿命长、生长率低，但竞争力较强。这类生物通常将有限资源大部分用于提高竞争力上。因其密度一般处于 Losgistic 方程的饱和密度（K 值）附近，故而得名。K 对策者将有限资源大部分用于提高竞争力，从而取得竞争优势的方法，称为 K 对策（K strategy）。

　　在特定条件下，将一种生长快（$\mu_{\max 1}$）但对底物亲和力弱（K_{S1}）的细菌（相当于 r 对策者），与另一种生长慢（$\mu_{\max 2}$）但对底物亲和力强（K_{S2}）的细菌（相当于 K 对策者）放在一起培养，当限制性底物浓度低于临界浓度（S_C）时，K 对策者的生长速率大于 r 对策者，取得竞争优势；当限制性底物浓度高于临界浓度（S_C）后，r 对策者的生长速率大于 K 对策者，取得竞争优势（图 8-16）。可见，限制性底物浓度是一种选择压，改变底物浓度可以调控生物群落的组成和结构，从而获得人们所需的优势菌群。以 K 对策者为优势菌群，可保持反应器处理效能的稳定；反之，以 r 对策者为优势菌群，则可提高反应器对冲击负荷的适应能力。

　　（三）理化条件影响

　　如图 8-17 所示，三种微生物都有自己特定的最适点和生态幅。假设某个理化条件处于微生物 2 的最适点附近，此时不仅有利于微生物 2 生长，而且只有它能生长，微生物 2 成为群落的唯一成员。若改变理化条件至微生物 3 的最适点附近，此时微生物 1 不能生长，微生

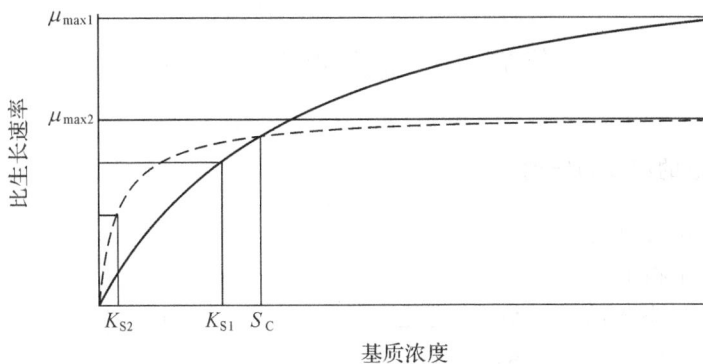

图 8-16 限制性底物浓度对优势菌群的选择作用

物 2 能够生长,但生长速率不如微生物 3,微生物 3 取代微生物 2 而成为群落的主要成员。环境条件的改变对三种微生物具有强烈的选择作用。

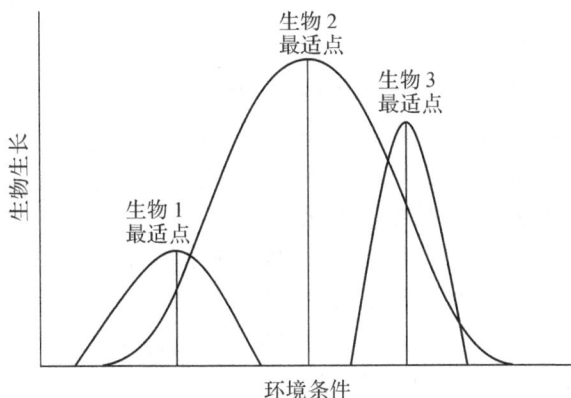

图 8-17 环境条件变化对不同微生物的影响

在厌氧消化系统中,发酵菌群、产氢产乙酸菌群和产甲烷菌群构成了一条高效的腐解食物链(图 8-18)。每个菌群的生物量决定了各自物流的大小(代谢通量),生物量小的菌群易成为该食物链的瓶颈。产甲烷菌群对酸性条件敏感,若发酵液偏酸,则产甲烷菌群的生长受到抑制,产甲烷菌群在厌氧微生物群落中的份额减少,容易成为整个厌氧消化过程的限速步骤。若发酵液酸化加剧,则产甲烷菌群停止生长,上述腐解食物链便由三个营养级简化为二个营养级,致使厌氧生物处理难以持续。

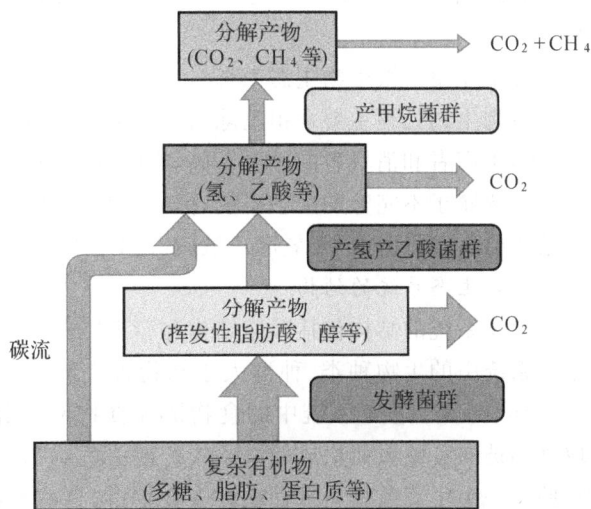

图 8-18 厌氧消化器中的微生物生态系统

第五节　微生物生态系统

一、生态系统的组成和结构

（一）生态系统的组成

1. 完整的微生物生态系统

生态系统是生态学的重要概念，也是自然界的重要功能单位。如前所述，"生态系统＝生物群落＋环境"。如果暂且不考虑环境，生物群落可区分为生产者、消费者和分解者。换言之，完整的微生物生态系统（图 8-19）应包括这三个微生物功能群。

生产者（producers）也叫初级生产者，包括所有绿色植物、光能营养型微生物和化能无机营养型微生物。绿色植物和光能营养型微生物利用光能，将二氧化碳和水转变成碳水化合物（即通过光合作用把一些能量以化

图 8-19　完整的微生物生态系统

学键的形式储存起来）。无机营养型微生物则利用化学能将二氧化碳和水转变成碳水化合物。生产者（主要是植物）的合成产物是消费者与分解者的主要能量来源。

消费者（consumers）由动物（包括原生动物和后生动物）组成。动物自身不能生产食物，只能以其他生物为食，直接或间接地从生产者获取能量。

分解者（decomposers）是分解死亡的动植物残体的异养生物，主要是微生物。分解者将有机物转化为无机物，再供生产者利用。大约 90％ 的初级生产量经过分解者作用归还环境。

2. 不完整的微生物生态系统

废物生物处理主要承担消除污染物的任务，在生物处理装置（特别是有机污染物处理装置）中，生产者和消费者的比例不高，有时甚至完全没有，分解者居绝对优势。这样的微生物生态系统属于不完整的生态系统，但颇具普遍性和代表性。例如，在厌氧消化器中，微生物群落主要由发酵菌群、产氢产乙酸菌群和产甲烷菌群组成（图 8-18），它们都是分解者。

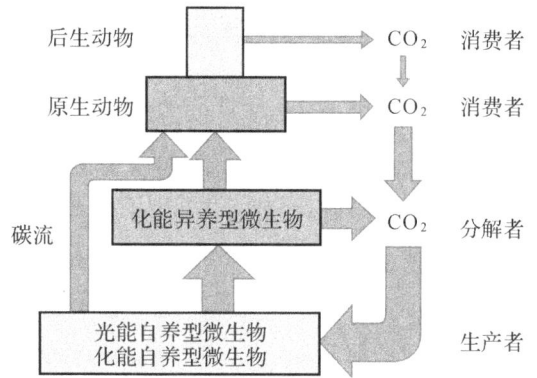

（二）生态系统的结构

生态系统的结构包括形态结构和营养结构。形态结构（morphological structures）是指生态系统中的生物种类、种群大小和物种空间配置（水平和垂直分布）。营养结构（trophic structures）是指生态系统中的食物链和食物网。所谓食物链（food chains），是指养分通过取食和被取食关系而构成的链条式传递关系。"大鱼吃小鱼，小鱼吃虾米"是食物链的生动写照。一个生态系统通常存在许多食物链，这些食物链纵横交织成网状，即为食物网（food wets）。

在食物链（网）中，物种之间的营养关系错综复杂。为了简化这种复杂的营养关系，生态学家导入了营养级的概念。营养级（trophic levels）是指处于食物链（网）某一环节上的所有

生物的集合。因此,营养级之间的关系不是一种生物与另一种生物的关系,而是某一层面上的生物与另一层面上的生物之间的关系。

采用营养级可以提升生物的组织结构层次,有助于梳理生物之间的生态关系。例如,现已发现亚硝酸细菌有 *Nitrosomonas*、*Nitrosococcus* 和 *Nitrosospira* 3 个属,硝酸细菌有 *Nitrobacter*、*Nitrococcus*、*Nitrospina* 和 *Nitrospira* 4 个属。若以属为单位来考察这些细菌,不易看清它们之间的内在联系。如果以营养级来考察这些细菌,并以利用氨的能力作为依据来组合亚硝酸细菌的 3 个属,以利用亚硝酸的能力作为依据来组合硝酸细菌的 4 个属,则可整理出亚硝酸菌群和硝酸菌群,彼此间的营养关系一目了然。

二、生态系统的功能

物质和能量是维持生命的两大要素,驱使物质循环和能量流动是生态系统最为重要的功能。在生态系统中,物质和能量都是通过食物链(网)传递的。食物链(网)是生态系统中物流(物质代谢的集合)与能流(能量代谢的集合)的大动脉。在完整的微生物生态系统中,来自环境的养分,经生产者的作用进入食物链(网),尔后经消费者与分解者的作用,返回环境。这些被释放的养分,又可再一次被生产者带入食物链而循环利用。能量则不然。在能量从一种形式转变为另一种形式的过程中,总会有一部分能量转变成不能利用的热能。因此,能量在食物链(网)的传递中是逐渐减少的。食物链越长,散失的能量越多,最后全部散尽。由于物流可以循环,而能流不能循环(单方向,不可逆),因此能量对生态系统更具特殊意义。

关于能量利用,美国生态学家 Lindeman 提出了"百分之十定律"(law of ten percent,图 8-20),即从一个营养级到另一个营养级的能量转换效率为 10%。换言之,在能量流动中,只有 10% 的能量被有效利用,90% 的能量被散发至环境中。这是食物链(网)的营养级一般不超过 4 级的主要原因。

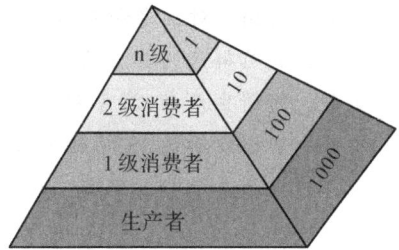

图 8-20　Lindeman 百分之十定律

在营养级序列上,上一个营养级总是依赖下一个营养级提供能量。由于能量递减,逐个营养级的物质、能量和数量呈阶梯状分布,形成一个底部宽、上部窄的金字塔,称为"生态金字塔"(ecological pyramid)。奥登姆曾提出一个理想的苜蓿—牛犊—牧童食物链,他假设苜蓿是唯一的生产者,牛犊是苜蓿唯一的消费者,牧童(12 岁)是牛犊唯一的消费者,并据此计算推断:2000 万株苜蓿可养活 4.5 头牛犊;4.5 头牛犊可维持这个牧童的生命。苜蓿—牛犊—牧童食物链呈现了一个典型的能量金字塔。

由于存在生态金字塔,在食物链(网)中高营养级的生物数量相对较少,对外界因素的干扰比较敏感;另一方面,也正是由于高营养级的生物数量相对较少,它们在物流与能流上的单位负载较大,因此高营养级生物的数量波动将对食物链(网)的物流与能流产生巨大影响。

复习思考题

1. 何谓种群？何谓群落？何谓生态系统？

2. 简述最小因子定律和耐受性定律。

3. 何谓胁迫？何谓驯化？

4. 微生物有哪些温度类型？各有何特点？

5. 为什么每种生物都有一定的生长温度范围？为何高温微生物耐高温？

6. 简述高温消毒或灭菌的方法。

7. 试比较干热空气灭菌、间歇蒸汽灭菌和高压蒸汽灭菌的异同点。

8. 何谓嗜中性微生物、嗜酸微生物和嗜碱微生物？

9. 何谓嗜盐微生物？为什么它们耐盐？

10. 根据微生物与氧气的关系，可将微生物分为几种类型？为何厌氧菌对氧气敏感？

11. 简述种群内微生物的正相互作用和负相互作用。

12. 简述种群间微生物的相互作用。

13. 简述生态系统的结构与功能之间关系。何谓功能冗余？功能冗余对生态系统有何意义？

14. 何谓初级演替和次级演替？群落演替的致因有哪些？

15. Losgistic 方程的生物学含义是什么？

16. 何谓 r 对策者和 K 对策者？各有什么特点？

17. 成熟群落的典型结构特征是什么？

18. 何谓生产者、消费者和分解者？

19. 何谓食物链、食物网和营养级？

20. 生态系统的主要功能是什么？何谓 Lindeman 的"百分之十定律"？

第九章　微生物与物质循环

在地球上,生产者通过光合作用从大气中取走二氧化碳,消费者和分解者又通过呼吸作用将二氧化碳归还大气。生物以这种方式维持着地球的碳素平衡。除碳以外,其他营养元素也进行着同样的转化。各种营养元素在有机态与无机态之间循环转化的集合,称为生物地球化学循环(biogeochemical cycle),简称物质循环。本章介绍微生物在物质循环中的作用。

第一节　碳素循环

一、概述

(一)碳素循环的基本过程

1. "CO_2—生物有机碳—CO_2"模式

绿色植物从大气中吸收二氧化碳,通过光合作用合成葡萄糖并同化为植物体,经食物链传递转化为动物体。在植物和动物体中的有机物一部分转化为二氧化碳,一部分转化成生物机体(或贮存于机体内)。动植物死亡后,有机体被微生物分解,最终释放二氧化碳。由此构成碳素循环(carbon cycle)。这种碳素循环模式称为"CO_2—生物有机碳—CO_2"模式。

2. "CO_2—生物有机碳—矿物有机碳—CO_2"模式

在动植物体被分解之前,一部分(约 1/1000)动植物体被掩埋而成为有机沉积物。在高温高压下,这些有机沉积物被转变成矿物燃料(煤、石油、天然气等)。在风化或燃烧中,矿物燃料被重新氧化成二氧化碳。这种碳素循环模式称为"CO_2—生物有机碳—矿物有机碳—CO_2"模式。

从 1958 年到 2000 年,由于燃烧矿物燃料以及其他工业活动,二氧化碳排放量年均递增 4.1％。二氧化碳与其他"温室效应"气体一起导致了全球气候异常。

(二)微生物在碳素循环中的作用

1. 作为生产者

微生物是地球生物圈的重要生产者。地球生物圈的能量与有机物主要来自光合作用。生产者通过光合作用捕获太阳能,并将二氧化碳固定在有机物中(图 9-1)。就总体而论,陆地生态系统与水体生态系统的光合产量(初级生产量)基本持平。其中,陆地上的光合作用以植物为主;水体(近海例外)中的光合作用以微生物占优。微生物对全球初级生产量的贡献将近一半。

2. 作为分解者

微生物也是地球生物圈的重要分解者。光合产物沿食物链传递,每经过一个营养级,能量损耗(转化成热能而散失)90％。从生产者(假设为 100％)传递给食草动物,再经两级食

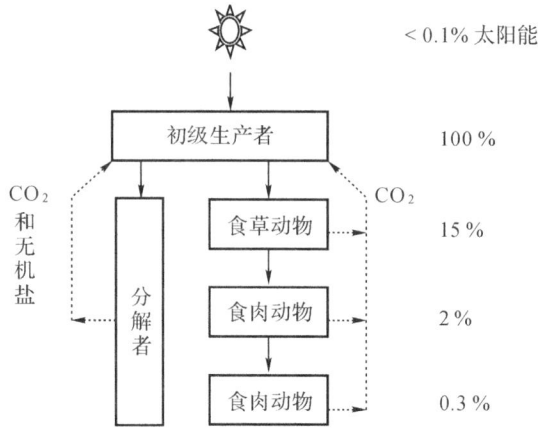

图 9-1　从生产者到消费者的光能转化

(引自 Maier R M, *et al*. Environmental Microbiology, second edition. Academic Press, 2009)

肉动物利用,剩下能量只有 0.3%。若直接传递给分解者(微生物),所有能量被一次耗尽,有机物被同时转化为二氧化碳(图 9-1)。

一个发人深思的问题是:如果分解作用停止,光合作用能持续多久? 据估计,大气中的二氧化碳只能满足 20 年的光合作用之需。微生物对全球有机物分解的贡献高达 90% 以上。

二、有机物分解的一般途径

(一)有机物的有氧分解

陆地生态系统中的有机物主要来自植物。植物的主要成分有纤维素、半纤维素、木质素、脂肪、蛋白质和核酸(表 9-1)。在有氧条件下,这些有机多聚体先被分解为单体。例如,多糖分解为单糖,脂肪分水解为甘油和脂肪酸,蛋白质分解为氨基酸,木质素分解为芳香族单体。各种单体再被摄入细胞内继续降解。通过三羧酸循环,最终被彻底分解成二氧化碳和水。有机物(含氮、硫和磷的有机物另外介绍)有氧分解的一般途径如图 9-2 所示。

表 9-1　植物的主要有机成分

植物组分	占植物干重的比例(%)
纤维素	15～60
半纤维素	10～30
木质素	5～30
蛋白质和核酸	2～5
脂肪	0.5～2

(二)有机物的无氧分解

在无氧条件下,微生物或者通过厌氧呼吸,将有机物分解成二氧化碳;或者通过发酵,将有机物分解成二氧化碳和其他产物。发酵实质上是有机物内部的氧化与还原反应,一部分有机碳被氧化成二氧化碳(氧化态高于基质),另一部分有机碳被还原成各种产物(氧化态低于基质)。类似于有氧分解的一般途径,在无氧环境中,通过多种微生物协同作用,有机物被最终转化成沼气(图 9-3)。

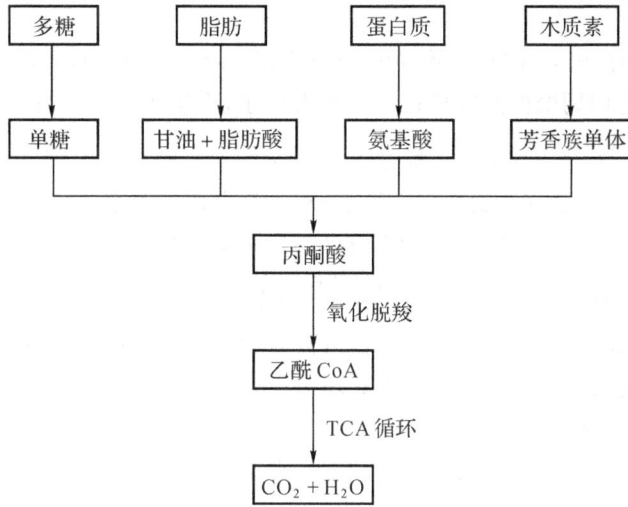

图 9-2　有机物有氧分解的一般途径

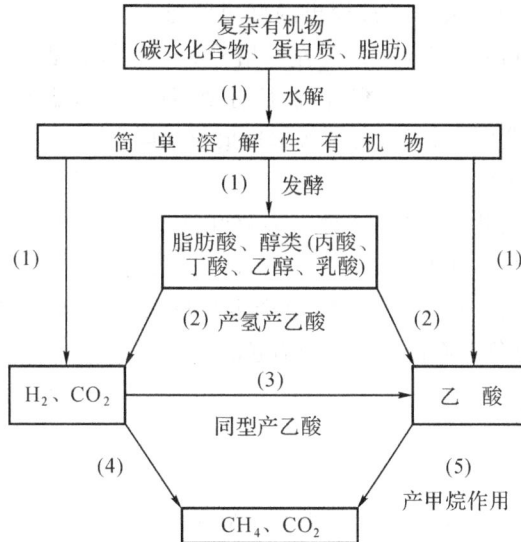

图 9-3　有机物转化成甲烷的生物过程

(1)水解发酵菌;(2)产氢产乙酸菌;(3)同型产乙酸菌;(4)氢营养型产甲烷菌;

(5)乙酸营养型产甲烷菌

三、纤维素的分解

(一)纤维素及其分解方式

纤维素(celluloses)不但是植物内含量最高的有机物,也是地球上数量最多的有机物。它由 $1000 \sim 10000$ 个葡萄糖通过 β-1,4 糖苷键联结而成,分子量达 $1.8 \times 10^6 D$,不溶于水。

对于小分子基质,微生物通常先将其摄入体内,再进行代谢。换言之,其代谢所需的酶合成于细胞内并在体内发挥作用(这类酶称为胞内酶,endoenzymes)。对于纤维素,这种基质利用方式难以奏效,因为纤维素不能透过细胞膜。纤维素降解菌可在细胞内合成相关酶,将其分泌到胞外并在体外发挥作用(这类酶称为胞外酶,exoenzymes),使纤维素水解成单体。

胞外纤维素酶有 β-1,4-内切葡聚糖酶(β-endoglucanase)和 β-1,4-外切葡聚糖酶(β-exo-glucanase)两种。内切葡聚糖酶随机切割纤维素分子,产生小纤维素分子。

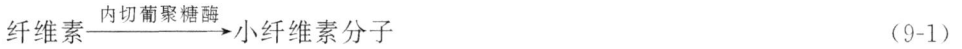

$$纤维素 \xrightarrow{\text{内切葡聚糖酶}} 小纤维素分子 \tag{9-1}$$

外切葡聚糖酶从还原端开始切割纤维素分子,每次切下两个单体,产生纤维二糖。后者再在 β-葡萄糖苷酶(β-glucosidase)作用下继续转化成葡萄糖。

$$纤维素 \xrightarrow{\text{外切葡聚糖酶}} 纤维二糖 \xrightarrow{\text{葡萄糖苷酶}} 葡萄糖 \tag{9-2}$$

纤维素被水解成纤维二糖和葡萄糖后,可被多种微生物利用。在有氧环境中,通过呼吸作用,被彻底分解成二氧化碳和水。在无氧环境中,则通过发酵,被转化成二氧化碳和甲烷。

(二)纤维素降解菌

纤维素降解菌种类丰富,包括细菌、放线菌、真菌等。其中,对细菌的研究较为深入。

1.好氧纤维素降解细菌

好氧纤维素降解细菌共有 11 属 34 种。食纤维菌属(*Cytophata*)和生孢食纤维菌属(*Sporocytophaga*)是耕地土壤中经常检出的好氧纤维素降解菌。将菜园土颗粒放在以滤纸为碳源的无机盐平板培养基上,置28℃左右培养2～3周,滤纸上可形成淡黄色或其他颜色的菌落,并伴有黏液产生。若仔细察看,在长有菌落的部位,滤纸溶解变薄。若以纤维素降解细菌的培养物取代菜园土颗粒,滤纸溶解现象更加明显。

2.厌氧纤维素降解细菌

厌氧纤维素降解细菌共有 7 属 12 种。裂解纤维乙酸弧菌(*Acetivibrio cellulolyticus*)分离自污水污泥,专性厌氧,生长 pH 为 6.5～7.7,生长温度 20～40℃。能发酵纤维素、纤维二糖等,主要产生氢气、二氧化碳、乙酸,也产生少量乙醇、丙醇和丁醇。生长于纤维素上时,这种细菌可产生黄色色素而使纤维颗粒着色。

四、半纤维素的分解

在植物中,半纤维素(hemicelluloses)的含量仅次于纤维素。半纤维素有同聚糖和异聚糖之分。同聚糖由一种单糖组成,如木聚糖和半乳聚糖。异聚糖由两种以上单体构成,如聚戊糖(木糖和阿拉伯糖)、聚己糖(半乳糖和甘露糖)和聚糖醛酸(葡萄糖醛酸和半乳糖醛酸)。每个半纤维素分子含有 20～200 个单体。至今仍有很多半纤维素的结构还未搞清。

半纤维素能被细菌、放线菌、真菌等众多微生物分解,分解方式类似纤维素,分解速度快于纤维素。

五、淀粉的分解

淀粉(starches)是植物的重要贮藏性物质。它由葡萄糖通过 α-1,4-糖苷键连接而成,排成长链。可细分为直链淀粉和支链淀粉。支链淀粉带有分支,在直链与支链连接处以 α-1,6-糖苷键连接。

淀粉易被细菌、放线菌、真菌等众多微生物利用。淀粉水解由胞外淀粉酶进行(图9-4)。常见的淀粉酶有:① (α-amylases),内切酶,不能水解 α-1,6 糖苷键,产物为麦芽糖和寡聚糖。② β-淀粉酶(β-amylases),外切酶,不能水解 α-1,6-糖苷键,产物为麦芽糖和极限糊精。

③ 糖化淀粉酶(glucoamylases),外切酶,不能水解 α-1,6 糖苷键,产物为葡萄糖和寡聚糖。④ 异淀粉酶(isoamylases),能水解 α-1,6-糖苷键,产物为糊精。

六、木质素的分解

在植物内,木质素(lignins)的含量仅次于纤维素和半纤维素。它是由苯丙烷单元通过醚键和碳碳键连接而成的无定形有机聚合物。通常,木质素与纤维素紧密结合,当木质素含量达到 40% 以上时,它可包裹纤维素而使纤维素难以分解。木质素只溶于碱液,抗酸、抗热水、抗中性溶剂溶解,是最难分解的植物组分。

将玉米秸秆埋入土壤,在有氧条件下经过 6 个月的生物分解,玉米秸秆中的木质素减量 1/3;在无氧条件下经过同样时间的生物分解,玉米秸秆中的木质素减量更少。通过真菌、细菌等微生物的协同作用,木材(含有大量木质素)可被完全分解。引起木材腐朽的微生物主要是真菌,常见的真菌为白腐、褐腐和软腐真菌。白腐真菌产生胞外氧化酶,分解木材中的木质素和纤维素,残留物以纤维素为主呈白色;褐腐和软腐真菌也产生胞外氧化酶,分解木材中的木质素和纤维素,但残留物以木质素为主而呈褐色和黑色。

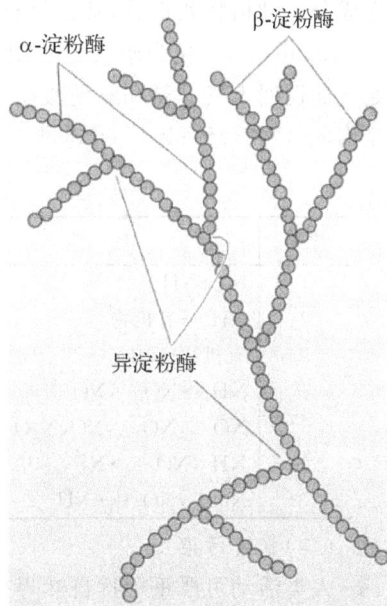

图 9-4 淀粉酶对淀粉的水解作用
(引自 Berg J M, *et al*. Biochemistry, fifth edition. W H freeman and Company, 2002)

在自然界,木质素降解菌的种类相对较少。由于白腐真菌具有较强的木质素分解能力,对其研究较多也较深入。白腐真菌大多为担子菌,其模式种是黄孢原毛平革菌(*Phanerochaeto chrysosporium*),主要特点是培养温度高(37℃),无性繁殖快,木质素酶分泌能力强。除真菌外,细菌、放线菌等微生物也有木质素降解能力。在土壤中,虽然木质素分解缓慢,却是多种微生物协同作用的结果。

关于木质素降解酶及其作用机制,目前尚未全明。现有的研究集中在白腐真菌产生的降解酶上。重要的木质素降解酶有 3 种:即木质素过氧化物酶(lignin peroxidases)、锰依赖过氧化物酶(manganese peroxidases)和漆酶(laccase)。漆酶不仅存在于白腐菌等真核微生物中,也存在于细菌等原核微生物中,还广泛存在于高等植物(如漆树)中。漆酶具有基质多样性,可以催化酚类、芳香胺、氯代烃类、多环芳烃等众多基质的分解。

第二节　氮素循环

一、概述

(一)氮素循环的基本过程

生物与大气之间存在着活跃的氮素交流。固氮菌(nitrogen-fixing microorganisms)从空气中吸收氮气,经过生物固氮作用转化为氨,再合成植物成分,经过食物链传递,转化为动物成分。动植物死亡后,其含氮有机物被异养菌分解而释放氨。氨被硝化菌(nitrifying microorganisms)氧化为硝酸盐。硝酸盐再被反硝化菌(denitrifying microorganisms)还原为氮气而返回大气。氨和亚硝酸盐也可被厌氧氨氧化菌转化为氮气而返回大气(表 9-2)。如此构成氮素循环(nitrogen cycle)。

表 9-2　氮素循环中的生物反应

序号	反　　应	术　　语	涉及的生物
1	$N_2 \rightarrow NH_3$	生物固氮作用	固氮微生物
2	$NH_3 \rightarrow$ 有机物	氨的同化作用	植物和微生物
3	有机物 $\rightarrow NH_3$	氨化作用	各种(微)生物
4	$NH_3 \rightarrow NO_2^-,NO_3^-$	硝化作用	硝化微生物
5	$NO_3^-,NO_2^-,NO,N_2O \rightarrow N_2$	反硝化作用	反硝化微生物
6	$NH_3,NO_2^- \rightarrow N_2$	厌氧氨氧化作用	厌氧氨氧化微生物
7	$NO_3^-,NO_2^- \rightarrow NH_3$	异化性硝酸盐还原作用	发酵微生物

(二)氮素污染

人类活动可严重干扰自然界的氮素循环。① 含氮矿物和燃料的开采、加工和利用,不但将地壳深层不参与循环的含氮化合物带至地面,提高了地面氮素的总量;也改变了相应区域含氮化合物的组成。② 工业和农业固氮(工业上大规模生产氮肥,农业上大面积栽培豆科植物),将大量氮气转化为氨,加速了陆地固氮进程,对相应区域的氮素平衡带来了巨大冲击。③ 人类居住渐趋集中,含氮化合物也随日用品和食品向居住地迁移,致使局部区域的氮素输入量远远高于输出量。氮素循环的失衡,造成了中间产物的积累,即氮素污染(nitrogen pollution)。

研究证明,除氮气外,所有氮素循环的中间产物均可对人类和环境产生不良影响(表 9-3)。

表 9-3　氮素循环中间产物的不良影响

序号	氮化物	不　良　影　响
1	NH_3	毒害水生生物,消耗溶解氧,诱发富营养化,影响饮用水氯化消毒
2	NH_2OH	对生物剧毒,形成亚硝酸
3	NO_3^-	诱发富营养化
4	NO_2^-	致癌,引起婴儿高铁血红蛋白症,消耗溶解氧,诱发富营养化
5	NO	引起酸雨,破坏臭氧层
6	N_2O	引起酸雨,破坏臭氧层

二、生物固氮作用

追根究底,地球上的氮化物(氨、硝酸盐和有机氮化物)主要来自氮气。全球生物固氮与化学固氮状况见表 9-4。在总固氮量中,陆地(包括农业系统)的生物固氮量约占 65％,海洋的生物固氮量约占 20％,化肥(氮肥)固氮量约占 15％。由于化肥价格较高,农业上经常采用耕作措施(生物固氮)来降低化肥用量。

表 9-4　生物固氮与化学固氮的数量

氮素来源	固氮量(t N/a)
陆地	1.35×10^8
水体	4.0×10^7
化肥	3.0×10^7

（一）固氮反应

生物固氮（biological nitrogen fixation）是指将氮气还原为氨的生物过程。即：

$$N_2 + 6e + 6H^+ + nATP \xrightarrow{\text{固氮酶}} 2NH_3 + nADP + nP_i \tag{9-3}$$

生物固氮必须满足以下条件：① 拥有固氮酶（nitrogenase），它是生物固氮反应的催化剂。② 拥有电子和质子，还原 1 分子氮气需要 6 个电子和 6 个质子。③ 拥有能量，N_2 有三个共价键（N≡N），打开它需要消耗很多能量。④ 拥有无氧环境，固氮酶对氧敏感，遇氧失活。⑤ 及时排氨，固氮产物对固氮酶有反馈阻遏作用。

（二）固氮类型

生物固氮是固氮菌的特殊生理功能。至今发现的固氮菌皆为原核生物，尚未发现真核生物。一般把固氮菌分为自生固氮菌（free-living nitrogen-fixing microorganisms）与共生固氮菌（symbiotic nitrogen-fixing microorganisms）。前者是指独立生活时即能固氮的微生物。后者是指只有与高等植物共生时才能固氮或有效固氮的微生物。与此相应，也把生物固氮分为自生固氮与共生固氮。介于两者之间，还有一种中间类型，称为联合固氮。联合固氮是指某些固氮菌生活于植物（如水稻、甘蔗、热带牧草等）根际而进行的固氮作用。它与共生固氮的区别是固氮菌与植物之间没有形成独立的形态结构；与自生固氮的区别是固氮菌与植物之间具有较高的专一性。

① 自生固氮（free-living nitrogen fixation）　自生固氮细菌有 100 多种，既有好氧细菌［如固氮菌属（*Azotobacter*）］和兼性厌氧细菌［如固氮螺菌属（*Azospirillum*）］，也有厌氧细菌［如梭状芽孢杆菌属（*Clostridium*）］。一些放线菌和蓝细菌也能进行固氮作用。自生固氮效率较低，一般为 $1\sim2$kg N/（hm^2 · a）。蓝细菌能进行光合作用，其固氮效率比非光能营养型自生固氮菌高 $1\sim2$ 个数量级。

② 联合固氮（associative nitrogen fixation）　固氮菌生长于植物根际，与植物联合，固氮效率较高，一般为 $2\sim25$kg N/（hm^2 · a）。

③ 共生固氮（symbiotic nitrogen fixation）　固氮菌与植物建立共生关系后，固氮效率更高。迄今研究得最多的共生固氮是根瘤菌与豆科植物的共生固氮，其固氮效率为 $200\sim300$kg N/（hm^2 · a）。

（三）共生固氮

根瘤菌在豆科植物根部形成根瘤的过程如图 9-5 所示。根瘤菌侵入豆科植物根系，并在其中繁殖形成根瘤的特性，称为感染性（infectivity）。根瘤菌对所感染的豆科植物有一定的选择作用。一种根瘤菌只能感染一种或几种豆科植物，这种特性称为专一性（specificity）。根瘤菌通过根毛侵入宿主植物根内。根毛细胞壁内陷，并分泌纤维素类物质将根瘤菌包围在内。随着根瘤菌侵染过程的推进，形成一条明显的套状侵入线（invasion lines）。当侵入线进到根系皮层的 $3\sim6$ 层细胞时，皮层细胞受到刺激而增生，在根表形成根瘤（nodules)。根瘤菌被释放至皮层细胞内，聚集于细胞质外围，并迅速繁殖充满整个皮层细胞。含菌皮层细胞形成泡囊，每个泡囊分布一个根瘤菌，经过几次分裂，每个泡囊可含 8 个根瘤菌。侵染初期，根瘤菌呈杆状，着色性强，染色均匀。形成泡囊后，根瘤菌形态变异，由杆状变为棒状、梨状、X 状、T 状、Y 状等，着色性弱，染色不均匀。这些特殊形态的根瘤菌称为类菌体（bacteroids，图 9-6）。一旦转变为类菌体，根瘤菌不再繁殖，固氮活性增强。根瘤菌在根瘤中固定氮气的特性，称为有效性（effectivity）。

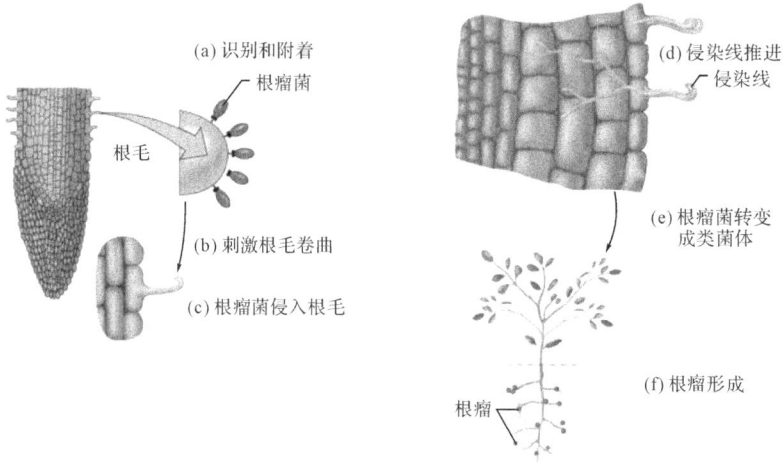

图 9-5　根瘤菌的侵染过程

（引自 Madigan M T.*et al*. Brock Biology of Microorganisms，eleventh edition. Prentice-hall，Inc.，2006）

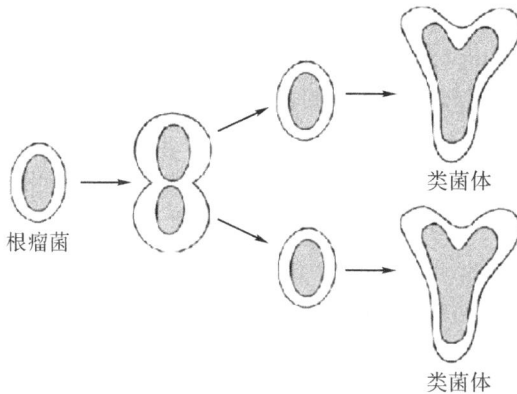

图 9-6　类菌体

（引自 Prescott L M.*et al*. Microbiology，fifth edition. 高等教育出版社，2002）

　　成熟根瘤的外形和大小依植物种类、细菌菌株和环境条件而异。小的如米粒，大的如黄豆，甚至更大。蚕豆根瘤呈长枣形，聚集成姜状（图 9-7）。长在主根上，个体较大，表面光滑，呈红色或粉红色，具有固氮活性的根瘤称为有效根瘤（effective nodules）。反之，长在侧根上，个体较小，呈白色或灰白色，无固氮活性的根瘤称为无效根瘤（ineffective nodules）。

　　根瘤的功能主要有：① 调节氧气供应。豆血红蛋白（呈红色）对氧气有缓冲作用，通过豆血红蛋白以低浓度高流量向类菌体(即根瘤菌)供氧,既能满足根瘤菌对氧气的需要,同时也能保护固氮酶免受氧气的抑制。② 为类菌体提供能量。豆科植物以光合产物(有机物)的形式,通过根瘤向类菌体提供能量,以满足其生长和固氮需要。据测定,豆科植物每同化 100 单位碳,约有32 单位转运到根瘤中。③ 转化氨,解除反馈阻遏。类菌体把氮气还原成氨后,即分泌至体外,这些氨通过根瘤转运至植物的其他部位。

在培养基上,根瘤菌的生长速率差别很大。据此,可分为快生型根瘤菌(fast growing rhizobia)和慢生型根瘤菌(slow growing rhizobia)。豌豆根瘤菌属于快生型根瘤菌,接种 2 天后即可在培养基上长出菌落。大豆根瘤菌属于慢生型根瘤菌,3~4 天后才开始生长,一周后才长成菌落。

图 9-7 蚕豆根瘤
(引自 Prescott L M, *et al*. Microbiology, fifth edition. 高等教育出版社,2002)

三、氨的同化与矿化作用

(一)氨的同化

将氨合成细胞物质的生物过程称为氨的同化(ammonia assimilation)。生物固氮的产物(NH_3)可被细胞用于合成氨基酸而进入蛋白质;合成嘌呤和嘧啶而进入核酸;合成 N-乙酰胞壁酸而进入细菌细胞壁。

微生物同化氨的生化途径有两种:① 氨与 α-酮戊二酸结合形成谷氨酸。该途径受环境中氨浓度的调控。当氨浓度较高($>0.1mmol/L$ 或 $>0.5mg/kg$ 土壤)而且细胞内存在 $NADH_2$ 时,氨与 α-酮戊二酸结合形成谷氨酸。通常,土壤和水体中的氨浓度不高,因此这一途径作用不大。② 氨与谷氨酸结合形成谷氨酰胺。该途径包括两个步骤,即氨先与谷氨酸结合形成谷氨酰胺,谷氨酰胺再与 α-酮戊二酸反应形成 2 个谷氨酸。

(二)氨化作用

将有机态氮转化为氨的生物反应,称为氨化作用(ammonification)。氨化作用是含氮有机物矿化(转化为无机化合物),实现氮素被生物循环利用的重要环节。在微生物作用下,蛋白质水解成多肽,再水解成氨基酸:

$$蛋白质 \xrightarrow{蛋白酶} 多肽 \xrightarrow{肽酶} 氨基酸 \tag{9-4}$$

氨基酸被摄入细胞,经过多种途径脱除氨基,释放的氨可被微生物再次同化。氨的同化作用(生物固定)与氨化作用(矿化作用)究竟以哪个为主? 当氮受限制时,以生物固定为主;反之,则以矿化作用为主。氨是否成为限制因子,与含氮有机物的碳氮比(C/N 比)有关。细菌的 C/N 比为 4~5,真菌的 C/N 比为 10,整个土壤微生物的平均 C/N 比为 8。当有机物的 C/N 比等于 8 时,理论上生物固定与矿化作用达到平衡。但是,有机物除用于构建细胞外,还用于提供能量。在被利用的有机物中,只有 40% 同化为生物体,其余以二氧化碳释放。若将土壤微生物的平均 C/N 比乘上系数 2.5,则刚好与实际所需的有机物 C/N 比相符。因此,C/N 比等于 20 不仅是生物固定与矿化作用达到平衡的理论值,也是实测值。

施用 C/N 比小于 20 的有机肥时,矿化作用强于生物固定,可释放部分氨。但施用 C/N

比大于 20 的有机肥时,生物固定超过矿化作用,不但不能提供氨,反而还需从环境中补缺,对植物生长不利。因此,对于秸秆、落叶等碳氮比较高的有机肥,可加入人粪和硫酸铵等富含速效氮的物质,以降低碳氮比,提高肥效。

四、硝化作用

将氨氧化为亚硝酸和硝酸的生物过程,称为硝化作用(nitrification)。硝化作用可分为自养型硝化作用和异养型硝化作用。前者由自养菌所致,后者由异养菌所致。在一般情况下,自养型硝化作用显著强于异养型硝化作用。

(一)硝化细菌

1. 硝化细菌的种类组成

根据基质,硝化细菌可分为氨氧化细菌和亚硝酸氧化细菌;根据产物,硝化细菌又可分为亚硝酸细菌和硝酸细菌。氨氧化细菌有 3 个属,即 *Nitrosomonas*、*Nitrosococcus* 和 *Nitrosospira*。氨氧化细菌能把氨氧化成亚硝酸盐,但不能继续氧化成硝酸盐。亚硝酸氧化细菌有 4 个属,即 *Nitrobacter*、*Nitrococcus*、*Nitrospina* 和 *Nitrospira*。亚硝酸氧化细菌能把亚硝酸盐氧化成硝酸盐,但不能氧化氨。至今还没有发现能把氨直接氧化成硝酸盐的微生物。

2. 硝化细菌的能源特性

氨和亚硝酸盐分别是氨氧化细菌和亚硝酸氧化细菌进行自养生长的唯一能源。氨和亚硝酸盐氧化反应为:

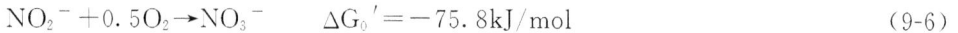

$$NH_4^+ + 1.5O_2 \rightarrow NO_2^- + 2H^+ + H_2O \qquad \Delta G_0' = -260.2 kJ/mol \qquad (9-5)$$

$$NO_2^- + 0.5O_2 \rightarrow NO_3^- \qquad \Delta G_0' = -75.8 kJ/mol \qquad (9-6)$$

ATP 水解反应为:

$$ATP + H_2O \rightarrow ADP + P_i \qquad \Delta G_0' = -31.0 kJ/mol \qquad (9-7)$$

比较反应式(9-5)、(9-6)和(9-7)可知,氨和亚硝酸盐生物氧化所释放的自由能不大;即使全部转化为 ATP,充其量也只能产生 8.4mol ATP/mol NH_4^+ 和 2.4mol ATP/mol NO_2^-。事实上,相对于呼吸链上的电子载体,氨和亚硝酸盐的氧化还原电位[E_0'(NO_2^-/NH_4^+)=340mV,E_0'(NO_3^-/NO_2^-)=430mV]偏高,氧化磷酸化效率很低,所能产生的 ATP 非常有限。

从能量利用方式上看,若把氨氧化成氮气,基质能量利用率可大幅度提高。氨氧化成氮气的反应为:

$$NH_4^+ + 3/4O_2 \rightarrow 1/2N_2 + H^+ + 3/2H_2O \qquad \Delta G_0' = -315 kJ/mol \qquad (9-8)$$

它所释放的自由能显著高于硝化反应、[反应式(9-5)或(9-6)]。此外,由于 E_0'(N_2/NH_4^+)=-270mV,低于氨和亚硝酸(盐)的氧化还原电位,ATP 合成效率也显著提高。

值得深思的是:① 硝化基质(氨)本身含能不高,理应用作一种微生物的基质;在自然界,它却偏偏被两种细菌(亚硝酸细菌和硝酸细菌)分享。② 氨氧化成氮气可比氧化成硝酸盐释放更多自由能,两种细菌却偏偏将氨氧化成硝酸盐。③ 从基质中获得的能量本身不多,两种细菌却偏偏选择同化耗能最大的二氧化碳作为碳源,致使其同化效率极低(固定 1mol CO_2 需要 34mol NH_3 或 100mol NO_2^-)。

3. 硝化细菌的生理特性

多年来,一直认为亚硝酸细菌是严格好氧的化能自养菌,其典型生理特性为:在供氧充分的条件下,将氨(通过羟胺)氧化成亚硝酸盐,从中取得能量合成 ATP 和 $NADH_2$,进而同化二氧化碳而生长。简言之,电子供体——NH_4^+,电子受体——O_2,碳源——CO_2。深入研究发现,亚硝酸细菌对环境的适应能力远远超出人们的想象。例如,在氧分压较低时,欧洲亚硝化单胞菌(*Nitrosomonas europaea*)可同时以氧气和亚硝酸盐作为电子受体;随着氧浓度降低,亚硝酸盐消耗比例增大;在无氧时,可单独以亚硝酸盐作为电子受体。又如,在以亚硝酸盐作为电子受体时,欧洲亚硝化单胞菌可利用氢、氨和有机物等作为电子供体。

硝酸细菌也曾长期被看成是严格好氧的化能自养菌。一般认为其典型生理特性是:在供氧充分的条件下,将亚硝酸盐氧化成硝酸盐,从中取得能量合成 ATP 和 $NADH_2$,进而同化二氧化碳而生长,即电子供体——NO_2^-,电子受体——O_2,碳源——CO_2。事实上,它们也能在供氧充分的条件下,将亚硝酸盐氧化成硝酸盐或将有机物氧化成二氧化碳,从中取得能量合成 ATP 和 $NADH_2$,并以有机物为碳源而生长,即电子供体——NO_2^- 或有机物,电子受体——O_2,碳源——有机物;还能在无氧情况下进行反硝化作用,从中取得能量合成 ATP 和 $NADH_2$,并以有机物为碳源而生长,即电子供体——有机物,电子受体——NO_2^-,碳源——有机物。

(二)硝化反应

氨氧化过程如图 9-8 所示,可分为"氨→羟胺→亚硝酸"两个反应。

1. 氨转化为羟胺

氨转化为羟胺的氧化反应为:

$$NH_3 + O_2 + 2[H] \xrightarrow{\text{氨单加氧酶}} NH_2OH + H_2O$$

$$(9-9)$$

催化这一反应的酶是氨单加氧酶(AMO)。AMO 镶嵌于细胞膜内,至今尚未分离纯化。

2. 羟胺氧化为亚硝酸盐

羟胺氧化为亚硝酸盐所需的氧是由水提供的,也即:

$$NH_2OH + H_2O \xrightarrow{\text{羟胺氧还酶}} NO_2^- + 5H^+ + 4e$$

$$(9-10)$$

催化该反应的酶是羟胺氧还酶(HAO)。位于细胞壁与细胞膜之间。

3. 亚硝酸氧化为硝酸

亚硝酸盐的氧化过程如图 9-9 所示。在亚硝酸盐氧化为硝酸盐的过程中,未检出任何中间产物,因此认为它是一步完成的。结合进硝酸盐的氧来自水,即:

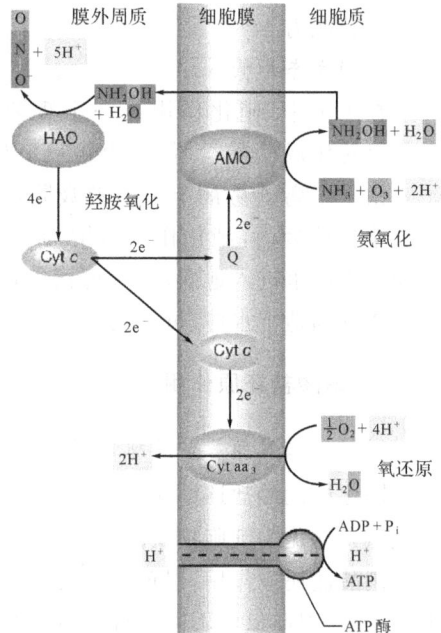

图 9-8　亚硝化单胞菌的氨氧化过程

膜外周质中的 cyt c (cyt c_{554});细胞膜内的 cyt c(cyt c_{552});AMO(氨单加氧酶);HAO(羟胺氧还酶);Q(辅酶 Q)

(引自 Madigan M T, *et al*. Brock Biology of Microorganisms, eleventh edition. Prentice-hall, Inc., 2006)

$$NO_2^- + H_2O \xrightarrow{\text{亚硝酸氧还酶}} NO_3^- + 2H^+ + 2e^- \tag{9-11}$$

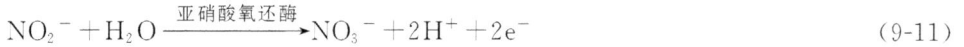

催化此反应的酶称为亚硝酸氧还酶（NOR）。在硝化杆菌中，NOR 含量随生长条件而变。当以亚硝酸盐为能源或以硝酸盐为电子受体时，该菌含有大量 NOR；当环境中不存在亚硝酸盐或硝酸盐时，该菌营异养生长，细胞内 NOR 被阻遏。受阻遏的 NOR 可重新诱导产生。异养生长于乙酸盐上的硝化杆菌，经过 3～4 周适应，可重新获得自养生长能力。

（三）生态影响

在土壤中，硝化作用是一个重要生物反应。它将氨转化成硝酸盐，使之由正离子转变为负离子。由于正离子易被土壤颗粒吸附，负离子不易被土壤颗粒吸附，硝化作用可增加氮素流失。硝酸盐随土壤水进入地面水体，可污染地表水；随土壤水渗透到地下水体，可污染地下水。

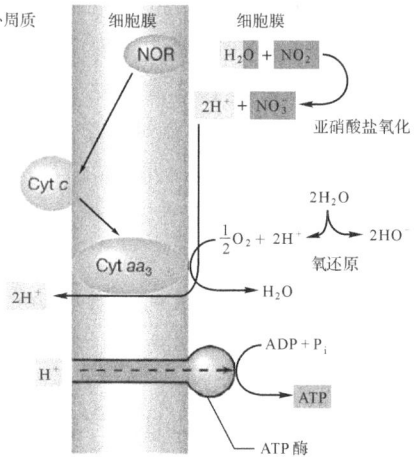

图 9-9　硝化杆菌的亚硝酸盐氧化过程
NOR（亚硝酸盐氧还酶）；cyt c（胞外周质 cyt c）；cyt aa₃（末端氧化酶）
（引自 Madigan M T. *et al*. Brock Biology of Microorganisms, eleventh edition. Prentice-hall, Inc. 2006）

五、硝酸盐还原作用

（一）同化性硝酸盐还原作用

同化性硝酸盐还原作用（assimilatory nitrate reduction）是指硝酸盐进入细胞后，被还原成氨并同化为细胞物质的生物过程。环境中存在氨时，大多数微生物优先利用氨，抑制同化性硝酸盐还原作用，以免资源浪费。由于同化性硝酸盐还原的目的是利用氮素，并非作为电子受体，因此氧气不能代替硝酸盐的功能，也不会抑制硝酸盐还原。

（二）异化性硝酸盐还原作用

异化性硝酸盐还原成氨（dissimilatory nitrate reduction to ammonia, DNRA）是指硝酸盐进入细胞后，被用作电子受体而还原成氨的生物过程。当有机物相对富裕、电子受体相对贫乏时，有利于 DNRA。虽然该反应的终产物是氨，但它不受氨抑制，因为 DNRA 的功能是接纳电子。作为电子受体，氧气比硝酸盐更有效，因此氧气可抑制 DNRA。

（三）反硝化作用

反硝化作用（denitrification）是指硝酸盐进入细胞后，被用作电子受体而还原为氮气的生物过程。

1.反硝化菌

不像硝化菌，反硝化菌在分类学上没有专门的类群，它们分散于众多不同的细菌和古菌属中。反硝化菌的能源谱较宽，可利用化学能（包括有机物和无机物）和光能。其中，有机物是许多异养型反硝化菌的主要能源。反硝化菌多为兼性厌氧菌，可以利用氧气或硝酸盐作为最终电子受体。氧气受到限制时，硝酸盐取代氧气。

2.反硝化反应

反硝化作用（图 9-10）由 4 个反应组成，即：$NO_3^- \rightarrow NO_2^- \rightarrow NO \rightarrow N_2O \rightarrow N_2$。

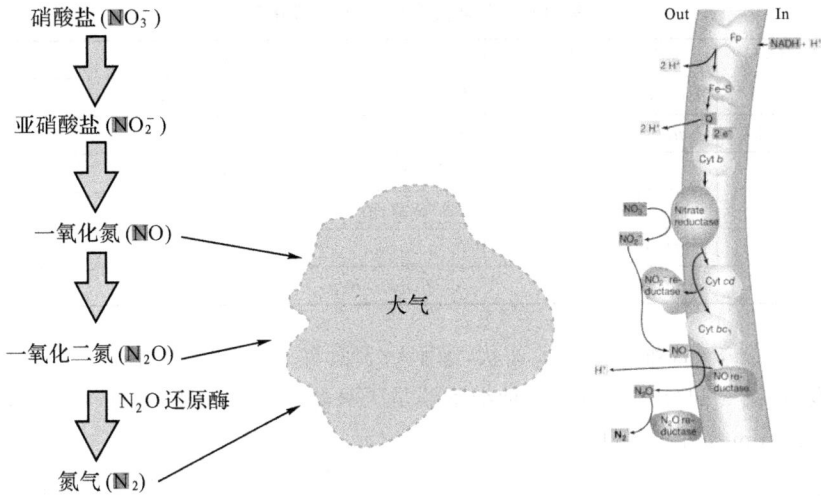

图 9-10 反硝化过程

(引自 Madigan M T，et al. Brock Biology of Microorganisms，eleventh edition.
Prentice-hall，Inc. 2006)

硝酸盐还原反应（$NO_3^- \rightarrow NO_2^-$）由硝酸还原酶催化。该酶以两种形态存在：一种游离于细胞壁与细胞膜之间，称为膜外硝酸还原酶（periplasmic nitrate reductase）。该酶对氧气稳定，有氧时也具催化活性。另一种镶嵌于细胞膜内，称为膜内硝酸还原酶（membrane nitrate reductase）。硝酸盐只有进入细胞才能受此酶作用。两种硝酸还原酶的作用产物均为亚硝酸盐。

亚硝酸盐还原反应（$NO_2^- \rightarrow NO$）由亚硝酸还原酶催化。该酶分布于细胞壁与细胞膜之间，有两种类型：一种为二聚体，含 c 和 d_1 型血红素，称为血红素型亚硝酸还原酶（cd_1-nitrite reductase）；另一种为三聚体，含两种铜活性中心，称为铜型亚硝酸还原酶（Cu-nitrite reductase）。两种亚硝酸还原酶的作用产物均为一氧化氮。

一氧化氮还原反应（$NO \rightarrow N_2O$）由一氧化氮还原酶催化。该酶结合于细胞膜内，作用产物是一氧化二氮。一氧化氮对细胞具有毒性，而一氧化二氮没有毒性，电子供不应求时，将有限电子集中用于一氧化氮还原是反硝化菌免受一氧化氮毒害的保护机制之一。另一个保护机制是，一氧化氮还原酶对一氧化氮具有极高的亲和力，可使一氧化氮浓度维持在 $\mu mol/L$ 水平（低于毒害临界值）。

一氧化二氮还原反应（$N_2O \rightarrow N_2$）由一氧化二氮还原酶催化。该酶位于细胞壁与细胞膜之间，作用产物是氮气。它易受低 pH 的抑制，对氧气的敏感性也高于其他脱氮酶。由于一氧化二氮还原酶易受抑制，在氧浓度高和 pH 低的环境中，一氧化二氮常成为反硝化作用的主要产物。

六、厌氧氨氧化作用

以亚硝酸盐作为电子受体将氨氧化成氮气的生物反应，称为厌氧氨氧化（anaerobic ammonia oxidation，ANAMMOX）。能够进行厌氧氨氧化的微生物，称为厌氧氨氧化菌。迄今为止，文献报道的厌氧氨氧化菌有 5 个属，10 个种，详见表 9-5。

表 9-5　文献报道的厌氧氨氧化菌

序号	属　名	种　名	
1	*Brocadia*	*B. anammoxidans*	*B. fulgida*
2	*Kuenenia*	*K. stuttgartiensis*	
3	*Scalindua*	*S. brodae*	*S. wagneri*
		S. sorokinii	*S. arabica*
4	*Jettenia*	*J. asiatica*	
5	*Anammoxoglobus*	*A. propionicus*	*A. sulfate*

　　B. anammoxidans 细胞大致呈球状,细胞壁表面有火山口状结构[图 9-11(c)],细胞质内含有细胞器[图 9-11(a)]。由于这种细胞器是厌氧氨氧化的场所,因此被称为厌氧氨氧化体[anammoxosome,图 9-11(b)]。

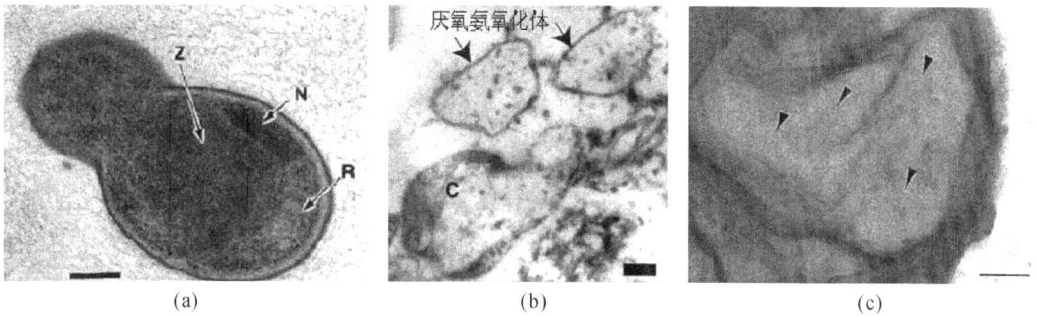

图 9-11　*Brocadia anammoxidans* 细胞结构
(a) 由膜包围的细胞器(Z);纤维状拟核(N);类似核糖体的颗粒(R);
(b) 箭头指向 2 个厌氧氨氧化体,字母 C 标出的是部分水解的细胞;
(c) 箭头所指的小黑点是负染后细胞表面的火山口状结构

　　根据对厌氧氨氧化菌的大量研究并结合 *K. stuttgariensis* 的宏基因组信息,目前认为厌氧氨氧化菌的代谢模型如图 9-12 所示。首先,cd_1 型亚硝酸还原酶(nitrite reductase,Nir)将 NO_2^- 还原成 NO;接着,联氨水解酶(hydrazine hydrolase,HH)将 NO 与 NH_4^+ 缩合

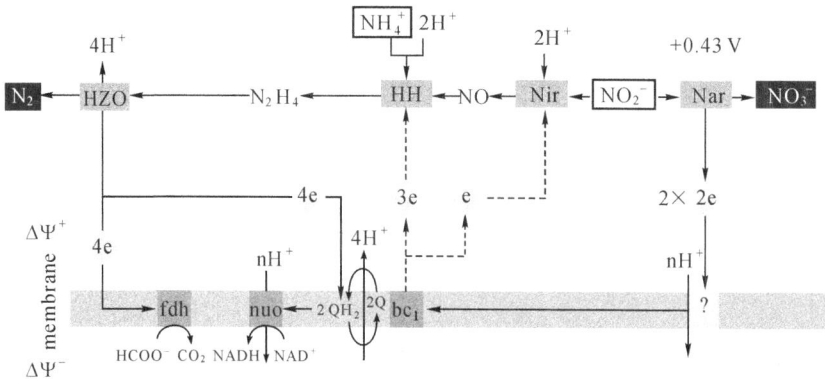

图 9-12　厌氧氨氧化菌的代谢模型
Nir,亚硝酸还原酶;HH,联氨水解酶;HZO,联氨脱氢酶;Q,醌;
fdh,甲酸脱氢酶;nuo,NADH:醌氧还酶;Q(H_2),氢醌;bc_1,bc_1 复合体

成 N_2H_4;最后,HZO 将 N_2H_4 氧化成 N_2。释放的 4 个电子通过细胞色素 c、泛醌、细胞色素 bc_1 复合体以及其他细胞色素 c 传递给 Nir 和 HH。其中,3 个电子交给 Nir,1 个电子交给 HH。伴随电子传递,质子被排至厌氧氨氧化体膜外侧,在膜两侧建立质子梯度,驱动 ATP 和 NADPH 合成。部分 ATP 和 NADPH 用于同化二氧化碳支持细胞生长。

Anammox 最初发现于脱氮流化床反应器中,也广泛存在于自然界。在海洋中,Anammox 所致的氨转化占氨氧化总量的 $30\% \sim 50\%$。由于海洋面积占地球的 7/10,Anammox 对全球氮素循环的贡献举足轻重。

第三节 硫素循环

一、概述

(一)硫素循环的基本过程

硫元素是地球上的第十大元素,也是生物的必需营养元素。除了集约经营的农业系统外,它一般不会成为限制因子。陆地和海洋植物从土壤和水中吸收硫,合成植物成分。经过食物链传递,成为动物成分。动植物死亡后,体内含硫有机物被微生物分解释放硫化氢。硫化氢可被硫化菌氧化成硫酸盐。后者又可被硫酸盐还原菌还原为硫化氢。硫元素通常在 SO_4^{2-} 的 $+VI$ 价与 S^{2-} 的 $-II$ 价之间循环变化。

(二)硫素污染

人类活动干预自然界硫素循环,可造成硫素污染。

① 酸雨污染。燃烧含硫燃料(如煤和石油)、冶炼含硫矿石(特别是含硫较多的有色金属矿石)、生产硫酸等过程,都会释放二氧化硫,使局部地区(城市和工矿区)大气中的二氧化硫浓度升高,直接或间接危害人类和生物。其中,二氧化硫溶于大气中的水蒸气后,可使形成的雨水 pH 低至 3.5,成为酸雨(acid rain,指 pH 小于 5.65 的降水),导致酸雨危害。

② 臭气污染。含硫有机物分解会产生硫化氢,带有烂鸡蛋的臭味,使人难受。其他硫化物(如甲硫醇、二甲硫、二甲二硫)也有强烈臭味,使人厌恶。

③ 酸水污染。露天剥矿将大量含硫矿石暴露于空气中,会在微生物作用下产生酸性矿水,后者会导致严重的环境污染和生态破坏。

二、硫的同化

微生物利用硫酸盐和硫化氢合成自身细胞物质的过程,称为硫的同化作用(sulphur assimilation)。大多数微生物利用硫酸盐作为硫源,只有少数微生物同化硫化物。微生物吸收硫酸盐后,需把硫酸盐还原为硫化物,再结合到蛋白质等细胞物质中,这个过程称为同化性硫酸盐还原作用(assimilatory sulphate reduction)。

为什么多数微生物不直接吸收硫化物?原因有二:① 硫化物具有毒性。在细胞内,硫化物与细胞色素等酶组分中的金属反应,产生金属硫化物,抑制酶活力。② 硫酸盐适合生物利用。一方面,硫酸盐是环境中的有效硫源,易于获得;另一方面,细胞内的硫酸盐还原易于控制,硫化物边产生边同化,可保护细胞免受毒害。

三、脱硫作用

脱硫作用(desulfuration)是指蛋白质或其他含硫有机物被分解而释放硫化氢的生物过程。在厌氧环境中,蛋白质腐解产生硫化氢和硫醇,逸入大气产生恶臭;积累于土壤内毒害植物根系。藻类会合成二甲基丙磺酸(DMSP),用于调节细胞渗透压。经微生物降解,DMSP转化为二甲基硫化物(DMS)。DMS是挥发性物质,易进入大气而污染环境。

四、硫化作用

将硫化氢、单质硫以及其他还原态含硫化合物氧化成硫酸的生物过程,称为硫化作用(sulfurication)。能进行硫化作用的细菌可分为化能自养型和光能自养型两类。前者又可分为硫磺细菌(sulfur bacteria)和硫化细菌(sulfur oxidation bacteria)。

（一）化能自养型硫化作用

1. 硫磺细菌

硫磺细菌将硫化氢氧化为单质硫(硫粒),贮积在细菌体内,当环境中缺少硫化氢时,继续将单质硫氧化成硫酸,从中获得能量固定二氧化碳。

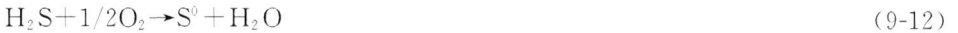

$$H_2S + 1/2O_2 \rightarrow S^0 + H_2O \tag{9-12}$$

硫磺细菌生长需要硫化物和氧气。但是,两者很难同时满足,因为在有硫化物的环境中往往缺氧。在进化过程中,硫磺细菌形成了经济利用氧气的能力,可在低氧浓度下旺盛生长。这些微生物多呈丝状,常生活于硫化物丰富的沼泽沉积物内,用显微镜观察沼泽样品时很容易见到。

2. 硫化细菌

硫化细菌将硫化物或单质硫氧化成硫酸,细胞内不贮积硫粒。氧化硫硫杆菌(*Thiobacillus thiooxidans*)耐酸性很强,最适生长 pH 为 2。

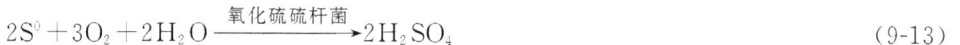

$$2S^0 + 3O_2 + 2H_2O \xrightarrow{\text{氧化硫硫杆菌}} 2H_2SO_4 \tag{9-13}$$

氧化亚铁硫杆菌(*Thiobacillus ferrooxidans*)既能氧化亚铁又耐强酸,常用于细菌冶金,从低品位的矿物中回收稀有金属。

$$4FeSO_4 + 2H_2SO_4 + O_2 \xrightarrow{\text{氧化亚铁硫杆菌}} 2Fe_2(SO_4)_3 + 2H_2O \tag{9-14}$$

$$2S + 3O_2 + 2H_2O \xrightarrow{\text{氧化亚铁硫杆菌}} 2H_2SO_4 \tag{9-15}$$

大多数硫化细菌都是严格好氧菌,但脱氮硫杆菌(*Thiobacillus denitrificans*)例外。它是兼性厌氧菌,能够以硝酸盐取代氧气作为电子受体。

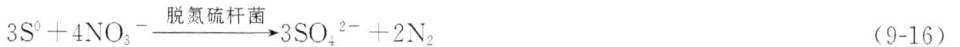

$$3S^0 + 4NO_3^- \xrightarrow{\text{脱氮硫杆菌}} 3SO_4^{2-} + 2N_2 \tag{9-16}$$

脱氮硫杆菌不耐酸,最适生长 pH 为 7。

（二）光能自养型硫化作用

光能自养型硫化作用仅限于绿色硫细菌和紫色硫细菌。它们能在厌氧条件下进行光合作用,但以 H_2S 作为供氢体,不释放氧气。

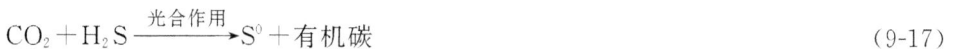

$$CO_2 + H_2S \xrightarrow{\text{光合作用}} S^0 + \text{有机碳} \tag{9-17}$$

这些微生物常分布在淤泥、硫泉、盐湖中。其生长有赖于光与硫化物共存。它们对地球的初级生产贡献不大,但可从环境中去除硫化物。

五、硫酸盐还原作用

硫酸盐还原作用有两大类型,即同化型(见硫的同化)和异化型。异化型硫酸盐还原作用(dissimilatory sulphate reduction)是指硫或硫酸盐被用作电子受体而还原成硫化氢的生物过程。其中以硫为电子受体时,反应类似氧呼吸,因而称为硫呼吸。氧化乙酸脱硫单胞菌(*Desulfuromonas acetoxidans*)是典型的硫呼吸细菌。它的生长基质是乙酸、乙醇、和丙醇等小分子有机物。

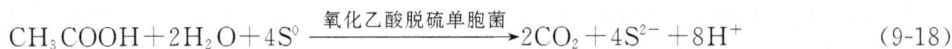

$$CH_3COOH + 2H_2O + 4S^0 \xrightarrow{\text{氧化乙酸脱硫单胞菌}} 2CO_2 + 4S^{2-} + 8H^+ \tag{9-18}$$

在自然界,硫酸盐还原是重要的生物反应。脱硫杆菌属(*Desulfobacter*)、脱硫葱状菌属(*Desulfobulbus*)、脱硫肠状菌属(*Desulfotomaculum*)、脱硫球菌属(*Desulfococcus*)、脱硫八叠球菌属(*Desulfosarcina*)、脱硫弧菌属(*Desulfovirio*)都是以硫酸盐作为电子受体的硫酸盐还原菌(SRB),广泛分布于各种环境中。它们能以氢气作为生长基质。

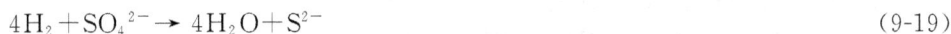

$$4H_2 + SO_4^{2-} \rightarrow 4H_2O + S^{2-} \tag{9-19}$$

值得注意的是,该反应并不能使 SRB 自养生长,因为多数 SRB 不能固定二氧化碳,需要从小分子有机物(如甲醇和乙酸)取得碳素。利用甲醇的反应为:

$$4CH_3OH + 3SO_4^{2-} \rightarrow 4CO_2 + 3S^{2-} + 8H_2O \tag{9-20}$$

第四节　磷素循环

一、概述

(一)磷素循环的基本过程

在磷素的地质大循环中,存在两个小循环,即陆地生态系统的磷素循环和水生生态系统的磷素循环。

陆地生态系统的磷素循环为:岩石风化将磷释放至土壤;植物通过根系从土壤中吸收磷;动物以植物为食物而得到磷;动植物死亡后,残体被分解,磷返回土壤。在未受人为干扰的陆地生态系统中,土壤和有机体之间几乎是一个封闭的循环系统,磷损失很少。

水生生态系统的磷素循环为:磷被藻类和水生植物吸收,然后通过食物链逐级传递;水生动植物死亡后,残体分解,磷再次进入循环;也有一部分磷沉积于深水底泥,从此退出生态循环;人类渔捞和鸟类捕食水生生物,可使磷返回陆地生态系统,但数量较少。

(二)磷酸盐污染

在自然经济中,一方面从土地上收获农作物,另一方面把废物和排泄物送回土壤,磷收支基本平衡。但商品经济发展后,不断把农作物和农牧产品运往城市,不能将城市垃圾和人畜排泄物返回农田,致使农田磷含量逐渐减少。施用磷肥已成为补偿磷亏损的重要农业措施。部分磷肥随农田排水进入水体,可造成磷的"面源污染"。某些富磷工业废水和含磷生活污水,则可造成磷的"点源污染"。含磷废水排入河流、湖泊或海湾,是引发水体富营养化的重要原因。

二、磷酸盐同化

磷是所有生物的必需营养元素。微生物可从环境中吸收可溶性磷酸盐,在体内将其转化为核酸、ATP、磷脂和磷脂蛋白等生物成分。

在许多生态系统(包括农业)中,有效磷常常成为限制因子。可用$^{32}PO_4^{3-}$来示踪养分在食物链上的传递情况。若把$^{32}PO_4^{3-}$引入水体生态系统,浮游性植物群落(初级生产者)被迅速标记,动物性浮游群落(消费者)则因不直接吸收磷酸盐而被缓慢标记。鱼和大型无脊椎动物(高营养级生物)被标记得更慢。在每个营养级上,放射性磷浓度都经历一个升至峰值再降低的过程。然而,沉积物中的放射性磷浓度却稳定增加。如果实验时间足够长,在沉淀磷和溶解磷之间会建立平衡。

三、有机磷分解

植物和微生物同化的磷酸盐,可在含磷有机物的分解中重新释放。一些微生物能产生肌醇六磷酸酶,水解肌醇六磷酸(植酸)释放磷酸盐。

$$\text{肌醇六磷酸(植酸)} + 6H_2O \rightarrow \text{肌醇} + 6PO_4^{3-} \tag{9-21}$$

一些微生物能产生核酸酶(nuclease)和核苷酸酶(nucleotidase),水解核酸产生核苷酸,再水解核苷酸释放磷酸盐。

$$\text{核酸} + n\,H_2O \rightarrow n\,\text{核苷酸} \rightarrow n\,\text{核苷} + n\,PO_4^{3-} \tag{9-22}$$

也有一些微生物能产生磷脂酶,把磷脂水解成脂肪酸、甘油和磷酸盐。

$$\text{卵磷脂} + 3H_2O \rightarrow 2\,\text{脂肪酸} + \text{甘油} + \text{胆碱} + PO_4^{3-} \tag{9-23}$$

在分解含磷有机物的过程中,微生物将一部分磷酸盐结合至自身的细胞物质内,另一部分磷酸盐释放至环境中。在含磷有机物的分解中能否释放磷酸盐,取决于有机物的 C/P 比。C/P 比小于 200 时,有机物分解释放磷酸盐;C/P 比为 200~300 时,有机物所含的磷全部被微生物同化,既没有磷酸盐的释放,也不需要从环境中吸收磷;C/P 比大于 300 时,微生物耗尽有机物中的磷,还需要从环境中补充磷酸盐。由于微生物的摄磷能力要比植物高 3~9 倍,因此,施用高 C/P 比的有机肥,可导致微生物与植物争磷。

四、无机磷溶解

$H_2PO_4^-$只有一个键与金属离子结合,水溶性较高;HPO_4^{2-}和PO_4^{3-}分别有两个和三个键与金属离子结合,水溶性依次降低。在石灰性土壤中,磷酸盐主要以不溶性的磷酸钙$[Ca_3(PO_4)_2、CaHPO_4$和$Ca(H_2PO_4)_2]$存在;在酸性土壤中,则主要以铁、铝磷酸盐存在。磷酸盐的化学固定严重限制了植物和微生物对磷的吸收和利用。

能溶解磷酸钙或磷灰石的微生物较多。它们的溶磷机理主要有:① 产生有机酸,促进磷酸盐溶解。某些二羧酸和三羧酸是很强的螯合剂,能够有效降低钙、铁、铝对磷酸盐的结合,使磷酸盐释放出来。② 产生无机酸(例如,硝化作用产生硝酸;硫化作用产生硫酸),促进磷酸盐溶解。在化肥生产上,通常也采用强酸处理,以 H^+ 取代磷灰石中一个或两个与金属离子结合的化学键,使其变成易溶解的磷酸盐。③ 释放二氧化碳,产生碳酸,促进含磷矿石风化。微生物分解有机物可释放大量二氧化碳,在水溶液中转化成 H_2CO_3 和 HCO_3^-,促进含磷矿石风化,从而增加钙、镁磷酸盐溶解。④ 在厌氧条件下,一些微生物能使磷酸高

铁盐中的 Fe^{3+} 还原为 Fe^{2+}，提高其溶解度。

五、磷酸盐还原

在一般情况下，磷酸盐不能被微生物还原，但当环境中不存在硫酸盐、硝酸盐和溶解氧时，磷酸盐也可能作为电子受体而被还原。

$$H_3PO_4 \longrightarrow H_3PO_3 \longrightarrow H_3PO_2 \longrightarrow PH_3 \tag{9-24}$$

PH_3 易挥发，遇氧自燃，产生蓝色火焰。在有机物被大量降解的坟堆和沼泽附近，有时可见 PH_3 产生。PH_3 遇氧自燃后，可点燃这些环境中产生的沼气而诱发"鬼火"。不过，尚缺这方面的实验证据。

复习思考题

1. 何谓生物地球化学循环？
2. 简述微生物在碳素循环中的作用。
3. 简述有机物好氧生物分解的一般途径。
4. 简述有机物厌氧生物分解的一般途径。
5. 简述纤维素的微生物分解方式。
6. 氮素循环包括哪几个环节？
7. 何谓生物固氮？有哪几种类型？
8. 简述硝化和反硝化作用的生化过程。
9. 简述碳氮比和碳磷比对生物固定和生物矿化的影响。
10. 为什么大多数微生物利用硫酸盐而不利用硫化氢作为硫源？
11. 硫磺细菌与硫化细菌有何差别？
12. 微生物促进磷酸钙或磷灰石溶解的机理有哪些？

第十章 微生物与环境污染

微生物污染空气、水体和土壤，会影响生物产量和质量，危害人类和生态健康，这种污染称为微生物污染(microbial pollution)。根据污染对象，可分为空气微生物污染、水体微生物污染、土壤微生物污染等；根据危害方式，又可分为病原菌污染、水体富营养化、微生物代谢产物污染等。本章介绍微生物污染及其危害。

第一节 微生物传播与危害

一、空气微生物污染

微生物污染引起大气环境质量恶化，导致人类活动和生态健康受到影响的现象，称为空气微生物污染(air microbial pollution)。

（一）空气微生物及其影响因素

1. 空气微生物的种类与数量

空气污染菌具有抗逆性。空气不是微生物生活的自然环境，但许多微生物可以通过特殊机制来抵抗恶劣条件，如细菌形成芽孢，霉菌形成孢子，原生动物形成孢囊，从而在空气中长时间存活。进入大气的微生物种类很多，最常见的有八叠球菌、枯草杆菌、微球菌以及霉菌孢子等，它们是造成空气污染的主要菌群。

室外空气污染菌相对较少。在室外空气中，微生物的种类和数量与所在地区的人口密度、动植物数量、土壤和地面状况、湿度、温度、日照、气流等因素有关。一般越靠近地面，空气微生物污染越严重，随着高度上升，空气中的微生物种类和数量减少，大气上层几乎不存在微生物。

室内空气污染菌相对较多。室内空气中的细菌种类和数量远远多于室外空气。在室内空气中，特别是在通风不良、人员拥挤的环境中，不仅微生物数量多，而且不乏病原菌，如结核杆菌(*Mycobecterium tuberculosis*)、脑膜炎球菌(meningococcus)、感冒病毒(common cold virus)等。

2. 空气微生物的主要影响因素

① 湿度　空气湿度对空气微生物的存活影响很大。大多数革兰氏阴性细菌在湿度较低的条件下更易存活；革兰氏阳性细菌则相反，在湿度较高的条件下更易存活。病毒存活也受湿度影响。相对湿度低于50%时，有包膜的病毒(如流感病毒)存活时间较长；而相对湿度高于50%时，则裸露的病毒(如肠道病毒)较为稳定。

② 温度　空气温度也是影响微生物存活的重要因素。高温会加速微生物失活，低温则能延缓微生物失活。但温度接近于冰点时，一些细菌会因表面形成冰晶而失活。

③ 射线　紫外线(UV)和电离辐射(如 X 射线)可导致病毒、细菌、真菌和原生动物损

伤。UV 可诱发 DNA 形成胸腺嘧啶二聚体，电离辐射则可造成 DNA 单链断裂、双链断裂以及核酸碱基结构改变。耐放射异常球菌（*Deinococcus radiodurans*）是至今所知的抗辐射能力最强的微生物，该菌对辐射损伤的染色体 DNA 具有很高的酶促修复活性。

④ 其他　氧气、室外空气因子（OAF，open air factor）和多种离子是空气的组成成分。在闪电和 UV 作用下，氧气可从惰性形态转变成氢氧自由基、过氧化氢、过氧化物、超氧化物等活泼形态，造成细胞损伤。OAF 用于描述实验室条件下不能复制的环境因素，它们对微生物存活的影响机理有待深入研究。试验证明，空气中的正离子可引起微生物活性物理衰减（如细胞表面蛋白质失活）；而负离子则可同时产生物理和生物影响（如 DNA 内部损伤）。

（二）空气微生物传播过程

空气微生物的传播过程包括发射、传播和沉降等环节。

发射（launching）是指使微粒悬浮于空气中的过程。含菌微粒被发射到空气中，是产生空气微生物污染的重要原因。主要发射机制有：① 土壤微生物附着在尘埃上，飘浮至空中；② 吹过污水表面的自然风力将含菌泡沫送入空气；③ 寄生于人体和动物体内的病原菌，从呼吸道直接进入空气（图 10-1），或随排泄物（如痰液、脓汁或粪便等）排至地面，再随灰尘飞扬，间接污染空气；④ 成熟的病原真菌将孢子直接释放至空气中。

传播（transport）是指流动空气将动能传给含菌微粒，使其从一个地方迁移到另一个地方的过程。传播能力决定了空气微生物的污染范围。根据持续时间和迁移距离，传播可分为亚小范围传播（持续时间短于10min，迁移距离小于 100m）、小范围传播（持续时间10～60min，迁移距离 100～1000m）、中等范围传播（持续时间数天，迁移距离 100km）、大范围传播（持续时间更长，迁移距离更远）。由于大多数悬浮于大气中的微

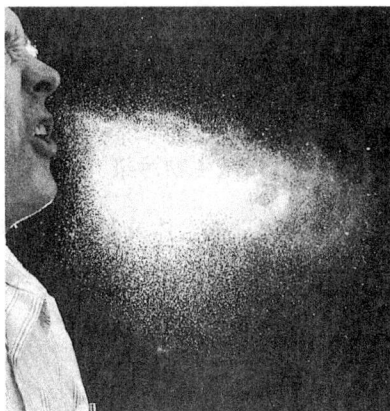

图 10-1　喷嚏污染

（引自 Madigan M T，*et al*. Brock Biology of Microorganisms，eleventh edition. Prentice-hall，Inc.，2006）

生物存活能力有限，常见的传播是亚小范围和小范围传播。一些病毒、孢子和芽孢细菌能进行中等范围甚至大范围传播。流行性感冒曾从地球东部传播到地球西部，遍及全球。

沉降（settlement）是指含菌微粒离开空气，通过一种或多种机制沉积于物体表面的过程。沉降地点决定了空气微生物的污染对象。

（三）空气微生物污染的危害与防治

1. 空气微生物污染的危害

许多空气微生物是动植物的病原菌，它们通过空气传播，可对人类生产和生活造成巨大危害：① 感染农作物，导致种植业减产；② 感染家畜，导致养殖业损失；③ 感染敏感人群，导致人类患病；④ 污染食品，导致食物腐败变质；等等。

小麦是重要的粮食作物，关系到人类的粮食安全。小麦锈病真菌（wheat rust fungi）是小麦的主要病原菌。1993 年，这种病原菌在美国造成了 4000 多万蒲式耳（bushel）小麦的损失。一株得病小麦能产生成千上万个真菌孢子，在小麦收获过程中，受空气或机械扰动，这

些真菌孢子进入空气,可在大气中传播几百到数千公里以外。例如,在美国得克萨斯州收割冬小麦时,风向从南到北,可使小麦锈病传播至堪萨斯州。仅在美国,每年小麦锈病真菌所致的农业损失就达数十亿美元。

2. 空气微生物污染的防治

由于室内空气中的微生物含量远远高于室外空气,防治室内空气微生物污染通常是人们关注的重点,主要措施有:

① 室内通风 利用室外空气微生物含量低于室内空气的特点,通过空气对流来稀释室内空气,减少室内空气中的微生物数量。影剧院、礼堂、会议室等人员拥挤的场所应该采用这一措施。

② 空气过滤 对空气清洁程度要求较高的场所(如手术室、无菌实验室),可采用空气过滤器,除去含有微生物的尘埃,以减少室内空气中的微生物数量。

③ 空气消毒 采用物理法和化学法消毒,杀灭空气中的微生物,以减少室内空气中的微生物数量。物理消毒法主要是紫外线照射,利用紫外线杀灭空气中的微生物。化学消毒法主要是采用各种化学药品喷洒或熏蒸。常用的药品有甲醛、漂白粉、次亚氯酸钠等。

二、水体微生物污染

致病菌进入水体或某些藻类大量繁殖,致使水质恶化,直接或间接危害人类或生态健康的现象,称为水体微生物污染(water microbial pollution)。

(一)常见的水传性病原菌

常见的水传性人类和动物疾病有:霍乱、伤寒、痢疾、肝炎等。其致病菌主要是:病毒、细菌、真菌、原生动物等。各种病原菌的致病性强弱不一,与病原菌、感染对象以及环境条件有关。

1. 细菌

(1)霍乱弧菌

自 1817 年以来,全球发生过 7 次霍乱大流行。有人认为,现在仍处于第 8 次大流行的高危险期。霍乱是令世人胆寒的以腹泻为主要症状的烈性传染病,传播快,发病急,在我国被列为甲类传染病。

霍乱弧菌(*Vibrio cholerae*)是霍乱病原菌。在 1883 年第 5 次大流行中,Koch 从埃及患者粪便中首次发现了霍乱弧菌。1905 年,Cotschlich 在埃及西奈半岛 EL-Tor 检疫站,从麦加朝圣者尸体内分离了类似霍乱弧菌的菌株,命名为 EL-Tor 弧菌,后将 EL-Tor 弧菌所致的疾病称为副霍乱。由于两种弧菌的形态学和血清学特性基本一致,临床表现及防治措施也完全相同,故 1962 年 5 月第十五届世界卫生大会做出决定,将两菌所致的疾病统称为霍乱。1986 年,南亚发生霍乱,经鉴定,确认为新的霍乱弧菌,定名为 O_{139} 霍乱弧菌。

霍乱弧菌产生肠毒素,可引起呕吐和腹泻,并在短期内使人体脱水,造成急性肾衰竭。在胃中,大约 $10^8 \sim 10^9$ 个病原菌可导致发病;若饮用苏打水中和胃酸,10^4 个病原菌即可导致发病。

(2)沙门氏菌

沙门氏菌(*Salmonella*)是造成水传性疾病暴发以及食物中毒的重要原因之一。在 1860—1865 年美国南北战争期间,士兵把生活废弃物丢至河流上游,却在河流下游取水饮用,致使伤寒大规模暴发。1890 年,美国每 10 万人中有 30 人死于伤寒。1907 年,美国开始在各大城市普及水过滤技术。1914 年开始采用氯化消毒技术。至 1928 年,美国每 10 万人中死于伤寒的人数降至 5 人。

沙门氏菌是引起伤寒的病原菌,包括 6 个亚属,2200 多个血清型。人类感染沙门氏菌,轻者引发自愈性胃肠炎,重者引发致死性伤寒。

沙门氏菌经常存在于屠宰场污水、畜禽场污水、畜禽放养塘污水、医院污水、伤寒患者以及带菌者粪便中。可在 25℃污泥中存活 8~12 周,可在 30℃医院污水中存活 279 天以上。

（3）大肠杆菌

大肠杆菌是造成婴儿腹泻的主要病原菌之一,也可引起成人和畜禽感染。人类的致病性大肠杆菌有 5 大群,即肠道致病性大肠杆菌、肠道侵袭性大肠杆菌、肠道产毒素性大肠杆菌、肠道出血性大肠杆菌以及肠道黏附性大肠杆菌。

致病性大肠杆菌的致病力很强,只需 100 个细菌即可致病,潜伏期为 1~7 天。1996 年,日本发生肠道出血性大肠杆菌(EHEC)O$_{157}$：H$_7$ 感染事件,9000 多名儿童被该菌感染,流行病学调查发现,该事件的起因是致病性大肠杆菌通过污水污染萝卜苗,患者生吃了被大肠杆菌污染的萝卜苗。

（4）军团菌

1976 年夏天,美国军团集会,期间暴发肺炎,因此将这种疾病称为军团菌病。据报道,美国每年有 1.3 万例军团菌病,病死率较高。军团菌病的潜伏期为 2~10 天。

嗜肺军团菌(*Legionella pneumophila*)是军团菌病的病原菌,存在于人工喷泉、热水龙头、淋浴器、空调器、冷却塔等装置内。已确认的军团菌有 41 个种,共 63 个血清型。军团菌感染人类的主要途径是呼吸道。该属细菌个体微小,在人类正常呼吸时,会将含有军团菌的气溶胶吸入呼吸道,致使军团菌感染肺泡组织和巨噬细胞,引发炎症,导致军团菌病。

2.病毒

甲型肝炎病毒(hepatitis A virus,HAV)和戊型肝炎病毒(hepatitis E virus,HEV)可通过粪便污染水体。HAV 属于新肠道病毒,可在污水和甲肝患者粪便中存活较长时间,并通过水体传播。甲型肝炎是常见的消化道传染病,曾在我国沿海地区散发流行,也曾多次暴发流行。1971—1978 年,美国水源性疾病暴发流行 224 起,其中 12 起由 HAV 所致。

戊型肝炎也是一种水源性暴发流行的疾病。在潜伏期和急性期,戊型肝炎患者和实验动物粪便中含有大量病毒,易成为传染源,通过饮水和接触感染敏感人群。常见的传播途径是粪一口途径。1991 年印度 Kanpur 地区水源被粪便污染,造成了戊型肝炎大流行。

3.原虫

隐孢子虫(*Cryptosporidium*)属于球虫目原虫,广泛寄生于哺乳类、鱼类、鸟类和爬行类的家养和野生脊椎动物体内。它是一类引起哺乳动物腹泻的肠道原虫。迄今已在 68 个国家发现隐孢子虫病。隐孢子虫的卵囊可通过人类和动物排泄物进入环境。卵囊对氯气消毒的抵抗力很强,能够在经过氯气消毒处理的饮用水中存活;对人类有超常的感染力,只要饮用水或食物中存在少数卵囊,即可危害人类健康。1993 年 4 月,美国 40 万人因饮用消毒不彻底的供水而被隐孢子虫感染,死亡人数超过 100 人。

阿米巴(*Amoeba*)可通过粪便直接污染水体,也可以通过土壤间接污染水体。1965 年,美国佛罗里达出现一种未知疾病。夏天十几岁的青少年在湖泊或河流中游泳后,几天内即患这种疾病。其症状先是剧烈头痛,后是昏迷,死亡率很高。后来确诊,这是阿米巴感染所致的脑膜炎。由于施用粪肥,阿米巴以休眠包囊的形式存在于土壤中。当大量细菌聚集在这类包囊周围时,细菌分泌物会激活阿米巴,使其恢复感染性。湖泊和河流被有机物污染后,水体中存在大量细菌,一旦阿米巴随土壤进入水体,这些细菌就会使阿米巴从休眠状态转变为活性状态,并在水体中繁殖和聚集。阿米巴通过鼻子侵入脑膜而使游泳者致病。

（二）水体病原菌的来源与传染

1. 水体病原菌的来源

清洁水体中的微生物含量不高,通常 1mL 水中含有几十至几百个细菌,并以自养型细菌为主,对人类和生态系统无害。

清洁水体经常接受来自空气、土壤、污水、垃圾、粪便、动植物残体的各种微生物,其中不乏病原菌。病原菌污染水体的主要途径是:① 随气溶胶和空气降尘进入水体;② 随土壤和地表径流进入水体;③ 随垃圾和人畜粪便进入水体;④ 随医院污水、养殖污水、生活污水以及制革、洗毛、屠宰等工业废水进入水体。一旦病原菌进入水体,即能以水体作为生存和传播的媒介。

2. 水体病原菌的传染

水体病原菌的传染方式主要有:

① "接触—皮肤感染"途径　当皮肤、黏膜接触带有病原菌的污水时,病原菌感染人体接触部位。例如,接触带有葡萄球菌（Staphylococcus）的水体,可造成损伤皮肤化脓。

② "饮水—肠道感染"途径　通过饮水,水中病原菌经口进入肠道,致使肠道感染。1991 年 1 月秘鲁发生霍乱暴发流行,并传播蔓延至中美洲和南美洲各国。共出现 104 万个病例,致死 9642 人。事后流行病学调查发现,这次霍乱爆发流行的病因是饮用水消毒不彻底,其中含有霍乱弧菌。

③ "水产品—肠道感染"途径　进入水体的病原菌可感染水产品,如鱼、虾、毛蚶等,当人们食用这些带菌食品时,便会被病原菌感染。1988 年上海甲肝暴发流行,临床患者累计 31 万人。事后流行病学调查发现,导致甲肝流行的原因是上海市民生食了被甲肝病毒污染的毛蚶。

（三）水体微生物污染的防治

防治水体微生物污染的主要措施有:

① 加强污水处理。主要是加强医院污水、畜牧场污水、屠宰场污水、禽蛋厂污水、制革厂污水的处理,必须达标排放。

② 加强饮用水处理。保证生活饮用水符合水质标准,对农村分散式给水,应通过煮沸或加漂白粉等方式杀灭水中可能存在的病原菌。

三、土壤微生物污染

一个或几个有害的微生物种群,从外界环境侵入土壤,对人类或生态健康产生不良影响的现象,称为土壤微生物污染（soil microbial pollution）。

（一）土壤病原菌来源及其存活影响因素

自然土壤中存在病原菌。土壤是微生物的良好生境,也是微生物的最大贮库。土壤微生物种类众多,数量巨大,具有相对稳定的生物群落。这些微生物通过代谢活动,合成土壤腐殖质,固定大气氮素,活化土壤矿质养分,对土壤肥力具有重大贡献。但是,土壤中也存在一定种类和数量的病原菌,对人类和生态系统具有潜在危害。

在受污土壤中,病原菌增多。若不经处理而直接将人畜粪便、生活垃圾、城市污水、饲养场和屠宰场污物施入土壤,则会带入有害微生物,造成土壤微生物污染。传染性病原菌污染土壤,不仅会危害人类,影响人类健康;而且还会危害植物,造成农业减产。未经消毒处理的传染病医院的污水和污物进入土壤,甚至会造成灾难性后果。

在土壤中,外来病原菌的存活时间受病原菌种类、土壤性质(如有机质和黏土含量)以及环境条件(如 pH、温度、日照等)的影响。一般而言,无芽孢细菌的存活时间为几小时至数月。芽孢细菌的存活时间显著长于无芽孢细菌,炭疽杆菌的存活期可达 15～60 年。病毒易被吸附于土壤颗粒内而延长存活期,冬季脊髓灰质炎病毒可存活 96 天,夏季可存活 11 天。土壤黏土含量越高,对病毒的吸附能力越大,存活期越长。低 pH 有利于病毒吸附,存活期也较长。

（二）土壤病原菌的传染

土壤病原菌危害人类的传染方式主要有:

①"人—土壤—人"途径　人体排出的病原菌直接污染土壤,或经施肥和污灌间接污染土壤,人体接触污染土壤或生吃从这些土壤上收获的蔬菜瓜果,均可被感染致病。

②"动物—土壤—人"途径　患病动物排出病原菌污染土壤,使人体感染致病。炭疽病是人畜共患病,炭疽芽孢杆菌的芽孢可在土壤中存活 60 年以上,若将病畜尸体丢至土壤,会使人体被炭疽芽孢杆菌感染。

③"土壤—人"途径　自然土壤中存在致病菌,人体接触土壤,会感染得病。土壤中存在破伤风梭菌,其芽孢长期存活于土壤中,当人体表皮受损并接触带菌土壤时,该菌会通过伤口侵入人体而导致破伤风。

（三）土壤微生物污染的防治

要防治土壤微生物污染,必须控制污染源,对施入土壤的人畜粪便、污水污泥、城市垃圾等进行无害化处理。

常用的无害化处理方法有:药物灭菌法、高温堆肥法、沼气发酵法等。高温堆肥可使堆料的温度高于 55℃并持续 5 天以上,使蛔虫卵死亡率达 95％以上,粪大肠菌群值大于 10^{-2},并能有效控制苍蝇孳生。沼气发酵使物料保持密封 30 天以上,可使寄生虫卵沉降率高于 95％,粪大肠菌群值大于 10^{-4},也能有效控制苍蝇孳生。

第二节　水体富营养化

一、水体富营养化概念

水体富营养化(eutrophication)是指氮、磷等营养物质大量进入水体,使藻类和浮游生物旺盛繁殖,从而破坏水体生态平衡的现象。湖泊、港湾、河口等缓流水体易发生富营养化。

关于水体富营养化的成因,目前各家持不同见解。多数研究者认为,氮、磷浓度升高是诱发藻类大量繁殖的主要原因,其中又以磷更为关键。影响藻类生长的物理、化学和生物因素极为复杂,藻类的发展趋势很难预测,富营养化表征参数也很难确定。目前用于判断水体富营养化的主要指标有：含氮量大于 $0.2\sim0.3mg/L$，含磷量大于 $0.01\sim0.02mg/L$，生化需氧量（BOD_5）大于 $10mg/L$，细菌总数（淡水，$pH7\sim9$）达 10^4 个/mL，叶绿素 a（表征藻类生长量）大于 $10\mu g/L$。

20 世纪后期，我国水体富营养化加剧，导致水华和赤潮频发。水华（water bloom）是淡水中藻类大量繁殖并集聚于水面的一种生态现象（图 10-2）。赤潮（red tide）则为海水中浮游生物爆发性增殖并聚集而引起水体变色的一种生态现象（图 10-3）。赤潮被喻为"红色幽灵"，但并非都呈红色。

图 10-2　水华

图 10-3　赤潮

二、富营养化水体的生物学特征

水体未受污染时，微生物种类丰富，但每个种群的个体数目较少，即种类多、个数少。水体受到污染后，微生物种类减少，每个种群的个体数目增加，即种类减、个数增。水体受到严重污染后，微生物种类更少，甚至只能看到几个种群，而各种群的个体数目则很大。

在淡水中，产生水华的藻类以蓝细菌为主，现已检出 20 多种，常见的藻类是：微囊藻（*Microcystis*）、鱼腥藻（*Anabaena*）、束丝藻（*Aphanizomenon*）和颤藻（*Oscillatoria*）。蓝细菌的过度繁殖会造成水体缺氧而降低繁殖速度。一种蓝细菌繁殖衰减可促使另一种蓝细菌繁殖加快，并由此引发蓝细菌种群演替。许多蓝细菌能够生物固氮，使磷成为水华的主要限制因素。

在海水中，产生赤潮的藻类很多，现已检出 60 多种，常见的藻类是：腰鞭毛虫（*Dinoflagellate*）、裸甲藻（*Gymnodinium aeruginosum*）、短裸甲藻（*Gymnodinium breve*）、梭角藻（*Ceratium fusus*）、原甲藻（*Prorocentrum micans*）、中肋骨条藻（*Skeletonema costatum*）、角毛藻（*Chaetoceros*）、卵形隐藻（*Cryptomonas ovata*）、无纹多沟藻（*Polykrikos schwartzi*）、夜光藻（*Noctiluca milialis*）等。其中，腰鞭毛虫又称甲藻，常见于北纬或南纬 $30°$ 的海水中，单细胞，具有两根鞭毛，含有光合色素，细胞呈深褐、橙红、黄绿等颜色。赤潮发生时，甲藻数目可达 50000 个/mL，使海水呈现甲藻的颜色。甲藻可发荧光，在黑夜中也清晰可见。

三、水体富营养化的进程及其影响因素

（一）水体富营养化进程

水体富营养化是水体生态演变的特定阶段。这种演变既可以是"天然的"，也可以是"人为的"。天然水体富营养化是自然环境因素改变所致的水体生态演变。其过程极为缓慢，常

需几千年甚至上万年。它与湖泊的发生、发展和消亡密切相关,并受地质、地理、环境演变的制约。控制这种水体富营养化进程的主导因素通常是内源性的。藻类和其他浮游生物可以源源不断地从水体中获得养分而持续繁殖;一代藻类死亡后,通过腐烂分解,又可把氮、磷等养分释放至水体中,供下一代藻类利用。藻类尸体沉入水底,一代又一代地堆积,使水体逐渐变浅,直至成为沼泽。一些高山、极地湖泊的富营养化大多属于天然富营养化。

人为水体富营养化是在人类活动影响下发生的水体生态演变。其过程很快,可在短期内显现。控制这种水体富营养化进程的主导因素通常是外源性的。例如,人为破坏湖泊流域的植被,致使大量地表物质流向湖泊;过量施肥,造成地表径流富含养分;向湖泊洼地排放含有养分的工业废水和生活污水等,均可加速湖泊富营养化进程。1986—1990 年我国对 26 个湖泊作了调查,几乎所有湖泊的富营养化都是人为富营养化。

(二)水体富营养化影响因素

藻类的生长和繁殖与水体中的氮、磷含量成正相关,并受温度、光照、有机物、pH、毒物、捕食性生物等因素的制约。

1.营养物质

水体生物生长所需的营养元素约有 20～30 种。从藻类组成($C_{106}H_{263}O_{110}N_{16}P_1$)看,除碳、氢、氧外,需要量最大的营养元素是氮和磷。氮和磷是制约藻类生长的主要限制因子。一般认为,氮素大于 $0.2～0.3mg/L$,磷素大于 $0.01～0.02mg/L$ 时,可引发藻类过度增殖;低于上述临界值,则不会导致藻类过度增殖。

在自然水体中,氮、磷以多种形态存在。氮的主要形态有氮气、氨、亚硝酸盐、硝酸盐以及有机氮化物。其中,以溶解的氨和硝酸盐最易被藻类利用。磷的主要形态有正磷酸盐、聚合磷酸盐和有机磷化物。其中,以溶解的正磷酸盐最易被吸收。在湖泊中,因有固氮蓝细菌,磷常常成为藻类过度增殖的限制因子;在海洋中,氮与磷对藻类过度增殖的影响相当。

2.季节与水温

藻类是中温型微生物,在气温较高的夏季易发生藻类徒长。夏季水体产生分层(stratification),上层水暖,相对密度较小,下层水冷,相对密度较大。若无风,上下水层不会互混。水层之间的藻类活动、营养状况及供氧特点也不相同。

3.光照

充足的光照是藻类快速繁殖的必要条件。在水体中,上层光照较好而成为富光区,富光区藻类的光合作用相应较强,释放的氧气可使溶解氧过饱和。上层藻类密度较大时,光线不易透过,下层即成为弱光至无光区,此时藻类与其他异养菌一样,主要进行呼吸作用,消耗大量溶解氧,致使下面水层缺氧。

4.pH

藻类的生长 pH 范围为 7.0～9.0,我国大多数湖泊的 pH 均在 7.5～9.0 之间,因而容易发生藻类过度增殖。

5.其他生物

水体中没有藻类的天敌(如捕食性生物和藻体病原菌)时,有利于藻类过度增殖。

四、水体富营养化的测定与评价

水体富营养化的测定方法较多,如测定光合强度与呼吸强度之比、藻类生产潜力、光合作用产氧能力、水体透明度、氮磷含量、叶绿素 a 含量等。这里只讨论前面两种方法。

（一）光合强度与呼吸强度之比

光合作用是指水体中藻类的合成作用（简写为 P），呼吸作用是指水体中藻类的分解作用（简写为 R）。其生物反应为：

$$106CO_2 + 16NO_3^- + HPO_4^{2-} + 122H_2O + 18H^+ + 微量元素 + 能量 \tag{10-1}$$

$$P \downarrow \uparrow R$$

$$C_{106}H_{263}O_{110}N_{16}P_1（藻类）+ 138O_2$$

P/R 是评价水体是否健康的重要指标。在贫营养湖中，光合作用与呼吸作用达到平衡，P/R＝1，指示水体健康状况正常。在富营养化湖中，P/R 变化较大：水体氮磷较多、日照充足时，藻类光合作用较强，呼吸作用较弱，P/R＞1，指示水体健康状况不良；水体氮磷减少、日照不足时，光合作用较弱，呼吸作用较强，P/R＜1，指示水体健康状况改善。

（二）藻类生产潜力

对于藻类生产潜力测定，欧美和日本等国制定了淡水和海水藻类培养试验的标准方法：在水样中接种特定藻类，置于一定光照度（4000～6000lx）和温度（20℃）下培养，直至该藻生长稳定，然后测定藻体干重（或细胞数），算出 1L 培养液中的藻体干重即为该水样的藻类生产潜力（algae growth potential，缩写为 AGP）。用作种子的藻类通常是该水域中最占优势的藻类，如蓝藻、绿藻、硅藻等。

日本的 AGP 标准为：天然贫营养湖 1mg/L，中营养湖 1～10mg/L，富营养湖 5～50mg/L。

五、水体富营养化的危害及其防治

（一）水体富营养化的危害

水体富营养化可破坏水体生态平衡，导致一系列恶果：

① 引发藻类猛长，影响水体景观和其他生物生活。某些藻类产生红色色素，繁殖后数天内使海水变成红色，使人感到一片萧条景象。藻体可阻塞鱼鳃和贝类水孔，影响其正常呼吸。

② 耗尽溶解氧，造成水生生物死亡。藻类呼吸和藻体分解可消耗大量溶解氧，造成水体缺氧，致使鱼贝窒息。

③ 产生毒素，引发中毒事件。某些藻类产生毒素，可引起鱼贝中毒、病变或死亡，并通过食物链影响人类。例如，链状膝沟藻（*Cyaulax catenella*）产生石房蛤毒素，它是一种剧烈的神经毒素，对人类危害很大。

④ 产生气味化合物，使水体散发不良气味。藻类产生土臭味素（geosmins）、硫醇、胺类等气味物质，可使水体散发土腥味、霉腐味、鱼腥味等。

⑤ 妨碍给水处理，影响供水质量。若自来水厂以富营养化水体为水源，水中所含的藻体会堵塞滤池而影响生产；水中所含的毒素和气味物质则会影响给水质量。

（二）水体富营养化的防治

水体富营养化的预防措施有：① 切断营养物质（主要是氮磷）的来源。加强农田和水体生态管理，合理施肥，防止肥料进入河道；严格执法，禁止生活污水和工业废水直接排放；对二级处理出水进行深度处理，去除氮磷。② 控制藻类生长。使用化学杀藻剂，在藻类大量滋生前,杀死藻体;使用噬藻体(藻类致病菌),杀死藻体;采用机械或强力通气使水层混合,抑制藻类生长。

水体富营养化的治理措施有:疏浚底泥,去除水草和藻类,引入低营养水稀释,实行人工曝气等。但采取这些措施费用较大,宜结合资源化利用,以降低治理成本。例如,饲养草食性或杂食性鱼类;将水用于农田灌溉;捞取水草做饲料和肥料;挖取底泥作肥料、燃料、沼气发酵原料。

第三节　微生物代谢产物污染

进入环境后,每种物质都会受一种或多种微生物的作用,并产生多种多样的代谢产物。这些代谢产物一边产生,一边转化,一般处于动态平衡之中。但在特定条件下,有些代谢产物会出现积累,造成环境污染,对人类产生致癌、致畸、致突变作用。

一、生物毒素

自 1888 年发现白喉杆菌毒素以后,陆续发现了许多微生物毒素,如细菌毒素、放线菌毒素、真菌毒素、藻类毒素等。

(一)细菌毒素

1.内毒素与外毒素

细菌毒素(bacteriotoxin)是指细菌产生的能破坏或抑制其他生物的毒素。根据毒素的释放情况,可分为内毒素与外毒素。内毒素(endotoxins)是指存在于革兰氏阴性细菌细胞内的拟脂聚糖类复合物。只有当细菌细胞溶解时,它才会被释放并产生毒害作用。外毒素(exotoxins)是指细菌生长过程中向细胞外释放的蛋白质或含蛋白质的毒素。外毒素的毒力一般强于内毒素,但其耐高温性不及内毒素,温度升至 60℃以上时,外毒素即被破坏。内毒素的环境风险较小,因为只有被释放至动物循环系统中它才会产生毒效。外毒素的环境风险较大,常见的外毒素有白喉毒素、破伤风毒素、炭疽毒素、霍乱肠毒素、肉毒毒素、葡萄球菌肠毒素等。

2.肉毒梭菌与肉毒素

在我国,植物性食品(如臭豆腐、豆酱、豆豉等)已造成多起肉毒素中毒事件。肉毒梭菌(*Clostridium botulinum*)革兰氏阳性、产芽孢、能运动、专性厌氧,广泛存在于土壤、淤泥、粪便中,能产生并分泌肉毒素。根据菌体生化反应以及毒素血清学反应,可将肉毒梭菌分为A、B、C、D、E、F 和 G 型。其中,A、B、E 和 F 型能引起人类中毒,C 和 D 型能引起动物中毒,G 型对人类和动物的致病性尚不清楚。肉毒梭菌可污染水果、蔬菜、鱼类、肉类、罐头、香肠等食品。一般中毒致死率为 20%～40%,最高可达 76.2%。

肉毒梭菌的生长条件与产毒条件一致:厌氧;pH 大于 4.5,最适 pH5.5～8.0;温度5.0～42.5℃,因菌株而异;当环境含盐量高于 10%时,该菌停止生长。肉毒素是一种极强的神经毒素,主要作用于神经和肌肉连接处以及植物神经末梢,阻碍神经末梢乙酰胆碱释放,可导致肌肉收缩不全和肌肉麻醉。它是已知毒素中毒性最强的一种毒素。$1\mu g$ A 型肉毒素即能使人致死,1mg A 型肉毒素能毒死 2000 万只小鼠。肉毒素对热敏感,在 80℃、30min 或 100℃、10～20min 的条件下,完全失效。

(二)真菌毒素

1. 真菌毒素及其致病特点

真菌毒素(mycotoxins)是由真菌产生的毒素。早在 15 世纪就有麦角中毒的记载。时至今日,人畜食用霉变谷物而中毒的事件也屡有发生。但直到 20 世纪 60 年代末至 70 年代初先后发现岛青霉毒素和黄曲霉毒素的致癌性后,真菌毒素才真正引起人们重视。

至今发现的真菌毒素多达 300 种。其中,毒性较强的有:黄曲霉毒素、棕曲霉毒素、黄绿青霉毒素、红色青霉毒素 B 等。能使动物致癌的真菌毒素有:黄曲霉毒素 B_1、黄曲霉毒素 G_1、柄曲霉毒素、棒曲霉毒素、岛青霉毒素等。

真菌毒素致病具有下列特点:① 中毒常与食物有关,在可疑食物或饲料中经常检出产毒真菌及其毒素。② 发病有季节性或地区性。③ 真菌毒素是小分子有机物,而不是大分子蛋白质,它在机体中不产生抗体,也不能免疫。④ 患者无传染性。⑤ 人类、家畜、家禽一次性通过食物和饲料大量摄入真菌毒素,往往发生急性中毒;长期少量摄入真菌毒素则发生慢性中毒和致癌。

2. 黄曲霉与黄曲霉毒素

1960 年,英国伦敦附近的某养鸡场,发生了 10 万只火鸡相继死亡的事故。追踪调查获知,作为饲料的花生粉被霉菌污染,其中含有黄曲霉毒素。

黄曲霉(*Aspergillus flavus*)是黄曲霉毒素的主要产生菌。在分离自花生和土壤的 1626 株黄曲霉中,90％菌株能产生黄曲霉毒素 B_1。黄曲霉污染谷物、蔬菜、豆类、水果、乳品、肉类等,给食品安全带来了巨大风险。

黄曲霉毒素有 B_1、B_2、G_1、G_2、B_2a、G_2a、M_1、M_2、P_1 等类型。有 17 种黄曲霉毒素的化学结构已经确定。黄曲霉毒素可发荧光。根据所发荧光的颜色,可将黄曲霉毒素分为 B 族和 G 族。B 族黄曲霉毒素的荧光呈蓝紫色;G 族黄曲霉毒素的荧光呈黄绿色。黄曲霉毒素 B_1(图 10-4)不耐碱,在 pH9～10 的条件下迅速分解;一些化学物质(次氯酸钠、氯气、NH_3、H_2O_2、SO_2 等)也可使之失效。

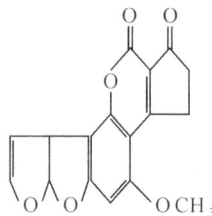

图 10-4　黄曲霉毒素 B_1 结构

按照毒理学标准,半致死剂量(LD_{50})低于 1mg/kg 的毒物归入特剧毒物质。在黄曲霉毒素中,以黄曲霉毒素 B_1 的毒性最强,其半致死剂量为 0.294mg/kg,大大低于特剧毒物质的临界值。黄曲霉毒素的毒性是氰化钾的 10 倍,砒霜的 68 倍。

动物实验证明,黄曲霉毒素是很强的致癌剂,其靶器官主要是肝脏,也可导致胃、肠、肾病变。流行病学调查获知,在食物常被黄曲霉污染且被人体摄入的地区,其肝癌发病率也显著较高。

1966 年世界卫生组织将食品中黄曲霉毒素的含量标准定为 $30\mu g/kg$,1970 年降至 $20\mu g/kg$,1975 年再降至 $15\mu g/kg$。我国食品中黄曲霉毒素的含量标准是:玉米、花生油、花生及其制品不得超过 $20\mu g/kg$；大米及食用油不得超过 $10\mu g/kg$。其他粮食、豆类、发酵食品不得超过 $5\mu g/kg$；婴儿代乳食品不得检出。

（三）藻类毒素

甲藻是赤潮中经常检出的藻种，甲藻素能在短时间（$2\sim12h$）内使人致死。盐类、醇类可削弱甲藻素的毒力，但至今没有找到有效的解毒药品。甲藻素可积累至贻贝及蛤体中，人食之即中毒。赤潮发生时，贻贝可吸收甲藻素并蓄积于内脏中；赤潮过后，二周内蓄积的甲藻素逐渐消失；蛤可吸收甲藻素并蓄积于呼吸管中，赤潮过后一年仍不消失。

有人从贻贝及蛤中提取了纯甲藻素，也有人从链状膝沟藻（*Gonyaulax catenella*）培养物中获得了甲藻素，说明贝类中的甲藻素来自甲藻。如果链状膝沟藻含量超过 200 个/mL，食用该水体中收获的贻贝易引发中毒。甲藻素对小鼠的 LD_{50} 为 $10\mu g/kg$ 体重（腹腔注射），人类口服 1mg 即被致死。该毒素溶于水，对热稳定，罐头加工中可破坏 70%。由于这种毒素多蓄积于贝类内脏中，食用前从贝体中去除肝、胰腺等内脏，则可确保安全。

（四）放线菌毒素

某些放线菌的代谢产物可使人中毒，也可引发肿瘤或癌症。洋橄榄霉素是肝链霉菌（*Streptomyces hepaticus*）的代谢产物。急性毒性强，可诱发肝、肾、胃、脑、胸腺等产生肿瘤。洋橄榄霉素的结构类似苏铁苷，一般认为其致癌机理也类似苏铁苷。苏铁苷本身没有致癌性，但在动物肠道内被微生物水解后可转变为致癌物。

二、气味代谢产物

气味是影响环境质量的重要因子。在环境污染中，它有早期预警作用。闻到气味说明污染物可能已达到有害浓度。供水系统的不良嗅味是生物学家、公共卫生学家以及水处理工程师共同关注的一个老问题。世界上有许多城镇以河流、湖泊、水渠、港口水体为饮用水源，水源周期性产生不良气味给生活带来了诸多不便。气味物质不仅污染大气和水体，造成感官不悦，而且还可被水生生物吸收并蓄积于体内，影响水产品（如淡水鱼）品质。

人们对生物来源的气味代谢产物的化学本质进行了深入研究，并取得了很大进展。已从放线菌产生的土腥味物质中分离到土腥素（或土臭味素）。土腥素是一种透明的中性油，相对分子质量182，嗅阈值低于 $0.2mg/L$。在具有土腥味的鱼肉中可检出土腥素，鱼肉的味阈值为 $0.6\mu g/100g$ 鱼肉。另一种土霉味（樟脑/薄荷醇味）代谢产物被鉴定为 2-甲基-异莰醇。这种气味物质为白色固体结晶，分子式 $C_{11}H_{20}O$，相对分子质量168，嗅阈值 $0.1mg/L$。其他引起环境污染的微生物气味代谢产物还有氨、胺、硫化氢、硫醇、（甲基）吲哚、粪臭素、脂肪酸、醛、醇、脂等。

三、酸性矿水

黄铁矿、斑铜矿等含有硫化铁。矿山开采后，矿床暴露于空气中。由于化学氧化作用，矿水酸化，pH 降至 $4.5\sim2.5$，称之为酸性矿水（acid mine drainage，图 10-5）。在此酸性条件下，只有耐酸菌（如氧化硫硫杆菌和氧化硫亚铁杆菌）能够生存。氧化硫硫杆菌（*Thiobacillus thiooxidans*）可把硫氧化为硫酸，氧化亚铁亚铁杆菌（*Ferrobacillus ferroxidans*）则可把硫酸亚铁氧化为硫酸高铁。经过这些细菌作用，矿水酸化加剧，有时 pH 降到 0.5。这种酸性矿水随雨水径流，或渗漏至地下，或顺河道下流，可破坏生态系统，毒害鱼类，影响人类的生产和生活。

矿水酸化以及耐酸细菌的作用过程为：

① 经自然氧化(化学氧化)黄铁矿(FeS_2)生成硫酸亚铁和硫酸：

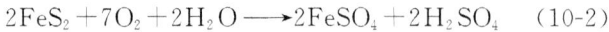

$$2FeS_2 + 7O_2 + 2H_2O \longrightarrow 2FeSO_4 + 2H_2SO_4 \qquad (10-2)$$

② 氧化硫亚铁杆菌与氧化亚铁亚铁杆菌将硫酸亚铁氧化为硫酸高铁：

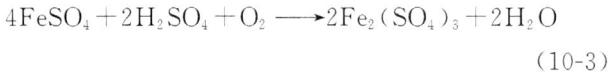

$$4FeSO_4 + 2H_2SO_4 + O_2 \longrightarrow 2Fe_2(SO_4)_3 + 2H_2O$$
$$(10-3)$$

③ 硫酸高铁与黄铁矿作用，产生更多硫酸：

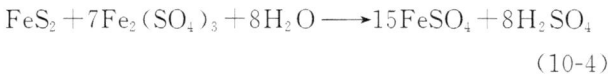

$$FeS_2 + 7Fe_2(SO_4)_3 + 8H_2O \longrightarrow 15FeSO_4 + 8H_2SO_4$$
$$(10-4)$$

图 10-5　酸性矿水
(引 自 Madigan M T. *et al.*
Brock Biology of Microorganisms. eleventh edition. Prentice-hall. Inc. . 2006)

四、甲基化重金属

在自然条件下，汞、砷、镉、碲、硒、锡、铅等重金属离子，均可被甲基化而生成毒性很强的甲基化重金属。其中，甲基汞给世人留下了深刻的记忆。

(一)汞的甲基化

无机汞的甲基化可分为非酶促甲基化和酶促甲基化两种类型。

1. 汞的非酶促甲基化

在中性水溶液中，以甲基钴胺素作为甲基供体，汞可被转化为甲基汞。这种转化是纯化学反应，能快速而定量地进行。在有氧和无氧条件下，汞的甲基化均能顺利完成。

2. 汞的酶促甲基化

在自然界，绝大多数甲基汞都是在微生物作用下产生的。这种微生物作用可分为直接作用与间接作用。直接作用是指直接在微生物酶催化下发生的甲基化作用。例如，一些微生物借助其细胞内的甲基转移酶，将甲基钴胺素上的甲基转移给汞离子而形成甲基汞。间接作用则是指在微生物细胞外发生的甲基化作用。例如，微生物将环境中的钴胺素(维生素B_{12})转化成甲基钴胺素，然后通过化学反应转移甲基，形成甲基汞；或者微生物先将环境中的锡(或镉)转化成甲基锡(或甲基镉)，然后通过化学反应将甲基转移给汞，形成甲基汞。排入环境的汞大多为无机汞(元素汞和汞离子)，经过微生物作用，无机汞被转化成甲基汞。甲基汞的毒性要比无机汞高 100 倍。

(二)汞甲基化的影响因素

汞的酶促甲基化速率受 pH 影响。在中性和碱性条件下，微生物的转化产物主要是二甲基汞。这种化合物不溶于水，易挥发而逸入大气。而在弱酸性条件下，微生物的转化产物主要是甲基汞；二甲基汞也易分解为甲基汞。甲基汞溶于水，可在水中长期滞留并被鱼、贝类等水生生物吸收。实验室研究与野外调查都证实，在酸性水域中捕获的鱼体内汞含量较高。

汞的酶促甲基化速率也受通气的影响。虽然在无氧及有氧条件下微生物均可进行甲基化作用，但无氧时水体会产生大量硫化氢，汞与硫离子结合生成难溶的硫化汞，使汞的甲基

化反应难以进行。在自然水体中,微生物的甲基化作用限于底泥表层,这与通气有关。如果污泥中有动物搅动,污泥层的甲基化区域可向下深入。

汞的酶促甲基化速率还受微生物种类的影响。在含有 10μg/mL 氯化汞(相当于汞 7μg/mL)的培养液中培养 60h,匙形梭状芽孢杆菌(*Clostridium cochlearium*)可产生 0.14μg/mL 甲基汞(相当于汞 0.13μg/mL),无机汞转化率约为 2%。在另一种菌的培养液里,经过 44h 转化,2μg 氯化汞只产生 6ng 甲基汞,无机汞转化率仅为 0.3%。

第四节　微生物污染风险评价

一、风险与风险评价概念

风险(risks)是指不幸事件发生的可能性及其发生后可能造成的损害的乘积。不幸事件发生的可能性称为风险概率(probability,P);不幸事件发生后可能造成的损害称为风险后果(damages,D);一个具体事件或事故(x)的风险(R)可表示为风险概率与风险后果的乘积。即:

$$R(x) = P(x) \cdot D(x) \tag{10-5}$$

如果一个事件由 n 个独立事件组合而成,则:

$$R(x) = \sum_{i=1}^{n} P(x_i) \cdot D(x_i) \tag{10-6}$$

如果该事件连续作用,其发生概率与后果随 x 变化而变化,则:

$$R(x) = \int_0^\infty P(x) \cdot D(x) \mathrm{d}x \tag{10-7}$$

式中,$P(x)$ 表示单位时间内发生的次数;$D(x)$ 表示每次事件发生的后果。

环境风险(environment risks)是指由自然原因和人类活动引起的,可通过环境介质传播的,能对人类社会及自然环境产生破坏、损害乃至毁灭作用的不幸事件发生的概率及其后果。按风险来源,环境风险可分为化学风险、物理风险、生物风险等。按承受对象,环境风险可分为人群风险、生态风险等。

环境风险评价(environment risk assessments)是对人类开发行为所引发的环境风险进行评估,并据此进行管理和决策的过程。微生物污染风险评价起始于 20 世纪 80 年代,归入人群风险评价,是环境风险评价的重要组成部分。

二、病原菌污染风险评价

微生物污染的危害很多。病原菌感染人类和生物可能致病;藻类和浮游生物疯长可能造成水体质量恶化;微生物产生毒物可能引发人类和生物中毒,等等。风险评价的主要程序有风险识别、暴露评价、剂量—反应关系确定和风险表征。对于微生物污染的风险评价,至今没有规范可循,通常参照相关风险评价。由于对病原菌的研究相对较多,故此以病原菌污染的风险评价为例。

(一)病原菌污染的风险识别

在一个特定的环境中,有时某一部分引发的环境风险往往大于其他部分。在风险评价中，首先要把整个系统分解为若干个子系统，以确定风险的性质、来源和成因，即风险识别（risk identification）。

病原菌污染所致的风险比较复杂。病原菌感染人类产生的危害取决于病原菌的感染力、人群的敏感性以及环境条件。病原菌侵入人体后，可以表现为亚临床症状、临床症状、甚至死亡。

病原菌感染引发亚临床症状的比例因病原菌而异。脊髓灰质炎病毒感染人体，很少表现临床症状，发展为临床疾病的比例低于 1%。亚临床症状是否转变为临床症状，与患者所感染的病原菌剂量无关，主要取决于病原菌的感染力和患者的年龄及其免疫力。在甲型肝炎病例中，5 岁以下儿童的发病率为 5%，成人的发病率为 75%。病原菌感染的严重后果是致人死亡。肠道病原菌致人死亡的病例时有发生，其中免疫力弱的人群的死亡率一般高于正常人群。

病原菌种类繁多，分布广泛，在风险评价中辨识病原菌及其危害并非易事。

（二）病原菌污染的暴露评价

暴露评价（exposure assessment）主要包括两个方面：① 分析污染物从污染源进入环境的迁移转化过程，以及它们在不同环境介质中的分布和归趋；② 查明受体的暴露途径、暴露方式和暴露剂量。

化学污染物从污染源进入环境的迁移转化过程相对稳定，它们在不同环境介质中的分布和归趋也有一定规律可循，因此调查受体对化学污染物的暴露途径、暴露方式和暴露剂量相对容易。

微生物暴露评价要比化学污染物暴露评价复杂得多。微生物产生的危害通常与其生命活动有关。一旦它们丧失生命，其危害也随之终止。但是，微生物能够生长繁殖，作为特殊污染物，它们会不断扩增。例如，某人喝了被病原菌污染的饮料后，本人会被感染致病。在患者体内，病原菌大量增殖，还可通过人与人之间的接触以及其他途径而传染他人。这种现象称为二次感染。二次感染是水传性疾病暴发流行并不断加剧的重要原因。

在微生物暴露评价中，确定病原菌的感染剂量困难很大。虽然有人对志愿者作了肠道病原菌的感染剂量试验，但资料严重不足。由于病原菌感染的专一性（有些病原菌以人体为唯一宿主），动物试验获得的感染剂量很难推至人类。

（三）病原菌污染的剂量—反应关系

剂量—反应关系（dose-response assessment）主要研究不同暴露水平下，受体对风险因子的响应。要准确地评价病原菌污染带来的风险，必须合理选择剂量—反应模型。在评价人类被肠道病原菌感染的可能性时，常用 β-Poisson 模型式（10-4）来计算。

$$P(x) = 1 - \left(1 + \frac{N}{\beta}\right)^{-\alpha} \tag{10-8}$$

式中，$P(x)$ 表示一次暴露后发生病原菌感染的风险概率；N 表示每次暴露中受体摄入病原菌的数量；α、β 表示宿主与病原菌相互作用的特征参数。通过人体试验获得的一些水传性肠道病原菌的 α 和 β 值见表 10-1。

表 10-1　肠道病原菌的剂量-反应模型与参数

序号	微生物	模型	模型参数
1	艾可病毒群 12	β-Poisson 模型	$\alpha=0.374$ $\beta=186.69$
2	轮状病毒	β-Poisson 模型	$\alpha=0.26$ $\beta=0.42$
3	脊髓灰质炎病毒 1	指数模型	$r=0.009102$
4	脊髓灰质炎病毒 1	β-Poisson 模型	$\alpha=0.1097$ $\beta=1524$
5	脊髓灰质炎病毒 3	β-Poisson 模型	$\alpha=0.409$ $\beta=0.788$
6	隐孢子虫	指数模型	$r=0.004191$
7	兰伯氏贾第虫	指数模型	$r=0.02$
8	沙门氏菌	指数模型	$R=0.00752$
9	大肠杆菌	β-Poisson 模型	$\alpha=0.1705$ $\beta=1.6\times10^6$

假设每天暴露的病原菌浓度恒定,一次暴露后被感染的风险概率服从 Poisson 分布,则年度感染风险和终生感染风险分别可用式(10-9)和式(10-10)计算。

$$P_A=1-[1-P(x)]^{365} \tag{10-9}$$

$$P_L=1-[1-P(x)]^{255550} \tag{10-10}$$

式中,P_A 表示被病原菌感染的年度风险(365 天);P_L 表示被病原菌感染的终生风险(假设寿命为 70 年,共 25550 天)。

被感染并导致临床症状和死亡的风险分别可用式(10-11)和式(10-12)计算。

$$P_I=P(x)I \tag{10-11}$$

$$P_M=P(x)IM \tag{10-12}$$

式中,P_I 表示被病原菌感染并导致临床症状的风险概率;P_M 表示被病原菌感染并导致死亡的风险概率;I 表示被病原菌感染并导致临床症状的百分率;M 表示被病原菌感染并导致死亡的百分率。

(四)病原菌污染的风险表征

风险表征(risk characterization)是将分析结果综合起来作出风险评价的过程。应用上述模型,可以估计不同感染剂量下被病原菌感染、导致临床症状乃至死亡的风险。表 10-2 列举了轮状病毒所致的风险。假设 100 L 饮用水中含有 1 个轮状病毒,每人每天喝 2 L 水,每天饮水者被轮状病毒感染的风险为 1.2×10^{-3},也即每天 1000 人中约有 1 人被这种病毒感染。如果按年计,感染风险增大到 3.6×10^{-1},也即每年 3 人中就可能有 1 人被感染。由该案例可知,长期接触低剂量的病原菌,被感染致病的风险是不容忽视的。

美国环保局规定,饮用水的年度感染风险应低于 1/10000(10000 人中少于 1 人被感染)。按此标准,饮用水中的病毒浓度必须控制在 1 个/1000L 以下(表 10-2)。如果水源中的病毒浓度为 1400 个/1000L,病毒去除率应高于 99.99％。

表 10-2　轮状病毒引发感染、疾病乃至死亡的风险

病毒浓度 （个/100L）	风　险	
	每　天	每　年
	导致感染	
100	9.6×10^{-2}	1.0
1	1.2×10^{-3}	3.6×10^{-1}
0.1	1.2×10^{-4}	4.4×10^{-2}
	导致疾病	
100	5.3×10^{-2}	5.3×10^{-1}
1	6.6×10^{-4}	2.0×10^{-1}
0.1	6.6×10^{-5}	2.5×10^{-2}
	导致死亡	
100	5.3×10^{-6}	5.3×10^{-5}
1	6.6×10^{-8}	2.0×10^{-5}
0.1	6.6×10^{-9}	2.5×10^{-6}

（五）案例解析

摄食生的或未充分煮熟的蛤和牡蛎,可使消费者患传染性肝炎和病毒性胃肠炎。在某水域收获的蛤中,艾可病毒群 12 的含量为 8PFU/100 g 蛤肉。若食用这种蛤肉,每人消费 60 g(一餐),那么他们被艾可病毒群 12 感染而致病的风险有多大?

解:60g 蛤中艾可病毒群 12 的数量(N)为:

8 PFU/ 100g ＝ N/ 60 g

$N=8 \times 60/100=4.8$ PFU

查表 10-1 可知,$\alpha=0.374$,$\beta=186.69$。由 β-Poisson 模型式(10-4)求得被感染的可能性为:

$$P(x)=1-\left(1+\frac{N}{\beta}\right)^{-\alpha}$$
$$=1-\left(1+\frac{4.8}{186.69}\right)^{-0.374}$$
$$=9.4 \times 10^{-3}$$

假设被该病毒感染导致临床症状的百分率(I)为 50％,根据式 10-7 求得食用蛤而引发临床症状的风险(P_I)为:

$$P_I=P(x)I$$
$$=9.4 \times 10^{-3} \times 50\%$$
$$=4.7 \times 10^{-3}$$

假设被该病毒感染导致死亡的百分率(M)为 0.001％,则死亡风险(P_M)为:

$$P_M=P(x)IM$$
$$=9.4 \times 10^{-3} \times 50\% \times 0.001\%$$
$$=4.7 \times 10^{-8}$$

如果每人每天食用蛤肉 1 次,每次消费 60g($N=4.8$ PFU),则由式 10-5 求得食用蛤肉

引发临床症状的年度风险（P_A）为：

$$P_A = 1 - [1 - P(x)]^{365}$$
$$= 1 - (1 - 9.4 \times 10^{-3})^{365}$$
$$= 0.97$$

复习思考题

1. 简述空气微生物及其主要影响因素。
2. 简述空气微生物的传播过程。
3. 简述空气微生物污染的危害以及防治室内空气微生物污染的措施。
4. 简述常见的水传性病原菌及其所致疾病。
5. 简述水体病原菌的来源和传染途径。
6. 简述土壤病原菌的来源及其存活的主要影响因素。
7. 简述土壤病原菌的传染途径及其防治措施。
8. 何谓水体富营养化？有哪些评判指标？
9. 简述水体富营养化进程及其影响因素。
10. 简述水体富营养化水平的 P/R 和 AGP 评价法。
11. 简述水体富营养化危害及其防治措施。
12. 简述生物毒素类型和危害。
13. 简述酸性矿水成因和危害。
14. 简述病原菌风险评价过程。

第十一章 微生物与环境净化

环境净化(environmental purification)是指环境受到污染后,通过物理、化学和生物作用,使污染物逐步消除的过程。可分为环境自净(environmental self-purification)和环境修复(environmental remediation)。微生物对污染物具有巨大的转化和降解潜能,是环境自净和环境修复的主角。本章介绍微生物在环境净化中的作用。

第一节 有机污染物的降解转化

生物转化(bioconversion)是指一种有机物通过生物作用而改变形态或转变成另一种物质的过程。生物降解(biodegradation)是指生物(主要是微生物)对有机物的破坏或矿化作用。生物降解的研究内容涉及生物降解潜力、有机物降解难易程度以及有机物降解途径等。研究污染物的生物转化和生物降解,对阐明污染物的环境行为和污染趋势具有重要意义。

一、环境微生物的降解潜力

按来源,有机污染物可分为天然有机污染物和人工合成有机污染物(也称异生素,xeno-biotics)。前者是指由生物代谢产生的有机物,后者则是指现代化工合成的有机物。许多天然有机物原本是生产中的有用物质,有的甚至是人类和生物的必需营养元素。如果不充分利用,它们即可进入环境而成为污染物。这些有机物是否成为污染物,取决于其在环境中的数量(或浓度)和滞留时间。如果某种物质的数量(或浓度)低于临界水平(如低于环境标准容许值或不超过环境自净能力)或存在时间非常短暂,它不会造成环境污染。在环境中,天然有机物的数量和存在的时间固然与"上游"的排放有关,也与"下游"的生物降解有关。经过漫长的进化过程,地球上的微生物已成为种类繁多、数量巨大、代谢多样、分布广泛的生物群体。每种天然有机物几乎都有相应的降解菌,因而都能被生物转化或生物降解。

人工合成的有机物(下简称人工有机物)种类很多,产量巨大,且增长迅猛。据统计,1930年全球生产的人工化合物约10万吨,1950年增至700万吨,1970年增至6000多万吨,1985年增至2.5亿吨,至今已达5亿多吨。1990年美国化学文摘登记的人工化合物为1000万种,并正以每周6000种的速度增加。这些人工化合物大部分是有机物,涉及塑料、合成纤维、合成橡胶、洗涤剂、染料、溶剂、农药、食品添加剂、药品等行业。种类如此之多,数量如此之巨的人工有机物,最终以各种途径进入环境,对人类环境产生了巨大冲击。

与漫长的生物进化过程相比,人工有机物的面世时间较短。对于这些自然界的"不速之客",微生物还来不及"认识"而显得"陌生",但微生物"正学着对付"它们。由于微生物抗逆性强,容易变异,繁殖迅速,适应人工有机物的能力大大强于其他生物。当有新的有机物进入环境时,微生物能够通过突变形成新的变种,或通过诱导合成新的酶系来适应这些物质。值得一提的是,许多微生物含有降解性质粒,能够降解人工有机物,降解性质粒在微生物种群内部以及种群之间传递,可大大加速人工有机物的转化和降解。

对于污染物,人们最关心的是它们对人类和生物的危害。根据有机污染物对人类和生物的毒性,可分为无毒有机污染物和有毒有机污染物(简称有机毒物)。有机毒物又可分为可生物降解性有机毒物和难生物降解性有机毒物。对于可生物降解性有机毒物,它们可被微生物降解,最终成为简单的无机物,毒性也会因此而消失。对于难生物降解性有机毒物,由于它们的化学性质稳定,很难被微生物分解,因而可以在环境中长期滞留,被称为持久性有机污染物(persistent organic pollutants,POPs)。POPs 对人类和生物的危害极大。即使它们在环境中数量很少,也可能经过生物浓缩(bioconcentration)、生物积累(bioaccumulation)和生物放大(biomagnification),对人类和生物健康构成威胁或造成危害。

许多人工有机物是持久性有机毒物。它们源源不断地进入环境,对人类的生存和发展提出了严重挑战。研究并开发微生物对这类有机污染物的转化与降解潜能,是环境微生物学工作者的重要职责。

二、高效工程菌的构建开发

对于一些难降解性有机污染物,微生物是通过一系列酶促反应来降解的。在自然界,这些酶促反应分别由多种微生物协同完成,不但降解速度很慢,而且极易积累中间产物。如何使只有部分代谢功能的菌株转变成具有全部代谢功能的菌株(即构建工程菌),以拓宽生物降解的范围并提高生物降解的速度,就成了消除持久性有机污染物的突破口。

(一)质粒分子育种

降解性质粒(degradative plasmids)是一类编码某些有机物降解途径的质粒。通过接合、转化或转导,降解性质粒可由一个菌株转移至另一个菌株,使后者获得降解某种有机物的能力。接合是细菌之间质粒转移的常见方式。为了消除海上溢油污染,1972 年美国 Chakrabarty 等将假单胞菌不同菌株的 4 种降解性质粒 CAM、OCT、XAL 和 NAH,通过接合转移至一个菌株中,构建了能同时降解芳香烃、多环芳烃、萜烃和脂肪烃的"多质粒超级菌株"(图 11-1)。应用该工程菌消除浮油,使天然菌群需要花费一年以上的除油时间,缩短为几个小时。

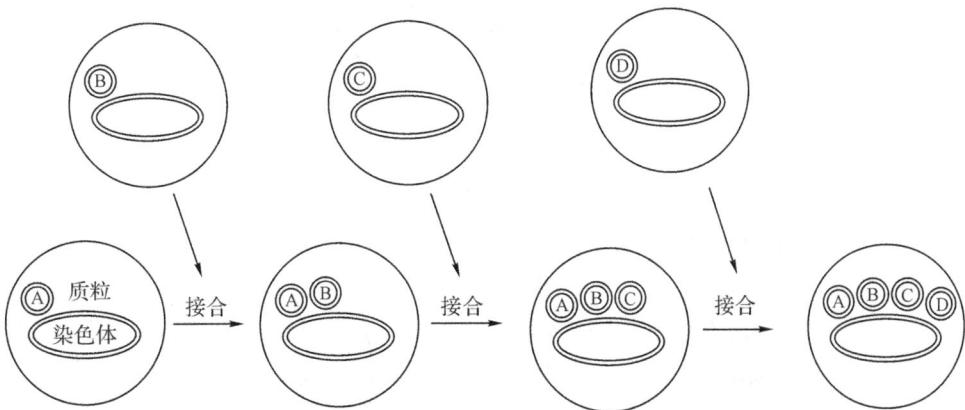

图 11-1　多质粒降解菌构建模式

质粒分子育种(plasmid-assisted breeding)是美国 Chakrabarty 等提出的一种培育新功

能菌的方法。在施加选择压的条件下,将多种微生物置于恒化器中长期混合培养,通过质粒在微生物之间的自然传递,可使某些菌株获得外来降解性质粒而具有新的代谢功能。例如,2,4,5-T 是一种除草剂,虽然它已问世 40 多年,但一直未能从自然界分离获得以它为唯一碳源和能源的降解菌株。为了培育 2,4,5-T 降解菌,Chakrabarty 等从有毒废物堆放场取样,分离菌种并将它们接种至恒化器中,与带有 CAM、TOL、SAL、pAC$_{21}$、pAC$_{25}$ 和 pAC$_{31}$ 等降解性质粒的一些恶臭假单胞菌混合培养。试验初期,在培养基中加入较低浓度(50 μg/mL)的 2,4,5-T 和较高浓度(250μg/mL)的甲基苯甲酸盐、水杨酸盐、氯代苯甲酸盐。连续培养

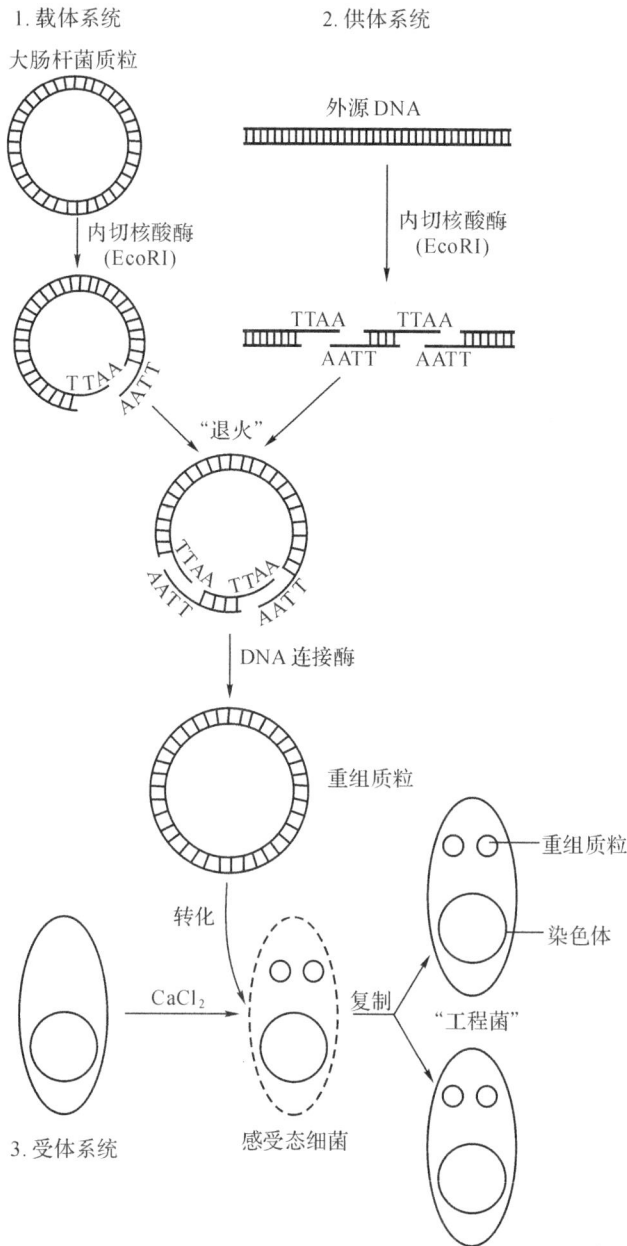

图 11-2　基因工程的操作程序

两周后,逐步提高 2,4,5-T 浓度,降低苯甲酸盐等成分的浓度。培养至 7 个月时,只加 2,4,5-T($500\mu g/mL$),停加其他碳源。继续培养两个月后,培养液中出现 7~8 种菌落特征不同的细菌,其混合培养物能以 2,4,5-T 作为唯一碳源和能源。采用更高浓度的 2,4,5-T 培养后,菌落类型减少至 3~4 种。再培养两个月,从中分离获得了一株以 2,4,5-T 为唯一碳源和能源的培养物。经鉴定,该菌属于洋葱假单胞菌,命名为 *Ps. cepacia* AC1100。试验证明,菌株 AC1100 的降解功能是由质粒控制的。单独以 2,4,5-T 为碳源对接种物进行长期驯化,未能获得以 2,4,5-T 为唯一碳源的降解菌。这一事实证明,必须借助质粒分子育种技术才能培育出具备该功能的新菌株。

(二)基因工程育种

基因工程(gene engineering)是指把外源 DNA,通过具有复制能力的载体分子(如质粒、病毒等)形成重组 DNA 分子,导入受体细胞内,进行持久稳定的复制和表达,使受体产生新的生物性状的操作过程。基因工程的主要步骤如图 11-2 所示。

1.基因分离

要进行基因的人工重组和转移,必须获得纯化的完整基因。获得纯化基因的方法有 3 种:① 生物提取,即用物理、化学和生物学方法直接从供体细胞中分离提取所需的目的基因;② 酶促合成,以 mRNA 为模板用反转录酶合成相应的 DNA(基因);③ 化学合成,以单核苷酸为原料用化学反应合成目的基因。

2.DNA 体外重组

获得供体 DNA 和载体后,选用适宜的限制性内切酶对供体 DNA 和载体质粒(或病毒)进行剪切,使两者在切口部分形成黏性末端;然后在较低的温度条件下,将它们混合(即"退火"),使两者的黏性末端通过氢键自动靠拢;最后在外加 DNA 连接酶的作用下,使供体 DNA 片段和质粒 DNA 片段"缝合"起来,形成一个完整的具有复制能力的"杂种质粒"。

3.载体传递

将带有供体基因并具有复制能力的"杂种质粒"通过转化或转导引入受体细胞。为了避免导入的供体 DNA 被受体细胞破坏,受体细胞一般选用限制—修饰系统缺陷型变异株(即不含限制性内切酶和甲基化酶的突变株)。

4.复制与表达

在理想条件下,"杂种质粒"进入受体细胞后,能通过自我复制而扩增,并使供体基因所固有的遗传性状在受体细胞中表达。

5.筛选与繁殖

现有的 DNA 分离技术还难以获得纯基因,"杂种质粒"的性状以及该质粒在受体细胞内的复制和表达也不一定完全如愿,因此必须从大量个体中筛选出具有目标性状的个体,再加以繁殖利用。

研究证明,在气杆菌(*Aerobacter*)和氢单胞菌(*Hydrogenomonas*)的协同作用下,农药DDT 可被降解为氯苯乙酸;而氯苯乙酸降解菌易从土壤中分离获得。据此,Pemberton 提出了利用上述 3 个菌株构建 DDT 全代谢降解菌的设想。如果取得成功,就会有自然界不存在的新菌株问世。具有新功能的工程菌的构建和应用,将大大增强微生物对有机污染物的降解潜力。

三、可生物降解性的测试评定

有机污染物多达上千万种,它们虽可被化学分解和光催化分解,但主要通过生物降解。因此,可生物降解性最终决定了有机污染物在环境中的命运。

(一)可生物降解性

可生物降解性(biodegradability)是指在微生物作用下大分子有机物转变成小分子化合物的性能。如果有机物只被初步转化为某种中间产物,这种生物降解称为初级降解(primary biodegradation)。如果有机物被彻底分解,最终转化成二氧化碳和水,这种生物降解称为终极降解(ultimate biodegradation)或矿化作用(mineralization)。就环保而言,人们期盼有机物的彻底分解。

根据生物降解性能,有机污染物可分为:① 可生物降解性有机物,如淀粉、蛋白质、脂肪等;② 难生物降解性有机物,如纤维素、农药、烃类等;③ 不可生物降解性有机物,如塑料、尼龙等。

(二)可生物降解性评定

有机污染物可生物降解性的评定方法较多,下面介绍几种常用的评定方法。

1. 按基质性质指标评定

BOD_5(biochemical oxygen demand)是指有机污染物被微生物氧化分解所需要的氧量,它代表了废水中能被微生物降解的那部分有机物的数量。COD(chemical oxygen demand)是指有机污染物被强化学氧化剂氧化分解所需的氧量,它代表了废水中有机物的总量。BOD_5/COD 之比可以反映有机污染物的可生物降解性。具体评定参数见表 11-1。

表 11-1　有机污染物可生物降解性评定参数

BOD_5/COD	> 0.4	0.4~0.3	0.3~0.2	< 0.2
生物降解速率	较快	一般	较慢	很慢

2. 按基质可生物氧化率评定

一些有机污染物是难降解物质,在 5 天内并不能被生物完全降解,要评定有机污染物的可生物降解性,仅仅测定 BOD_5 是不够的,应当测出有机物完全降解时的需氧量。另外,TOD(total oxygen demand,总需氧量)是利用高温(900℃)将有机物燃烧氧化成稳定产物,并通过载气中氧气的消耗量而确定的。它代表了有机物完全氧化的总需氧量。TOD 比 COD 更接近理论需氧量。以基质被微生物完全分解时的需氧量为分子,以同一基质彻底氧化时的理论需氧量为分母,所得的比值称为该基质的可生物氧化率(biological oxidatability)。

$$可生物氧化率 = \frac{基质微生物分解的需氧量}{基质彻底氧化的理论需氧量} \times 100\% \tag{11-1}$$

在实验室中,微生物分解基质的耗氧量常用瓦氏呼吸仪测定。瓦氏呼吸仪是一种精密的气体测量仪,包括反应瓶和测压计两大部件。将基质置于反应瓶中,经过微生物呼吸作用,气体体积会发生改变,用测压计测出消耗的氧气数量,便可算出这种基质的可生物氧化率。

3. 按基质呼吸线评定

基质呼吸线(substrate respiration curve)也称基质耗氧线,是指微生物分解基质的耗氧量随时间的变化曲线。为了评价基质的可生物降解性,需将基质呼吸线与内源呼吸线进行比较。内源呼吸线(endogenous respiration curve)是在无外源基质的条件下,微生物内源呼吸耗氧量随时间的变化曲线。由于在内源呼吸中微生物耗氧速率恒定不变,因此内源呼吸线通常为直线。将基质呼吸线与内源呼吸线进行比较,可能出现三种情况(图 11-3)。

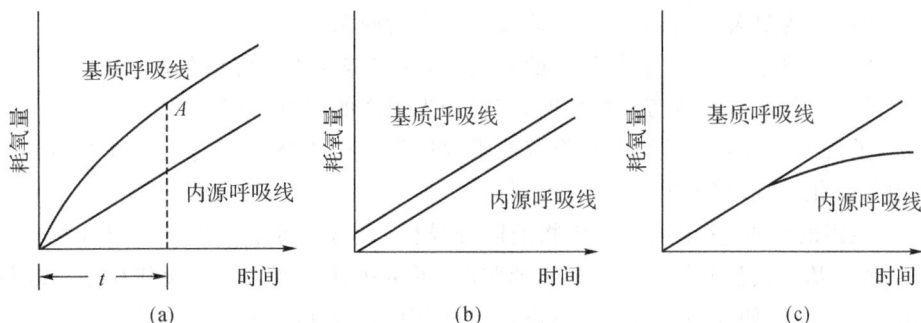

图 11-3　基质呼吸线与内源呼吸线

一是基质呼吸线位于内源呼吸线之上,说明该基质可被微生物降解。基质呼吸线斜率越大,说明降解越快。在 t 时间内,基质呼吸线斜率逐渐减小,至 A 点后基本上与内源呼吸线平行,说明此时基质分解已近完成,微生物进入内源呼吸期。

二是基质呼吸线与内源呼吸线几乎重叠,说明该基质不能被微生物降解;因为微生物只有内源呼吸,没有基质利用。

三是基质呼吸线位于内源呼吸线以下,说明该基质不仅不能被微生物降解,而且对微生物具有毒性,致使内源呼吸减弱。

4. 按基质产甲烷能力评定

在无氧条件下,有机物经过厌氧消化微生物的协同代谢,最终被转化成沼气(CH_4 和 CO_2)。以史氏发酵管中的氢氧化钠溶液吸收二氧化碳,并用刻度管计量基质完全降解时的甲烷产量(图 11-4),可以表征基质的实际产甲烷潜力。

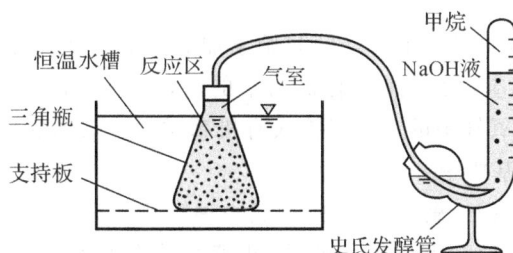

图 11-4　基质产甲烷潜力测定装置

根据反应式(11-2),若不考虑厌氧微生物细胞产量,在标准状态($0℃$,$10^5 Pa$)下,每去除 1g COD 理论上产生 0.35 L CH_4(22.4/64=0.35)。

$$CH_4 + 2O_2 \rightarrow CO_2 + 2H_2O \tag{11-2}$$
　　22.4L　64g

比较基质的实际甲烷产量与理论甲烷产量,可以得知基质的厌氧生物降解潜力。

(三)可生物降解性与化学结构的关系

有机污染物生物降解的难易程度不仅与生物特性有关,也与有机污染物的化学结构有关。一般具有如下规律：

① 对于烃类化合物,链烃比环烃易降解,直链烃比支链烃易降解,不饱和烃比饱和烃易降解。

② 当有机化合物主要分子链上的碳被其他元素取代时,对生物降解的阻抗性加强,其中以氧的影响最为显著(醚很难被生物降解),其次为硫和氮。

③ 碳原子上保持一个以上碳氢键的有机物,其支链对生物降解的阻抗较弱。相反,当碳原子上的氢全部被烷基或芳基取代时,就会产生很强的阻抗作用。

④ 分子大小是影响有机物生物降解的重要因素。微生物及其酶系统难以触及高分子化合物内部的化学键,其可生物降解性较低。

⑤ 官能团的性质、多少以及有机物的同分异构作用,对可生物降解性影响很大。当苯环上的氢被羟基或氨基取代而形成酸和苯胺时,可生物降解性提高。卤代作用则降低苯的可生物降解性。伯、仲醇易被微生物降解,而叔醇则对生物降解有很强的阻抗作用。

⑥ 有机化合物与其他成分混合,可改变生物降解性能。很多不饱和有机物,可发生聚合作用而降低生物降解性能。两种或两种以上化合物形成的复合物,也可降低生物降解性能。

四、典型有机污染物的生物降解

对于易生物降解的有机污染物,由于它们可被微生物快速分解,所致的环境风险较低。难降解有机污染物则不然,由于它们不易被微生物分解,可在环境中长期滞留,带来的环境风险不容低估。

在难降解有机污染物中,许多是芳香族有机物。由于它们都有苯环结构,其降解过程具有许多共性。下面介绍几种典型芳香族污染物的微生物降解,旨在了解这类难降解有机物的生物降解特性,并搞清它们与易生物降解有机物的代谢联系。

(一)单环芳烃的微生物降解

1. 好氧微生物降解

从生化水平上看,苯的好氧生物降解起始于加氧酶的羟化作用。加氧酶(oxygenases)是催化有机物与氧气反应,使氧掺入有机物中的酶,分单加氧酶和双加氧酶。单加氧酶(monooxygenases)只使氧气中的一个氧掺入有机基质中。双加氧酶(dioxygenases)使氧气中的两个氧都掺入有机基质中。

在双加氧酶催化作用下,氧掺入苯环,形成一种顺式二氢二羟化合物,然后脱氢形成儿茶酚(即邻苯二酚,图11-5)。需要指出的是,儿茶酚是许多芳香族化合物生物降解的共同中间产物。儿茶酚继续氧化,通过邻位裂解(ortho-cleavage,在两个羟基之间裂解)或间位裂解(meta-cleavage,在羟基化碳原子与非羟基化碳原子之间裂解)开环。

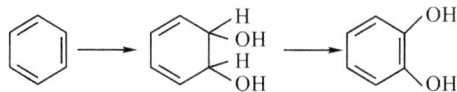

图 11-5　苯转化成儿茶酚

儿茶酚邻位开环后依次生成顺,顺己二烯二酸、己二烯二酸内酯、4-氧代-己二酸烯醇内酯和 3-氧代-己二酸,最后生成琥珀酸和乙酰辅酶 A(图 11-6)。

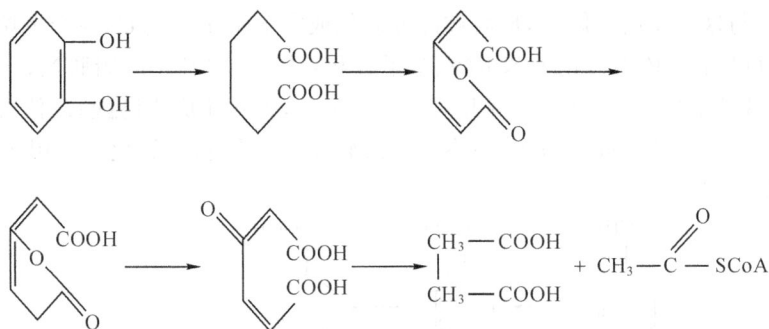

图 11-6　儿茶酚邻位开环

儿茶酚间位开环后依次生成 2-羟基己二烯二酸半醛、2-氧代-4-烯戊酸、4-羟基-2-氧代戊酸,最后生成乙醛和丙酮酸(图 11-7)。

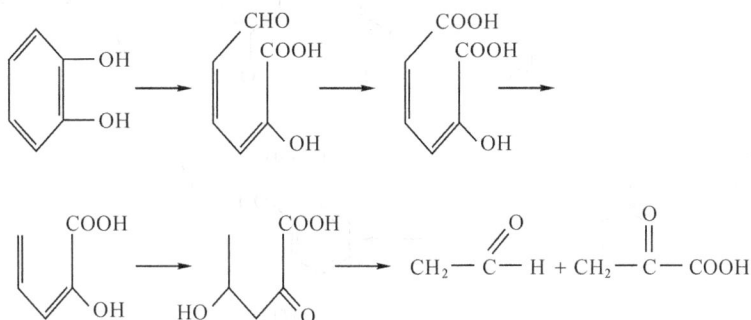

图 11-7　儿茶酚间位开环

带侧链的烷基苯(如甲苯)的好氧生物降解可能有两条途径:一条是先进行苯环氧化,生成甲基邻苯二酚;再进行苯环的邻位或间位开裂,由甲基邻苯二酚进一步氧化(图 11-8)。另一条是先进行甲基氧化,生成苯甲酸;接着进行苯环氧化,生成儿茶酚;再进行苯环的邻位或间位开裂,由儿茶酚进一步氧化(图 11-9)。烷基苯的氧化反应起始于烷基还是苯环,取决于菌种。

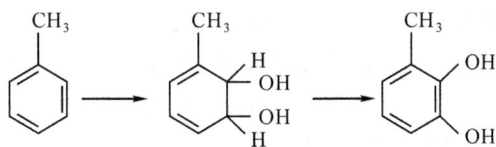

图 11-8　甲苯氧化生成甲基邻苯二酚

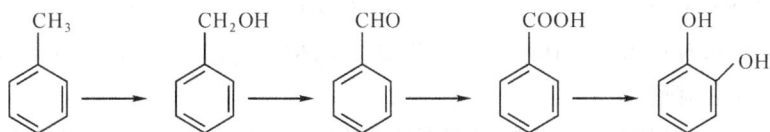

图 11-9　甲苯氧化生成邻苯二酚

2.厌氧微生物降解

在无氧条件下,微生物能够进行硝酸盐还原、硫酸盐还原以及产甲烷作用。苯和烷基苯的厌氧转化可与这些作用相偶联,最后被部分矿化或完全矿化。例如,在产甲烷菌混合培养系统中,甲苯可以:① 依次转化为苯甲醇、苯甲醛和苯甲酸,再转化成脂肪酸;② 依次转化为对甲酚、对羟基苯甲醇、对羟基苯甲醛和对羟基苯甲酸,再转化成脂肪酸;③ 依次转化为邻甲酚、邻羟基苯甲酸,再转化成脂肪酸;最终脂肪酸转化成甲烷和二氧化碳。甲苯的厌氧生物降解途径见图 11-10。

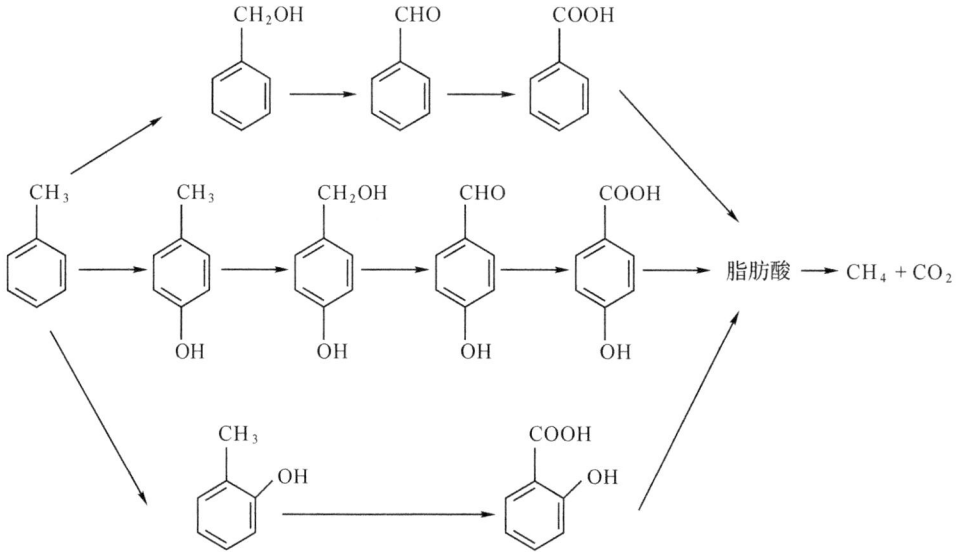

图 11-10　甲苯厌氧生物降解

(二)多环芳烃的微生物降解

多环芳烃(PAH)是指分子中含有两个或两个以上苯环的有机化合物。按照苯环之间的连接方式,可以分为两大类:一类是苯环之间没有共享环内碳原子的多环芳烃,如联苯;另一类是苯环之间共享环内碳原子的多环芳烃,如萘、蒽、菲。多环芳烃是具有"三致"(致畸、致癌和致突变)作用的有机污染物。

萘是最简单的多环芳烃。在无氧条件下,经过驯化,反硝化菌、硫酸盐还原菌和产甲烷菌的富集培养物可以降解萘,但其降解途径尚不清楚。

在有氧条件下,由双加氧酶催化,萘依次生成顺-萘二氢二醇、1,2-二羟基萘、顺-氧-羟基苯甲基丙酮酸、邻羟基苯甲醛、水杨酸和儿茶酚;再进行苯环的邻位或间位开裂,由儿茶酚进一步氧化。萘的细菌降解途径见图 11-11。

(三)氯代芳烃的微生物降解

氯代芳烃种类繁多(如氯代苯、氯代苯酚、氯代苯胺等),广泛用作化工原料、中间体及有机溶剂。它们以多种渠道进入环境。微生物降解是环境中这类污染物的重要转化方式。

1. 好氧微生物降解

在有氧条件下,氯代芳烃的生物降解有两条途径,即先脱氯后开环与先开环后脱氯。前一途径通过水解作用,3-氯苯甲酸脱氯转化成羟基苯甲酸;后一途径通过加氧酶作用,氯代芳烃转化成氯代邻苯二酚,开环产生不稳定的碳氢键后脱氯。大多数氯代芳烃(如氯苯、氯苯胺、氯苯甲酸、五氯酚、2,4-D、2,4,5-T、氯代联苯等)的好氧生物降解,生成氯代邻苯二酚(通过先开环后脱氯途径,图 11-12)。

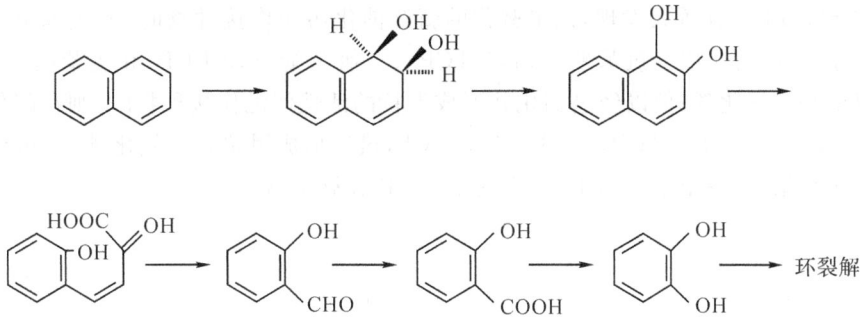

图 11-11　萘的细菌降解途径

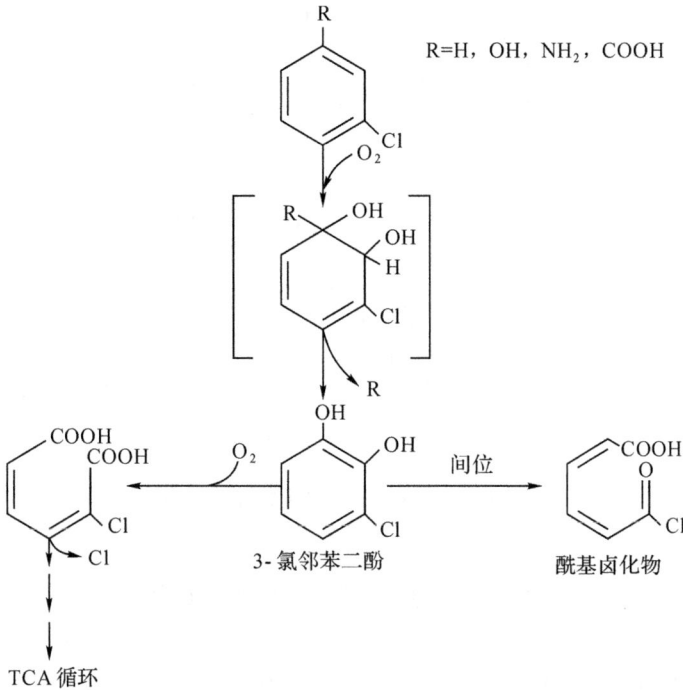

图 11-12　氯代芳烃的好氧生物降解途径

2.厌氧微生物降解

1982 年,有人用城市污水处理厂消化污泥作为接种物,首次发现 3-氯苯甲酸(3-CBA)可被厌氧脱氯并转化为甲烷和二氧化碳。现已证实,许多氯代芳烃都可通过还原脱氯途径降解。

氯代芳烃的厌氧生物降解具有如下特点:① 还原脱氯反应是氯代芳烃厌氧生物降解的重要反应。它可为某些脱氯菌提供能量,即脱氯菌具有氯呼吸(chlororespiration)产能特性。② 氯代芳烃的"脱氯—矿化"依靠培养物中各菌群的协同作用,单一菌株难以完成整个"脱氯—矿化"过程。③ 接种物来源不同,对氯代芳烃厌氧生物降解的降解程度、降解速度、脱氯位点以及降解途径均不相同。苯环上的氯取代基越多,还原脱氯速度越高。④ 还原脱氯反应所需的电子供体,可来自细胞的内源性基质和外源性基质。在培养系统中,添加碳源(如葡萄糖、短链脂肪酸)可刺激氯代芳烃的厌氧生物降解,加快降解速度。

　　1986 年，Mikesell 等人发现，以未驯化的新鲜消化污泥作接种物时，五氯苯酚（PCP）先在邻位还原脱氯，转化成三氯苯酚（3,4,5-TCP）、二氯苯酚（3,5-DCP）和氯苯酚（3-CP），最后形成甲烷和二氧化碳；但以经过驯化并形成颗粒的活性污泥作接种物时，则在间位还原脱氯，使 PCP 转化为 2,4,6-TCP、2,4-DCP 和 4-CP，最后形成甲烷和二氧化碳。Bhatnagar 等综合众多研究结果，提出了如图 11-13 所示的 PCP 厌氧生物降解途径。

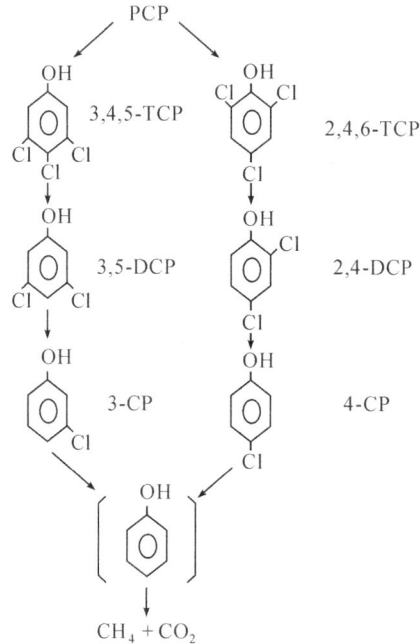

图 11-13　PCP 的厌氧生物降解途径

第二节　受污环境的自净作用

　　受污环境的自净作用（即环境自净，environmental self-purification）是指环境受到污染后，在物理、化学和生物作用下，逐步消除污染物达到自然净化的过程。环境自净可分为大气自净、水体自净、土壤自净等。其中，水体自净和土壤自净备受关注。

一、受污水体的自净作用

　　广义的水体自净（self-purification of water body）是指被污染的水体因物理、化学和生物作用，使污染物浓度逐渐降低，经过一段时间后恢复到被污染前状态的过程。狭义的水体自净则是指水体中的有机污染物被微生物分解而使水质得到净化的过程。

　　存在溶解氧时，好氧微生物可将悬浮和溶解于水中的有机污染物，氧化分解为简单的、稳定的无机物（如二氧化碳、水、硝酸盐和磷酸盐），使水体得到净化。生物净化需要消耗溶解氧。除水体中含有溶解氧外，其他所需的溶解氧主要来自水面复氧和水生植物的光合作用。复氧与耗氧同时进行。溶解氧浓度变化反映了水体净化过程，因此可把溶解氧浓度作为水体自净的标志。溶解氧浓度变化可用氧垂曲线（oxygen sag curve）表征（图 11-14）。图中 a 为有机物分解耗氧曲线，b 为水体复氧曲线，c 为氧垂曲线，最低点 C_p 为最大缺氧点。

若 C_p 点溶解氧大于有关规定的指标值,说明污水排放没有超过河流自净能力。若 C_p 点低于规定的最低溶解氧指标值,说明污水排放超过河流自净能力。若氧垂曲线中断(出现无氧状态),说明水体失去自净能力;水中有机物被厌氧微生物分解,产生硫化氢、甲烷等,水质变坏,腐化发臭。

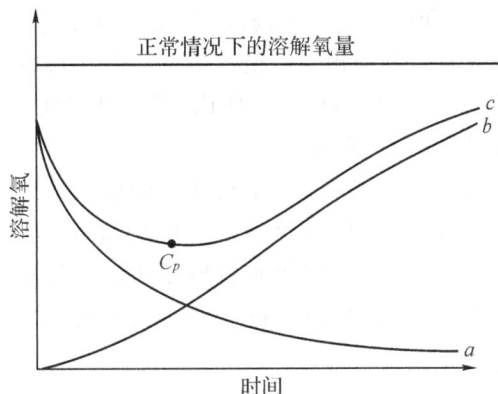

图 11-14　氧垂曲线

在水体自净中,微生物经历着种群演替和数量消长(图 11-15)变化。在排污口河段,有机污染物浓度较高,耐污性异养菌快速增殖,细菌数量达到峰值;异养菌的好氧代谢导致水体中的溶解氧浓度降低。在离开排污口的近下游河段,有机污染物浓度降低,细菌数量减少,代谢活动变弱,水体中的溶解氧逐渐回升;以猎食细菌为生的原生动物数量逐步达到高峰。在离开排污口的中下游河段,随着有机污染物的不断矿化,氮、磷营养分充足,藻类数量达到最大。在离开排污口的远下游河段,水质由浊变清,有机物、无机物、溶解氧、微生物种类和数量均回到接纳污水前的水平,水体恢复生态平衡。

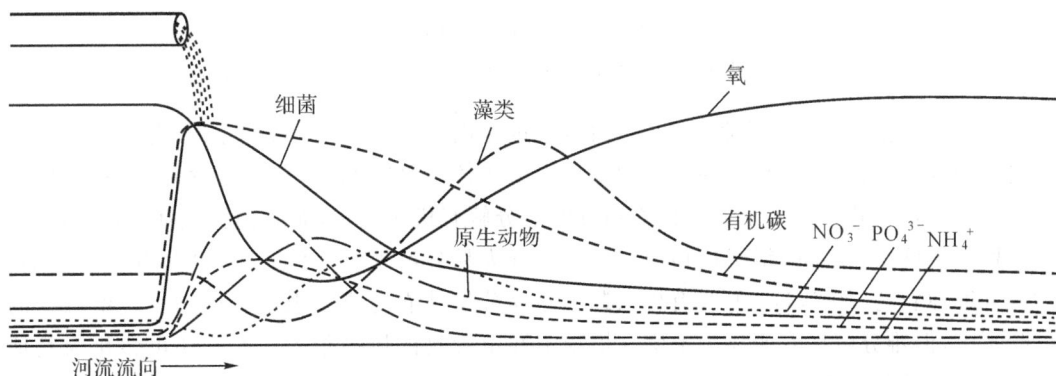

图 11-15　河流自净过程中污染物和生物种群的变化

水体自净是环境领域的重要课题之一。考察并掌握不同水体的自净规律,可以充分利用水体自净功能,减轻人工处理污染物的负担,同时确保水体不被污染,并据此合理生产布局,以最经济的方法控制和治理污染源。

二、污染土壤的自净作用

土壤污染(soil pollution)是指人类活动产生的污染物进入土壤并积累到一定程度,引起土壤质量恶化的现象。天然土壤具有纯粹的自然属性。人类最初开垦土地,主要是从中索取更多的生物量。当被开垦的土地逐渐变得贫瘠时,人们就给农田补充一些物质——肥料。农田获得肥力,同时也受到污染。例如,施用人畜粪尿,使农田保持了生产性能,但带入了病原菌,造成了土壤生物污染。20 世纪 50 年代以来,由于现代工农业生产的高速发展、农药和化肥的大量施用、烟尘和污水的不断侵入,土壤污染日趋严重。1955 年日本发生了"镉米"事件。富山县农民长期以神通川上游铅锌冶炼厂的废水灌溉稻田,导致土壤和稻米含镉量超标。人们食用这种稻米后,镉积累于体内,引起神经痛、关节痛、骨折,甚至死亡。这种疾病以剧烈疼痛为症状,称为痛痛病。

　　土壤—植物系统是陆地生态系统的基本结构和功能单元。它能通过物理、化学和生物作用,消除污染,恢复生态平衡,即土壤自净(soil self-purification,图 11-16)。土壤自净作用主要包括:① 植物根系的吸收、转化、降解和合成作用;② 土壤微生物的降解、转化和固定作用;③ 土壤胶体的吸附、络合和沉淀作用;④ 土壤离子交换作用;⑤ 土壤和植物的机械阻留作用。

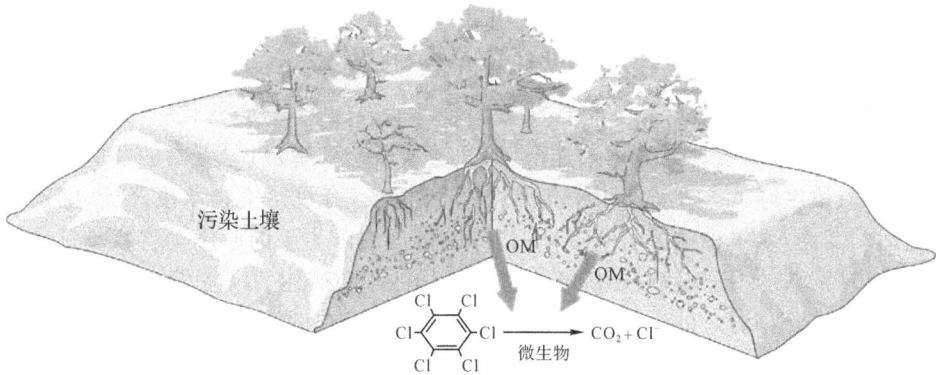

图 11-16　土壤自净作用

(引自 Prescott L M.*et al*. Microbiology. fifth edition. 高等教育出版社.2002)

　　植物可从受污土壤中吸收各种污染物,经过体内的迁移、转化和再分配,有的分解为无毒物质,有的成为残留毒物。残留毒物蓄积于植物体内,特别是蓄积于可食部位,对人体健康构成了严重威胁。进入土壤—植物系统的易分解有机污染物,如酚、氰、三氯乙醛等,一般不残留于土壤中,也不残留于植物中。农药可分为易分解性农药(如 2,4-D 和有机磷制剂)和难分解性农药(如 2,4,5-T 和有机氯制剂),易分解性农药成为土壤和植物中残留毒物的风险不大,但难分解性农药成为土壤和植物中残留毒物的风险很大。农药还可转化为其他毒物。例如,DDT 可转化为 DDD 和 DDE,两者都可成为植物中的残留毒物。

　　由于灌溉水质、植物种类、耕作制度和自然条件不同,土壤—植物系统对有机污染物的净化效果也不相同。对石油污水灌溉稻田的土壤生物学特性研究发现,随着污水灌溉定额的增加,土壤酚降解细菌和硫化细菌的数量明显提高。土壤微生物对有机污染物的转化和降解,主要借助它们产生的酶系实现。在石油污水灌区土壤中,存在着分解酚的多酚氧化酶系,其含量变化与菌群消长相一致。只要控制灌溉石油污水的数量,土壤不会出现酚积累。但试验结果也表明,土壤酚降解细菌对土壤中酚的耐受能力有限,最高酚耐受浓度为0.05%;超过临界浓度后,土壤酚降解细菌被抑制。

　　土壤自净也是环境领域的重要课题。研究并掌握土壤—植物系统对有机污染物的自净规律,不仅能预防土壤污染,而且能利用土壤—植物系统的自净能力,经济有效地控制和治理污染。

第三节　受污环境的生物修复

一、生物修复的利弊分析

　　自然环境中存在众多土著微生物,本身进行着受污环境的净化作用。但是,由于受营养物质、电子受体、污染物浓度及其可生物降解性等限制,生物转化与生物降解的速度通常很低。生物修复(bioremediation)是人为利用生物代谢活动,将受污环境中的污染物转化成无害物质,使环境恢复到被污染前状态的过程。对生物修复的研究大约起始于 20 世纪 80 年代初期,目前已有成功的工程实践。生物修复在区域污染治理上的作用日益显现。

　　与物理和化学修复相比,生物修复具有如下优点:① 费用省。在 20 世纪 80 年代末,采用生物修复技术处理 $1m^3$ 土壤约需投资 75～200 美元,而采用焚烧或填埋处理技术则需投资 200～800 美元。生物修复技术是所有处理技术中最为经济的。② 副作用少。生物修复只是环境自净过程的强化,最终产物是二氧化碳和水,不会引起二次污染或污染物转移,可达到永久去除污染物的目的;同时能使土地的破坏和污染物的暴露降到最低程度。③ 残留浓度低。经过生物修复,残留污染物浓度可降到仪器不能检出的水平。④ 可应用于特殊场合。若被污染的土壤位于建筑物或公路下面,不便异位处理,这时原位生物修复具有独到的优势。⑤ 水土兼治。生物修复可以同时处理被污染的土壤和地下水。

　　生物修复也有局限性:① 受污环境中必须存在特定的功能菌群。这些微生物应有一定的降解活力,并能使污染物浓度降到环保标准。这些微生物本身不产生毒性物质。② 受污环境中必须不存在微生物抑制剂,否则需要预处理(如稀释或破坏抑制剂)。③ 受污环境中必须有足够的营养物质、氧气或其他电子受体,并有适宜的温度和湿度。④ 处理费用必须低于其他技术。

　　生物修复的主要问题是:① 微生物不能降解所有环境污染物。对于难生物降解的、不溶性的有机污染物,以及与土壤腐殖质或矿物成分结合的有机污染物,生物修复难以发挥作用。② 微生物的生长和积累会阻塞生物修复所用的构筑物。生物修复不适合渗透性低的土壤。③ 微生物活性受温度和其他条件的影响。④ 在有些情况下,经过生物修复,残余污染物浓度依然较高。

二、生物修复的微生物原理

　　在生物修复中,期待降解的有机污染物大多是人工有机物。这些人工有机物通常以“共降解”途径,先转变为易降解中间产物,再最终降解。共降解(co-degradation)是指微生物利用一种易降解的有机物作为支持生长的营养物质,同时降解另一种有机物的代谢方式。前者称为第一基质,后者称为第二基质(或共降解基质)。第二基质不能支持微生物生长。共降解是 Leadbette 和 Foster 于 1959 年研究甲烷氧化菌代谢乙烷时发现的。甲烷氧化菌以甲烷作为生长基质,同时将乙烷转化为乙醇、乙醛和乙酸,但乙烷及其代谢产物并不支持甲烷氧化菌生长。他们把这种现象叫做"共代谢"(co-metabolism)。

　　严格地说,对于单个微生物,用"共代谢"来表征上述现象并不确切,因为"共代谢"基质及其产物并不进入细胞的后续代谢过程。"共氧化"(co-oxidation)是一个类似的术语,它从酶促反应的角度来表征上述现象,要比"共代谢"确切。但这类作用并不限于好氧过程,厌氧过程也有这类作用,因此在环境领域,最好采用"共降解"这个术语。

　　共降解的主要特点是:① 微生物利用第一基质作为生活的碳源和能源,而把难降解有机污染物作为第二基质。② 第二基质对第一基质有竞争性抑制。③ 第二基质的降解产物不能用作自己的营养物质而被细胞同化,有些降解产物甚至具有毒性,但这些降解产物可被其他微生物利用。④ 共降解是耗能反应,能量来自第一基质的降解反应。在某些情况下,能量供应是共降解的限制因素。

　　基于"共降解"的概念,有必要重新审视有机污染物的"难降解性"和"持久性"。在以往鉴定污染物的可生物降解性时,通常以一个菌种或菌群作为唯一的降解菌,以待测物质作为唯一的基质,由此测得的"难降解性"结果并不能反映实际状况。有些在实验室里被鉴定为"难降解"的有机污染物,在自然环境中并不一定难降解。同样基于"共降解"的概念,有理由相信针对某种难降解有机污染物的单个菌株很难被分离纯化,也有理由相信利用基因重组技术构建的超级菌也有基质局限性。这是因为采用传统菌株分离方法会破坏菌群的原有组成和结构,基因重组很难获得微生物酶系的"广谱性"。

三、生物修复的技术要旨

　　生物修复实质上是对环境自净作用的强化。实施生物修复时,应综合考虑微生物、有机污染物和受污环境的特性。

　　1. 接种微生物

　　根据来源,微生物可分为土著微生物、外来微生物和工程微生物。土著微生物(又称原籍微生物,indigenous microorganisms)是指栖息于固有生境内的微生物。外来微生物(又称外籍微生物,allochthonous microorganisms)是指从一个生境转移到另一个生境的微生物。工程微生物(engineered microorganisms)则是经过人为改造的微生物(包括基因工程菌和各类菌剂)。土壤和水体中通常存在许多土著微生物,被有机物污染后,土著微生物得到自然驯化。生物修复可以通过改善污染区域的理化条件,强化土著微生物降解活性来实现。

　　土著微生物的生长速度一般较慢,通过"客土法"(即取其他土壤与当地土壤相混)引进外来微生物或通过投加菌剂接种工程微生物,可加速有机污染物的生物降解和生物转化。例如,在生物修复被 2-氯苯酚污染的土壤中,若只添加营养物质,7 周内 2-氯苯酚浓度从 245mg/L 降到 105mg/L;若同时添加营养物质和恶臭假单胞菌(*Pseudomonas putida*)纯培养物,4 周内2-氯苯酚浓度即明显降低,7 周内降到 2mg/L。

　　2. 补充营养物质

　　在土壤和地下水中,营养物质(如氮、磷)浓度一般不高,是微生物生长的重要限制因素。要使污染物原位降解,不但需要接种相应的微生物,更需要补充适量的营养物质。许多研究表明,外加氮、磷、酵母废液(或酵母膏),可以明显促进石油烃类化合物的降解。通过添加营养物质来强化生物转化和生物降解的过程,称为生物激活(biostimulation)。

补充营养物质时,不能忽视微量元素和生长因子。例如,维生素 B_{12} 是一种亲核试剂,可催化多氯联苯所有位置上的脱氯反应。添加维生素 B_{12} 后,在 30℃ 培养 40 天,可使多氯联苯上氯原子由 5 个减少到 3 个,脱氯率达 40%。若不加维生素 B_{12},脱氯率小于 10%。

是否需要补充营养物质以及补充营养物质所产生的效应,与受污环境的养分含量、C/N 比例以及补充养分的类型和速度有关。研究发现,补充氮源物质会抑制芳烃和脂肪烃的矿化。由此可见,营养物质对微生物修复的影响相当复杂,在选择养分及其配比前最好先做小试。

3. 提供电子受体

自然环境中存在的电子受体主要有溶解氧、硝酸盐、硫酸盐、高价铁、有机物分解的中间产物。所用的电子受体不同,微生物的代谢类型和代谢速率都不相同。电子受体一般处于供不应求状态。

在有氧环境中,溶解氧通常是污染物生物转化与降解的限制因子。工程上采用的增氧措施有:① 在需要修复的地下水或土壤中布设通气管道,将压缩空气强制送入需氧部位;② 投加氧发生剂(如过氧化氢),经驯化的微生物可耐受的过氧化氢浓度约为 1000mg/L。

在无氧环境中,硝酸盐,硫酸盐、高价铁等都可作为污染物生物降解的电子受体。许多有机污染物(如氯代苯系物)不能在有氧条件下降解,却可在无氧条件下矿化。以硝酸盐作为电子受体时,应注意中间产物对地下水的二次污染。

4. 添加第一基质

许多有机污染物是通过共降解途径分解的。只有存在第一基质,才能进行第二基质(有机污染物)的生物降解和生物转化。根据共降解原理,有人将甲烷(第一基质)和氧气注入地下水中,利用甲烷氧化细菌的生长和代谢来净化地下水中的有机污染物,使之得到净化。

5. 使用有机溶剂或表面活性剂

污染物的存在状态与其可生物降解性密切相关。疏水性污染物(如石油烃、PCB、卤代溶剂)可形成独立的非水相,难以直接被微生物转化和降解;或易被沉积物和土壤颗粒吸附,并与其中的有机复合体形成结合态。被土壤固相吸附的可降解有机物,解吸速率小于生物降解速率,因此生物修复的总反应速率常常受控于解吸。污染物进入环境的时间越长,其可生物利用性越低,即污染物老化(ageing)。污染物老化的原因并非是微生物活性受到抑制,也不是营养物质缺乏,而是在污染物与天然有机物结合后或被土壤颗粒吸附后,传质受到限制。为了提高污染物的水溶性,加速污染物生物降解,可以添加适量有机溶剂或表面活性剂。

6. 其他措施

有机污染物的许多理化性质都会影响生物修复效果,必须事先了解。① 化学品类型,如酸性、碱性、极性、非极性、有机物、无机物等。② 化学品性质,如分子量、熔点、结构、水溶性、蒸汽压、Henry 常数等。③ 化学反应类型,如氧化、还原、水解、沉淀、聚合等。④ 环境介质吸附参数,如 Freudlich 吸附常数、辛醇—水分配系数(K_{OW})、有机碳吸附系数(K_{OC})。⑤ 化学反应性能,如半衰期、反应速度常数、可生物降解性等。

要提高生物修复效果,可采取表 11-2 所列的综合对策。

表 11-2　提高生物修复效果的综合对策

限制因子	对　策	实　例
1. 微生物		
缺乏降解菌	外源接种	采用白腐菌增强被石油污染土壤的 PHA 降解
降解菌数量不足	补充 N、P，原地富集	
	固定降解菌，进行生物强化	用 PU 微胶丸包埋 *Flavobacterium*，降解 PCP
2. 污染物		
可生物降解性差	改变污染物特性	加亲油剂增加油-细胞接触面
缺少第一基质	添加第一基质	添加苯甲酸作为第一基质，强化 *Acinetobacter* 对 *PCBs* 的共降解
污染物抑制降解酶合成	用污染物类似物进行诱导	添加联苯诱导相关降解酶，强化土壤对 PCBs 的降解
3. 环境因素		
各种理化条件	改变条件使之适合微生物生长和代谢	投加产氧剂，建立丙(撑)二酸降解所需的有氧环境
		投加磷酸盐缓冲液和淀粉，建立 TNT 降解所需的厌氧环境
		投加短链脂肪酸，强化 2.4-D 还原脱氯降解

四、生物修复的工艺类型

经过多年研发，至今已有多种生物修复工艺。根据人为干预情况，可分为自然生物修复（即环境自净）和人工生物修复。根据修复场所，可分为原位生物修复和异位生物修复。根据修复手段，可分为非反应器型生物修复和反应器型生物修复。根据修复对象的状态，可分为液相生物修复和固相生物修复。

（一）原位生物修复工艺

原位生物修复(in-situ bioremediation)工艺是向受污环境直接提供接种物、营养物质、电子受体，从而强化污染物降解的生物修复方法（图 11-17）。它包括 P/T（pump/treatment）法，渗滤（percolation）法，生物通气（bioventing）法和空气扩散法等。下面以 P/T 法为例加以介绍。

P/T 法主要用于地下水饱和的受污环境的生物修复。其流程为"抽吸地下水→补充养分和空气（或 H_2O_2）→回注"。Kaempfer 采用该工艺处理被石油污染的地下水，通过补充适量氮、磷以及硝酸盐、过氧化氢，回注抽出水，运行 2 天后，烃降解菌数量明显增加，石油烃浓度显著下降。

原位生物修复工艺的优点是：① 有机污染物的降解得到强化，其清除时间显著缩短；② 工艺相对简单，运行费用较低；③ 工程所致的生态风险较小。

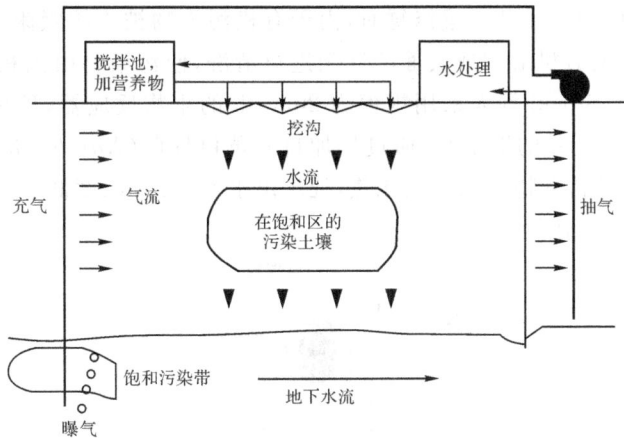

图 11-17　原位生物修复工艺

（二）异位固相生物修复工艺

异位固相生物修复（ex-situ solid bioremediation）工艺是将受污土壤和沉积物移离原地，在异地进行处理的生物修复方法（图 11-18）。它包括土地耕作（land-farming）法、堆肥（composting）法和生物堆层（biopiles）法。下面以土地耕作法为例加以介绍。

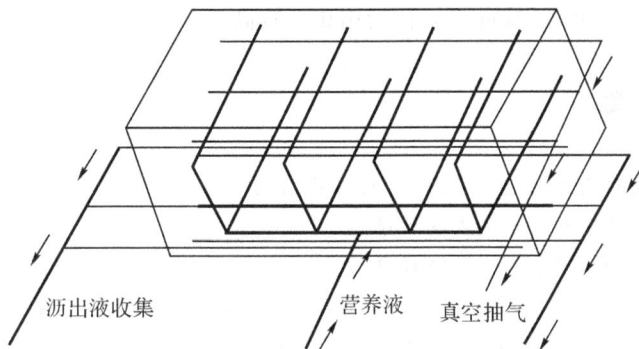

图 11-18　异位固相生物修复工艺

土地耕作法的操作步骤是：以 10～30cm 的厚度，将污染土壤平铺在非透性垫层和砂层上；淋洒营养液和降解菌液，定期翻动充氧；将产生的渗滤液回淋于土壤表面，以彻底清除污染物。1995 年 Hyzy 等人采用土地耕作法，对规模为 4000m³ 的池塘多环芳香烃（PAH）污染沉积物实施修复，PAH 浓度由 1000mg/L 降至 100mg/L。

异位固相生物修复工艺的优点是运行费用低；缺点是修复效果较差，处理时间较长，受环境因素影响较大。

（三）异位液相生物修复工艺

异位液相生物修复（ex-situ liquid bioremediation）工艺是将被污染的土壤、沉积物、地下水、地表水等移离原地，以液态进行处理的生物修复方法（图 11-19）。它主要包括生物反应器法、土壤泥浆（slurry）反应器法和稳定塘（lagoon）处理法。

在结构上，异位液相生物修复所用的生物反应器类似于常规废水生物处理所用的生物反应器。降解菌主要以絮体和生物膜形态存在。为了强化目标污染物的生物降解，通常补充外源营养物质。应用于污染土壤修复时,由于有机污染物被土壤吸附或处于结合残留状态,需用一些易降解的有机溶剂或表面活性剂进行清洗,使污染物由固相转移到液相,再用反应器处理清洗液。Stucki 等人采用规模为 $20m^3/h$ 的生物反应器,处理二氯乙烷(DCA)浓度为 $2000\sim15000\mu g/L$ 的地下水,通过投加自养黄色杆菌(*Xanthobacter autotrophicus*)和假单胞菌 DE1 以及营养物质和过氧化氢,处理出水的 DCA 浓度低于 $10\mu g/L$,至 1994 年该生物反应器已成功地运行 5 年。

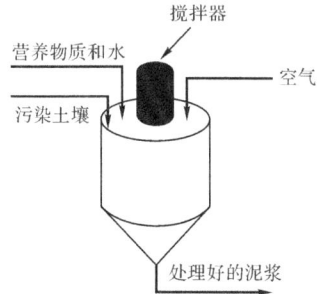

图 11-19   生物修复用的生物反应器

在接种物、营养物质、pH 和污染物负荷适宜的条件下,采用异位液相生物修复工艺修复土壤,可取得良好效果,但投资与运行费用相对较高。

复习思考题

1. 简述微生物对有机污染物的降解与转化潜力。
2. 何谓质粒分子育种,简述其操作过程。
3. 何谓基因工程育种,简述其操作过程。
4. 何谓可生物降解性?评定有机污染物可生物降解性有哪些方法?
5. 按基质生化呼吸线,怎么评定有机污染物的好氧生物降解性?
6. 按基质产甲烷性能,怎么评定有机污染物的厌氧生物降解性?
7. 简述有机物的可生物降解性与化学结构的关系。
8. 简述苯的好氧微生物降解途径。
9. 简述萘的好氧微生物降解途径。
10. 简述氯代芳烃的好氧微生物降解途径。
11. 简述氯代芳烃的厌氧微生物降解途径和特点。
12. 简述水体自净过程。
13. 简述土壤自净过程。
14. 试分析生物修复的利弊。
15. 简述生物修复的技术要点。
16. 简述 P/T 法生物修复工艺。
17. 简述土地耕作法生物修复工艺。
18. 简述生物反应器法生物修复工艺。

第十二章　微生物与环境工程

在人类生活和生产过程中,不断有废弃物排入环境,致使环境污染日益加剧。根据污染物的形态,环境污染可分为废水污染、废气污染和废物污染等。在与各种污染作斗争的过程中,逐渐产生了以三废(废气、废水和废物)治理为主的环境工程。本章介绍微生物在三废治理中的作用。

第一节　废水生物处理

一、废水生物处理类型

废水生物处理是通过微生物代谢来去除废水污染物的方法。它是城市污水和工业废水处理的主要手段。

① 根据微生物的需氧特性,废水生物处理可分为好氧生物处理、厌氧生物处理和兼氧生物处理。

② 根据微生物的存在状态,废水生物处理可分为活性污泥法和生物膜法。在活性污泥法和生物膜法中,微生物分别以悬浮状态和生物膜状态存在。

③ 根据微生物的转化功能,废水生物处理可分为生物除碳、生物脱氮和生物除磷。其主要功能分别为去除废水中的有机污染物、含氮污染物和含磷污染物。

二、废水好氧生物处理

有机物的好氧生物代谢过程如图 12-1 所示。经过生物反应,大部分有机物被分解为无机物,小部分有机物成为残留有机物。若有机物以 COD 计,1kg COD 中有 0.86kg COD 分解为无机物,0.14kg COD 转化成残留有机物。在废水好氧生物处理中,氧是不可缺少的电子受体。每去除 1kg COD 消耗 0.86kg DO(dissolved oxygen)。

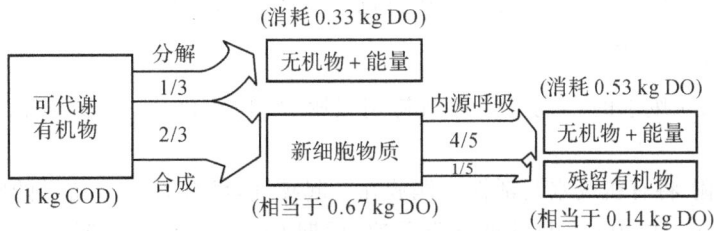

图 12-1　有机物好氧生物代谢过程

(一)活性污泥法

活性污泥法(activated sludge process)是以废水中的有机污染物作为培养基,在有氧条件下,对微生物群体进行连续培养,形成活性污泥,再利用活性污泥在废水中的凝聚、吸附、氧化、沉淀等作用,去除废水中的有机污染物,使废水得到净化的一类废水处理方法。

1. 活性污泥

活性污泥(activated sludge)是活性污泥法净化有机废水的主体。它是微生物及其吸附物组成的生物絮体。由于活性污泥形似污泥且富有活力,故而得名。

活性污泥犹如矾花,静止后凝聚成较大的绒粒,粒径 0.02～0.2mm,呈黄色或褐色,带有泥土味。相对密度为 1.002～1.003,可借助重力沉淀。比表面积为 20～100cm^2/mL,对污染物有较强的吸附能力。

活性污泥中栖息着细菌、酵母菌、放线菌、霉菌、原生动物和后生动物。在活性污泥中,细菌含量为 10^7～10^8 个/mL,原生动物含量为 10^3 个/mL。这些微生物构成了具有特定功能的微生物生态系统,对污染物有较强的转化能力。

活性污泥具有沉淀和浓缩性能,常用污泥沉降比和污泥体积指数来表征。污泥沉降比(sludge volume,SV)是指用量筒取 100 mL 混合液,静止 30min 后测得的沉淀活性污泥的体积与混合液体积之比,以％计。污泥体积指数(sludge volume index,SVI)是指 1g 悬浮固体(干重)所占有的体积(湿体积),以 mL/g 计。

2. 工艺流程

图 12-2 给出了一个活性污泥法污水处理厂的典型工艺流程。其中,曝气池、二沉池、曝气系统和污泥回流系统是该污水处理工艺的核心。

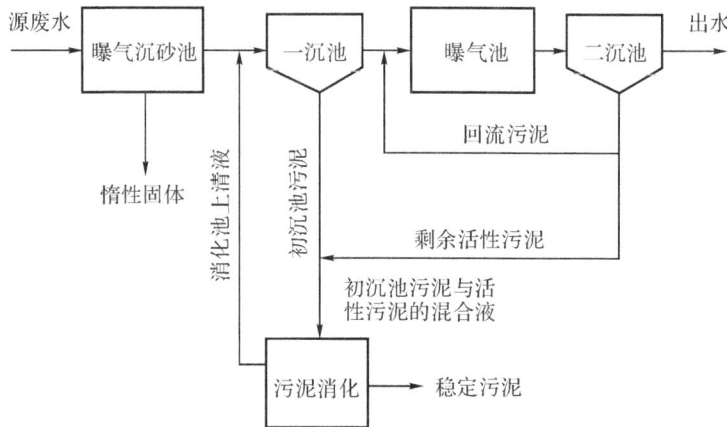

图 12-2　活性污泥法污水处理厂的典型工艺流程

3. 净化过程

活性污泥法对废水的净化过程包括初期吸附、生物转化、沉淀分离、回流与排泥 4 个阶段。

① 初期吸附 将有机废水与活性污泥放在一起曝气,可得图 12-3 所示的废水 COD 去除曲线。初期(30min 以内)COD 浓度下降迅速,后期 COD 浓度下降变慢。由于有机物好氧分解需要消耗 DO,两者之间存在当量关系,若 COD 减少量等于 DO 当量,则认为这些 COD 被微生物分解;若 COD 减少量超过 DO 当量,则认为差额部分未被微生物分解,仅被活性污泥吸附。废水与活性污泥短时接触即导致有机污染物大量去除的现象,称为初期吸附。初期吸附所致的 COD 去除率可达 70％以上。

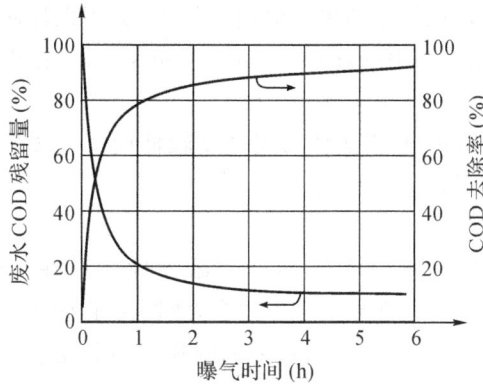

图 12-3　废水 COD 去除与曝气时间的关系

② 生物转化　生物转化包括分解（生物氧化）和合成（生物同化）。生物氧化（biological oxidation）是指微生物氧化分解所吸附的有机物的过程。生物同化（biological assimilation）则是微生物将有机物合成新的细胞物质的过程。若外源有机物不足，微生物可氧化分解体内贮存的有机物或细胞物质来获得维持生命所需的能量，即内源呼吸（endogenous respiration）。由于生物反应可将不稳定的有机物矿化为稳定的无机物，因此把生物反应过程称为稳定化过程。生物转化一般需要 6～8h。

若把有机物去除量（ΔBOD）看成污泥吸附量（ΔBOD）₁ 与生物稳定量（ΔBOD）₂ 之和（图 12-4），则在前 30min 所去除的 BOD 中（82%），稳定量占 12%，吸附量占 70%。随着曝气时间的延长，所吸附的有机物被生物转化，吸附量逐渐减少。到 24h，BOD 去除率高达 95%，其中稳定量升到 80%，吸附量降至 15%。

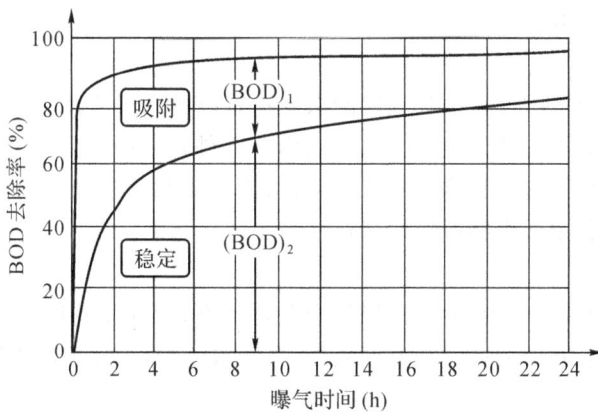

图 12-4　废水 BOD 去除与曝气时间的关系

③ 沉淀分离　采用活性污泥法处理废水时，不仅要求活性污泥具有吸附和生物转化功能，还要求活性污泥具有絮凝沉淀功能。活性污泥的絮凝沉淀性能与其中微生物所处的生长阶段有关。食物（food）与微生物（microorganism）之比（称 F/M 比）高时，微生物处于对数生长期，对有机物的去除速率较快，但活性污泥的絮凝沉淀性能较差。F/M 比逐渐变小后，微生物接近内源呼吸期，活性污泥的吸附、絮凝和沉淀性能达到最佳状态。

④ 回流与排泥　为了保证处理系统稳定运行，曝气池内应当维持足量的活性污泥，需将

部分从二沉池分离的活性污泥回流到曝气池内。另外,为了保证曝气池内活性污泥量的相对恒定,也需将部分剩余活性污泥(excessive activated sludge)排出处理系统。

4. 污泥膨胀

污泥膨胀(sludge bulking)是指活性污泥密度较低而沉淀缓慢的现象。污泥膨胀常常导致活性污泥法处理系统运行失常。

(1)污泥膨胀特征

正常的活性污泥呈絮状,结构紧凑,沉降和浓缩性能良好。SV 在 30％ 左右,SVI 在 100mL/g 左右,含水率约 90％。在显微镜下观察,活性污泥外缘整齐清晰,丝状菌与非丝状菌比例协调。丝状菌形成絮体骨架,非丝状菌黏附在絮体骨架上。若丝状菌生长超过非丝状菌,则活性污泥以丝状菌为主,絮体松散,沉淀性能恶化,污泥体积膨胀。这就是丝状菌性污泥膨胀(filamentous bulking)。严重时,在显微镜下观察,丝状菌占据整个视野;SV 很小,SVI 高达 200～800mL/g。

(2)丝状菌性污泥膨胀机理

关于丝状菌性污泥膨胀机理,至今没有取得共识。比表面学说认为:丝状细菌的比表面大于非丝状细菌,对限制性营养物质的吸收具有竞争优势;营养物质供不应求时,丝状细菌的生长和繁殖可超过非丝状细菌而成为活性污泥的优势菌群;丝状细菌松散,导致活性污泥密度下降,造成丝状菌性污泥膨胀。

(二)生物膜法

生物膜(biofilm)是一层覆盖于填料表面的活性污泥。由于这层活性污泥较薄,呈膜状,因此被称为"生物膜"。生物膜法(biofilm process)是指让废水流过填料表面的生物膜,利用生物氧化和相间传质,降解有机污染物而使废水得到净化的一类废水处理方法。

1. 生物膜的生物学特征

(1)菌群多样性

在活性污泥法处理系统中,生长较慢的微生物难以栖息于活性污泥内;而在生物膜法处理系统中,生长缓慢的微生物能生存于生物膜内。此外,一些微型后生动物对搅拌敏感,在活性污泥法处理系统中,这些种群容易受到干扰;而在生物膜法处理系统中,这些种群可免受干扰。因此,生物膜中微生物菌群的多样性高于活性污泥。

(2)菌群区域性

在活性污泥法处理系统中,活性污泥呈全混合状态;而在生物膜法处理系统中,生物膜的空间位置相对固定,其中的菌群具有区域性;沿废水流向,净化程度不同,优势微生物菌群也不同。

(3)食物链较长

生物膜上不仅栖息着捕食细菌的原生动物,也存在高营养级的后生动物,生物膜中的原生动物和后生动物比例明显高于活性污泥,生物膜中的食物链也明显长于活性污泥。由于高营养级的原生动物多,食物链传递中的能量消耗大,故污泥产量较低。据报道,生物膜法的污泥产量可比活性污泥法少 20％ 左右。

(4)脱氮菌被固定

硝化细菌生长缓慢。在活性污泥法处理系统中,这类细菌很容易流失;而在生物膜法处理系统中,硝化细菌被持留在生物膜内,不易流失。在生物膜内常有厌氧微域,可发生脱氮作用。生物膜法的脱氮效率明显高于活性污泥法。

（5）生物量较大

在生物膜法反应器（如生物滤池）中，微生物分布于反应器的整个空间，单位体积内的生物量远远大于活性污泥法反应器。例如，生物流化床反应器中的活性污泥浓度可达10～50g/L，显著高于曝气池中的活性污泥浓度（2～4 g/L）。

2.生物膜微生物组成

生物膜中的微生物可分为生物膜生物、生物膜面生物及滤池扫除生物。生物膜生物以菌胶团细菌为主，辅以浮游球衣菌、藻类等，具有废水净化功能。生物膜面生物主要由固着型纤毛虫（如钟虫）及游泳型纤毛虫（如斜管虫）组成，具有加快净化速度，提高处理效率的功能。滤池扫除生物主要由轮虫、纤毛虫、寡毛虫等组成，具有去除滤池污泥，防止污泥聚集和堵塞的功能。

（1）细菌和真菌

由于生物膜存在好氧、兼氧和厌氧的微小环境，因此适宜多种微生物生长。据观察，在生物膜的好氧层，以专性好氧菌（如芽孢杆菌）占优势；在厌氧层，则能见到专性厌氧菌（如脱硫弧菌）。生物膜中数量最多的是兼性厌氧菌，主要有假单胞菌属、产碱杆菌属（Alcaligenes）、黄杆菌属（Flavobacterium）、无色杆菌属（Achromobacter）、微球菌属（Micrococcus）、动胶杆菌属（Zoogloea）以及一些肠道细菌。

生物膜上常见的丝状微生物有球衣菌属（Sphaerotilus）、贝氏硫菌属（Beggiatoa）和发硫菌属（Thiothrix）等。后两类菌大多存在于生物膜的厌氧区。在正常情况下，真菌受细菌的竞争抑制，只有在pH较低或在特殊的工业废水中，真菌数量才可能超过细菌。

（2）原生动物和后生动物

生物膜上出现频度较高的原生动物有纤毛虫和肉足虫，其中以纤毛虫为主。基质和环境条件发生变化时，原生动物的优势种群也会改变。

生物膜上出现的后生动物有轮虫、线虫、腹足虫、寡毛虫等。与活性污泥相比，生物膜上的轮虫种类大体相同，但生物膜上的轮虫数量明显较多。

3.生物膜净化机理

如图12-5所示，生物膜表面吸持着一个薄薄的水层，称为附着水层，其外是自由流动的污水，称为运动水层。

当"附着水"中的有机物被生物膜内的微生物吸附、吸收和分解时，附着水层中的有机物浓度降低。运动水层中有机物便向附着水层转移。氧气也沿空气→运动水层→附着水层进入生物膜。分解产物则沿相反方向移出生物膜。

随着有机物的降解，生物膜得到发展。初期生物膜呈好氧性。生物膜增厚后，氧气向膜内的扩散受到限制。生物膜分化出外部的好氧层和内部的厌氧层。生物膜的分化有利于多种生物共存。

随着生物膜不断增厚，厌氧区逐渐扩大，微生物获得营养物质更加困难，最后导致生物膜老化、剥落，继而重新

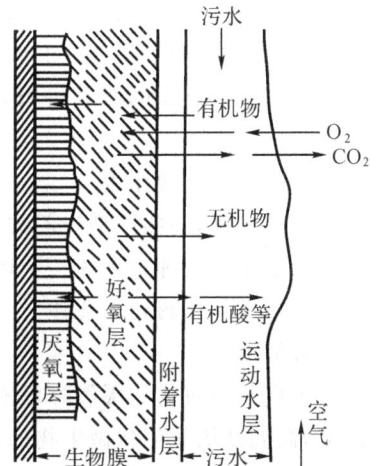

图12-5　生物膜净化机理

形成生物膜。

三、废水厌氧生物处理

(一)厌氧生物处理过程

厌氧生物处理(又称厌氧消化)实质上是厌氧微生物以生理群为单位组成食物网,对有机物进行协同代谢的过程。

1. 水解发酵作用

碳水化合物、蛋白质和脂肪是常见的有机污染物。能够分解这些有机物的微生物种类很多,主要有淀粉分解菌、纤维素分解菌、脂肪分解菌、蛋白质分解菌、丙酸产生菌、丁酸产生菌、乳酸产生菌、酒精产生菌等。它们可合成水解酶(淀粉酶、纤维素酶、脂肪酶、蛋白酶等),在体外将这些大分子分解为单体,再吸收至体内进行发酵作用。

2. 产氢产乙酸作用

乙酸是产甲烷的重要前体(图 12-6)。它除了来自发酵细菌对复杂有机物的水解发酵外,主要来自产氢产乙酸菌对各种水解发酵产物的继续分解。产氢产乙酸菌可把含偶数碳的脂肪酸降解为乙酸和氢,把含奇数碳的脂肪酸降解为乙酸、丙酸和氢。沃氏互营杆菌($Syntrophobacter\ wolinii$)则可把丙酸进一步降解为乙酸。

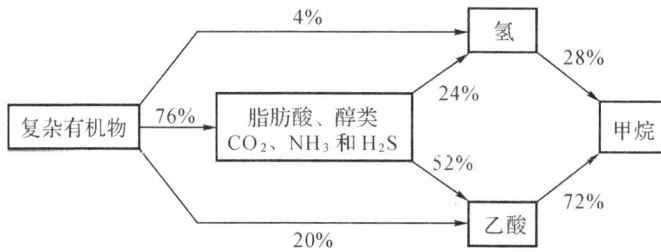

图 12-6　厌氧生物处理过程中的电子流(以 COD 计)

3. 产甲烷作用

产甲烷菌位于食物网末端,在有机物的厌氧生物处理中起着关键作用。经过产甲烷作用,各种基质上脱下的氢被汇入甲烷中,不仅为发酵细菌和产氢产乙酸菌解除了氢抑制,从而保证了上游反应的顺利进行,而且通过对甲烷的简易分离实现了对有机污染物的彻底去除。

4. 同型产乙酸作用

研究发现,一些同型产乙酸菌可将二氧化碳和氢气合成乙酸。理论上,同型产乙酸作用也是厌氧生物处理过程的一个环节。但迄今为止,这方面的研究尚不够深入。

(二)厌氧生物处理条件

1. 温度

温度对有机物的厌氧降解有显著影响。中温性厌氧消化微生物的最适生长温度约为35℃,高温性厌氧消化微生物的最适生长温度约为53℃。温度宜控制在厌氧消化微生物的最适生长范围。

2. pH

产甲烷菌对 pH 敏感,如果 pH 低于 6.8 或高于 7.8,产甲烷菌的生长受到抑制。pH 宜控制在 6.8～7.8 之间。

3.养分

厌氧消化微生物对碳、氮、磷等营养物质的要求低于好氧微生物。BOD_5：N：P 可控制在 200：5：1。但是,许多厌氧消化菌含有独特的辅酶,对微量元素有特殊要求,宜补充镍、钴、钼等微量元素。

4.毒物

有毒物质会抑制厌氧微生物的生长和代谢。毒物可以是无机物(如硫化物、氨、重金属),也可以是有机物(如苯、酚、氯仿),特别是人工有机物(如农药、抗生素、染料)。毒物浓度宜控制在抑制浓度阈以下。

5.厌氧环境

厌氧消化微生物对氧敏感。厌氧生物处理装置必须密封,防止空气进入。在密封装置内,兼性厌氧菌消耗溶解氧可形成厌氧环境。通常,高温发酵的氧化还原电势为 $-560\sim-600mV$,中温发酵为 $-300\sim-350mV$。

(三)上流式厌氧污泥床工艺

上流式厌氧污泥床(upflow anaerobic sludge blanket,UASB)工艺是荷兰 Lettinga 教授于 1971 年研创的高效厌氧生物处理工艺,迄今已有数以千计的生产性装置投入运行。

1.UASB 反应器的基本构造

UASB 反应器如图 12-7 所示。主体是一个无填料的空容器,可分为沉淀区、反应区和布水区。反应区装有一定数量的厌氧污泥。根据污泥性状,反应区可分为污泥床(sludge bed)和悬浮污泥层(sludge blanket)。

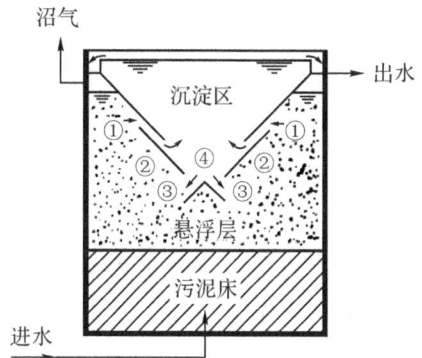

图 12-7　UASB 反应器
①泥水混合液入口;②气体隔板;
③沉淀污泥;④回流孔

(1)污泥床

污泥床位于 UASB 反应器底部,具有很高的污泥生物量,MLSS 一般为 10～80 g/L,可高达 100～150 g/L。污泥以颗粒污泥的形态存在,活性生物量占 70%～80%,生物相组成比较复杂,主要是杆菌、球菌和丝状菌等。污泥粒径在 0.5～5.0 mm,具有良好的沉降性能,沉降速度为 1.2～1.4 cm/s,其典型的 SVI 值为 10～20 mL/g。

污泥床容积一般占整个 UASB 反应器的 30%,但它对有机物的降解量一般可占整个反应器的 70%～90%。污泥床对有机物的有效降解可产生大量沼气,气泡上逸使整个污泥床得到充分混合。

(2)悬浮污泥层

悬浮污泥层位于污泥床上部,污泥浓度为 15～30 g/L,污泥容积指数在 30～40 mL/g 之间。在悬浮污泥层中,絮凝污泥浓度自下而上逐渐减小。絮凝污泥沉降速度小于颗粒污泥,来自污泥床的上升气泡可使悬浮污泥层得到强烈混合。

悬浮污泥层容积约占整个 UASB 反应器的 70%,其有机物降解量约占整个反应器的 10%～30%。

2. UASB 反应器的工作原理

① 均匀布水。废水以一定流速从底部布水系统进入反应器,并均匀分布反应器底部。

② 生物降解。废水通过污泥床和悬浮污泥层向上流动,与污泥充分接触,有机物被转化为沼气。

③ 污泥分层。沼气气泡上逸,将污泥托起,导致污泥床膨胀。沉淀性较差的絮体污泥浮升至反应区上部形成悬浮污泥层;沉淀性较好的颗粒污泥沉降至反应区底部形成污泥床。

④ 气水分离。发酵液上升至三相分离器底面时,气体被反射板折向气室;污泥在三相分离器内沉淀;上清液从沉淀区顶部排出,污泥从沉淀区底部返回反应区。

四、废水生物脱氮

废水生物脱氮的基本原理如图 12-8 所示,主要涉及硝化作用、反硝化作用和厌氧氨氧化作用。据此研发的生物脱氮工艺主要有硝化-反硝化工艺、短程硝化-反硝化工艺和短程硝化-厌氧氨氧化工艺等。

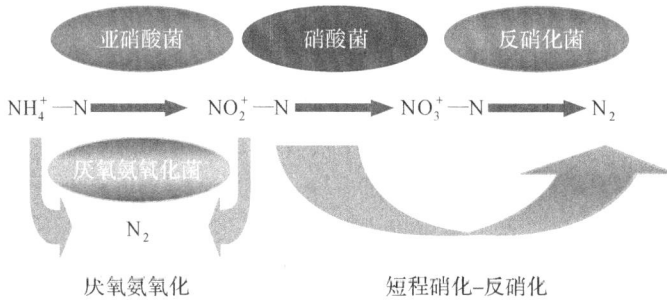

图 12-8　生物脱氮原理

(一)硝化-反硝化工艺

1. 硝化作用

硝化作用(nitrification)是一个序列反应,先由氨氧化细菌把氨氧化成亚硝酸盐,再由亚硝酸氧化细菌把亚硝酸盐氧化成硝酸盐。若不考虑硝化细菌生成量,则硝化反应可表示为:

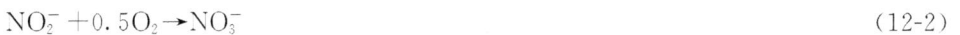

$$NH_4^+ + 1.5O_2 \rightarrow NO_2^- + 2H^+ + H_2O \tag{12-1}$$

$$NO_2^- + 0.5O_2 \rightarrow NO_3^- \tag{12-2}$$

整个硝化反应为:

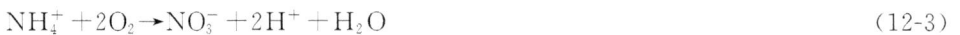

$$NH_4^+ + 2O_2 \rightarrow NO_3^- + 2H^+ + H_2O \tag{12-3}$$

由反应式(12-3)可知,硝化反应需要氧气,耗氧量为 $4.57g\ O_2/g\ NH_4^+-N$;硝化反应产生酸,需要用碱中和,耗碱量为 $7.14g\ CaCO_3/g\ NH_4^+-N$。

2. 硝化工艺类型

根据除碳(COD 去除)与硝化(氨氧化)的关系,硝化工艺可分为单级处理工艺和多级处理工艺。根据硝化细菌的存在状态,又可分为活性污泥法和生物膜法。

(1) 单级硝化工艺

在单级硝化工艺中,有机物去除与氨氧化被放置于同一个反应器内进行。其工艺流程类似于一般废水好氧生物处理的工艺流程(图 12-9)。与普通废水好氧生物处理相比,单级硝化工艺的容积负荷较低。

进水 → 曝气池 除碳+硝化 → 沉淀池 → 出水

剩余污泥

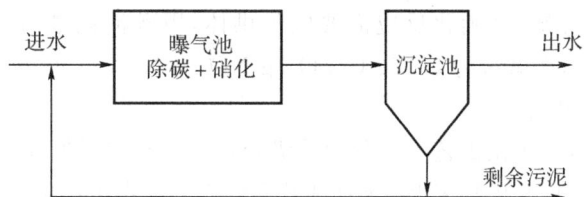

图 12-9　活性污泥法单级硝化工艺

硝化菌主要是自养菌;而有机物氧化菌主要是异养菌。前者分别利用氨和二氧化碳作为能源和碳源,同化有机物的能力很弱;而后者以有机物为能源和碳源,依赖有机物生长。当环境中存在有机物时,自养型硝化细菌对氧和养分的竞争能力明显弱于异养型细菌,其生长很容易被异养型细菌超过,并因此而难以在硝化中发挥作用。

（2）多级硝化工艺

为了消除有机物的负面影响,工程上常将除碳和硝化分置于两个独立的反应器中进行,采用二级或多级处理工艺(图 12-10)。在多级处理工艺中,除碳和硝化可以分别优化,处理效率和运行稳定性都显著提高。

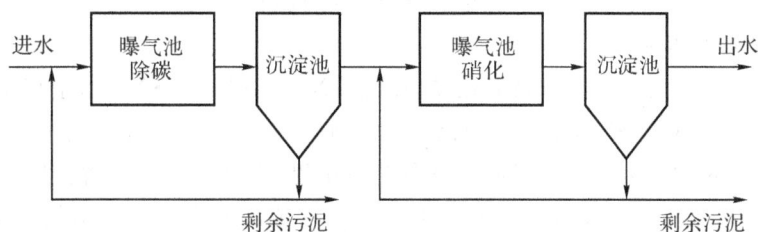

进水 → 曝气池 除碳 → 沉淀池 → 曝气池 硝化 → 沉淀池 → 出水

剩余污泥　　剩余污泥

图 12-10　活性污泥法二级硝化工艺

经过硝化工艺处理,废水中的氨被转化为硝酸盐,可消除氨对生态环境的不良影响,但不能实现对氮素的真正去除,与氨氮等量的硝氮依然溶解于水中。要根除氮素对生态环境的危害,还需借助反硝化工艺。在工程实践中,硝化工艺常与反硝化工艺联合使用。

3. 反硝化作用

反硝化作用是指在缺氧(不存在氧分子)条件下,微生物将硝酸盐还原为氮气的过程。由于反硝化作用是氧化还原反应,因此可采用半反应来建立化学计量关系。以硝酸盐为电子受体的半反应为:

$$\frac{1}{5}NO_3^- + \frac{6}{5}H^+ + e^- \rightarrow \frac{1}{10}N_2 + \frac{3}{5}H_2O \tag{12-4}$$

在废水生物脱氮中,常用甲醇作为电子供体。以甲醇为电子供体的半反应为:

$$\frac{1}{6}CH_3OH + \frac{1}{6}H_2O \rightarrow \frac{1}{6}CO_2 + H^+ + e^- \tag{12-5}$$

结合半反应式(12-4)和式(12-5),得:

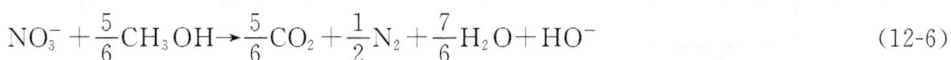

$$NO_3^- + \frac{5}{6}CH_3OH \rightarrow \frac{5}{6}CO_2 + \frac{1}{2}N_2 + \frac{7}{6}H_2O + HO^- \tag{12-6}$$

反硝化过程产生的 OH^- 通常与碳酸反应生成 HCO_3^-,因而式(12-6)可改写为:

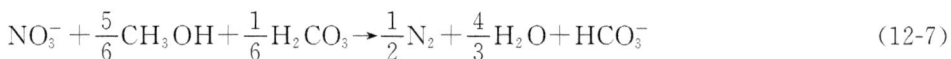

$$NO_3^- + \frac{5}{6}CH_3OH + \frac{1}{6}H_2CO_3 \rightarrow \frac{1}{2}N_2 + \frac{4}{3}H_2O + HCO_3^- \tag{12-7}$$

由反应式(12-7)可知,反硝化反应需要电子供体,甲醇消耗量为 1.9g 甲醇/g $NO_3^- - N$;反硝化反应产生碱,产碱量为 3.57g $CaCO_3$/g $NO_3^- - N$。

4. 反硝化工艺类型

与硝化工艺类似,反硝化工艺也可分为单级处理工艺和多级处理工艺,活性污泥法和生物膜法。此外,还可根据有机物来源,分为内碳源反硝化工艺和外碳源反硝化工艺。前者利用废水含有的有机物作为碳源进行反硝化作用;后者利用外加的有机物(如甲醇)作为碳源进行反硝化作用。

在工程上,常将硝化工艺和反硝化工艺集成如下三类生物脱氮系统:

① 分级除碳、硝化、反硝化系统

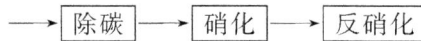

$$\longrightarrow \boxed{除碳} \longrightarrow \boxed{硝化} \longrightarrow \boxed{反硝化}$$

② 组合除碳和硝化,分级反硝化系统

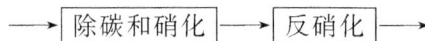

$$\longrightarrow \boxed{除碳和硝化} \longrightarrow \boxed{反硝化} \longrightarrow$$

③ 组合除碳、硝化、反硝化系统

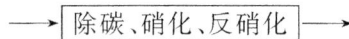

$$\longrightarrow \boxed{除碳、硝化、反硝化} \longrightarrow$$

(二)短程硝化-反硝化工艺

在硝化-反硝化工艺中,氨先被氧化成硝酸盐($NH_4^+ \rightarrow NO_2^- \rightarrow NO_3^-$,全程硝化),再被还原成氮气($NO_3^- \rightarrow NO_2^- \rightarrow N_2$,全程反硝化)。就生物脱氮而言,硝化过程中的"$NO_2^- \rightarrow NO_3^-$"与反硝化过程中的"$NO_3^- \rightarrow NO_2^-$"是一段多走的路程,将其从工艺中省去同样能实现废水脱氮。根据这一理念,荷兰 Delft 工业大学于 1997 年成功开发了短程硝化-反硝化工艺,即 SHARON(single reactor high activity ammonia removal over nitrite)工艺。

1. 短程硝化-反硝化工艺的经济性

比较反应式(12-8)和(12-9)可知,由于 SHARON 工艺只有氨氧化反应,没有亚硝酸盐氧化反应,耗氧量可比硝化工艺降低 25%。比较反应式(12-10)和(12-11)可知,由于 SHARON 工艺的还原反应起始于亚硝酸盐而不是硝酸盐,甲醇消耗量可比反硝化工艺节省 40%。

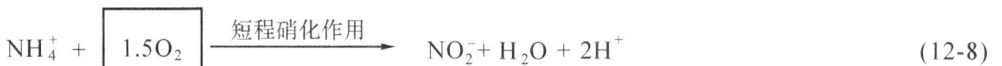

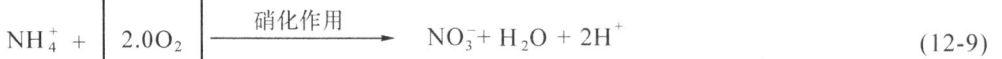

$$NH_4^+ + \boxed{1.5O_2} \xrightarrow{\text{短程硝化作用}} NO_2^- + H_2O + 2H^+ \qquad (12\text{-}8)$$

$$NH_4^+ + \boxed{2.0O_2} \xrightarrow{\text{硝化作用}} NO_3^- + H_2O + 2H^+ \qquad (12\text{-}9)$$

供氧量节省25%

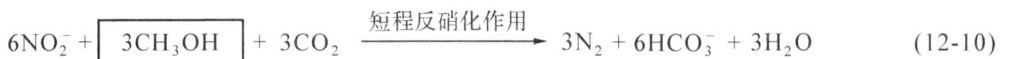

$$6NO_2^- + \boxed{3CH_3OH} + 3CO_2 \xrightarrow{\text{短程反硝化作用}} 3N_2 + 6HCO_3^- + 3H_2O \qquad (12\text{-}10)$$

$$6NO_3^- + \boxed{5CH_3OH} + CO_2 \xrightarrow{\text{反硝化作用}} 3N_2 + 6HCO_3^- + 7H_2O \qquad (12\text{-}11)$$

甲醇消耗量节省40%

2.短程硝化-反硝化工艺的控制

（1）控制营养条件富集快生型种群

亚硝酸细菌可区分为慢生型和快生型。慢生型种群对氨的亲和力较强（K_S较小），但生长速率（μ_{max}）较低；快生型种群对氨的亲和力较弱（K_S较大），但生长速率较高。在氨浓度较低的条件下，慢生型种群能"吃饱喝足"，快生型种群却"忍饥挨饿"，致使前者的生长速率反而高于后者；在氨浓度达到一定值后，快生型种群也能"吃饱喝足"，生长速率超过慢生型种群（图12-11）。控制高氨浓度，可使SHARON工艺富集快生型种群。

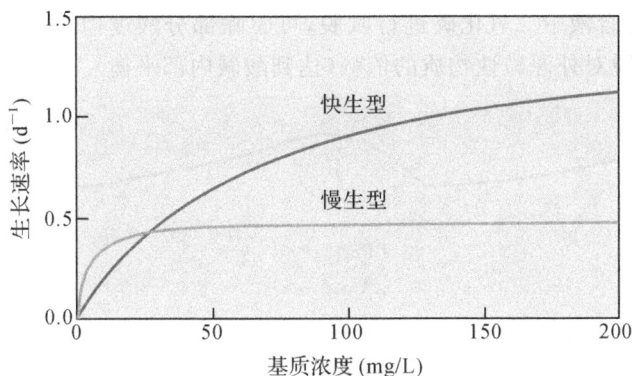

图 12-11　基质浓度对不同亚硝酸细菌生长速率的影响

（2）控制环境条件富集目标种群

硝化细菌的最适环境条件（例如，温度范围）彼此不同，对环境条件变化的敏感性也相差甚远。低温时，亚硝酸细菌生长速率不如硝酸细菌，但高温时，亚硝酸细菌生长速率超过硝酸细菌，致使其高温下被洗出恒化器的最小水力停留时间（HRT）短于硝酸细菌（图12-12）。改变温度改变了两个菌群的命运。除温度以外，其他环境条件也有类似效应。控制环境条件，可使SHARON工艺富集目标种群。

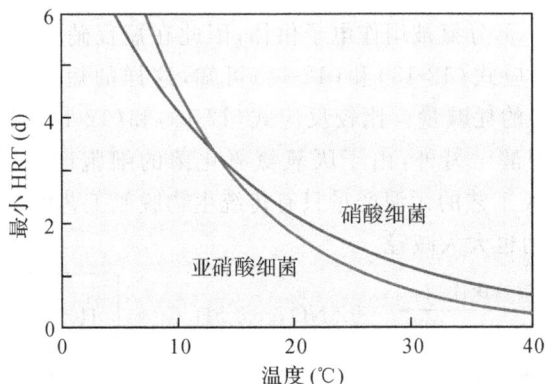

图 12-12　温度对硝化细菌最小 HRT 的影响

（3）控制稀释率淘汰非目标种群

SHARON工艺要将硝化作用终止于亚硝酸盐阶段，最有效的办法是从反应系统中清除硝酸细菌。现有高效生物反应器大多以持有高浓度生物体为特征，采用这些反应器很难清除硝酸细菌。采用连续流全混合反应器（恒化器）则可达到这个目的。在恒化器中，设定稀释率后,各种群的命运取决于自身的生长速率,若生长速率小于稀释率,则该种群被洗出恒化器。在优化营养和环境条件,促进亚硝酸细菌生长的基础上,利用亚硝酸细菌生长速率快于硝酸细菌的特性,通过控制稀释率可实现对硝酸细菌的清除。

(4) 控制供氧确保酸碱平衡

由反应式(12-9)和(12-11)可知,每氧化 1mol 氨产生 2mol 酸,每还原 1mol 硝酸盐则产生 1mol 碱。在 SHARON 工艺中,将硝化和反硝化反应置于一个反应器中进行,并通过间歇供氧使两个反应相互交替,让亚硝酸边产生边转化,充分利用了反硝化产生的碱度(图 12-13)。此外,对混合液中二氧化碳进行吹脱,可驱除部分酸度($H^+ + HCO_3^- \rightarrow H_2CO_3 \rightarrow H_2O + CO_2 \uparrow$),摆脱对外源碱性物质的依赖(达到酸碱内部平衡)。

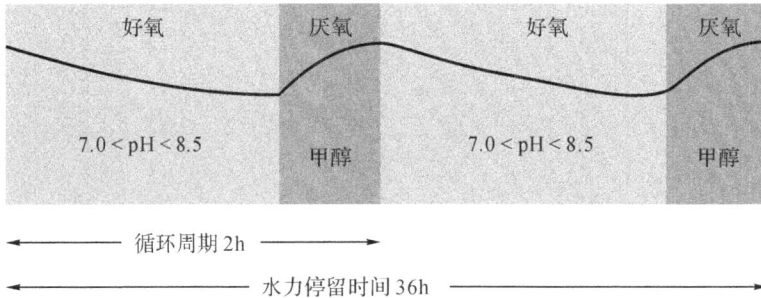

图 12-13　间歇供氧对反应器 pH 的调控作用

(三)短程硝化-厌氧氨氧化工艺

厌氧氨氧化(anaerobic ammonia oxidation,ANAMMOX)是指在厌氧条件下,以亚硝酸盐为电子受体将氨氧化成氮气的生物反应。能够进行厌氧氨氧化的微生物,称为厌氧氨氧化菌。若用 CH_2O 表示细胞物质,ANAMMOX 可以表示为:

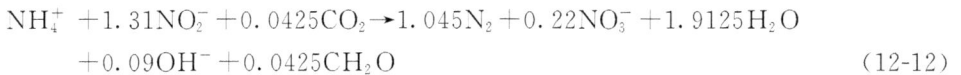

$$NH_4^+ + 1.31NO_2^- + 0.0425CO_2 \rightarrow 1.045N_2 + 0.22NO_3^- + 1.9125H_2O$$
$$+ 0.09OH^- + 0.0425CH_2O \qquad\qquad (12-12)$$

在厌氧氨氧化中,一部分氨被用作电子供体,因此在短程硝化中,只需将另一部分氨氧化成亚硝酸盐。比较反应式(12-13)和(12-14)可知,这样的短程硝化可比全程硝化节省 62.5% 的供氧量和 50% 的耗碱量。比较反应式(12-15)和(12-16)可知,ANAMMOX 可比全程反硝化节省大量甲醇。另外,由于厌氧氨氧化菌的细胞产率远远低于反硝化细菌,SHARON-ANAMMOX 工艺的污泥产量只有传统生物脱氮工艺的 15%。处理和处置剩余污泥的人力、物力和财力也大大减轻。

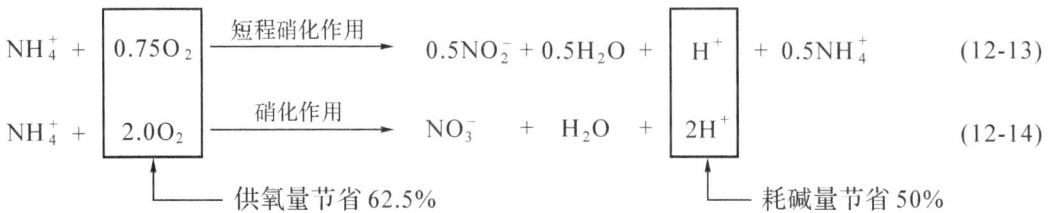

$$6NO_2^- + \boxed{6NH_4^+} + 3CO_2 \xrightarrow{\text{短程反硝化作用}} 6N_2 + 12H_2O \tag{12-15}$$

$$6NO_3^- + \boxed{5CH_3OH} + CO_2 \xrightarrow{\text{反硝化作用}} 3N_2 + 6HCO_3^- + 7H_2O \tag{12-16}$$

甲醇消耗量节省 100%

ANAMMOX 工艺由荷兰 Delft 工业大学首先提出并成功开发,它经历了实验室试验和中间试验,现已应用于荷兰 Dokhaven 污水处理厂,其容积去除速率达 $9.50kg\ N/(m^3 \cdot d)$,远远高于传统硝化反硝化工艺 $[0.23 \sim 0.5kg\ N/(m^3 \cdot d)]$;其处理费用为 0.75 欧元/kg N,远远低于传统生物脱氮工艺(2～5 欧元/kg N)。

五、废水生物除磷

(一)生物聚磷作用

好氧聚磷细菌(简称聚磷细菌)含有异染粒(图 12-14),大小约 $0.5 \sim 1\mu m$,是无机磷酸盐的聚合物,磷酸盐的个数(n 值)在 $2 \sim 10^6$ 之间。其功能是贮藏磷和能量,并降低胞内渗透压。聚磷细菌往往同时含有聚-β-羟基丁酸(PHBs,图 12-15),由多个(n 值一般大于 10^6)羟基丁酸聚合而成,不溶于水,具有贮藏能量、碳源并降低胞内渗透压的作用。当巨大芽孢杆菌(*Bacillus megaterium*)在含乙酸或丁酸的培养基中生长时,细胞内贮藏的 PHBs 可达干重的 60%。近年来发现,许多细菌能合成 PHBs 类化合物,结构稍有不同,这类化合物统称为聚羟链烷酸(polyhydroxyalkanoate,PHA)。聚磷细菌主要有不动杆菌、假单胞菌、气单胞菌、黄杆菌等 60 多种。

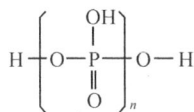

图 12-14　磷酸盐聚合物(异染粒)

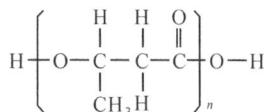

图 12-15　聚-β-羟基丁酸

在厌氧条件下,聚磷细菌水解异染粒产生 ATP,同时释放出磷酸盐[(聚磷)n＋ADP→(聚磷)$_{n-1}$＋ATP],即厌氧释磷(图 12-16)。利用 ATP 以主动运输方式将细胞外的有机物(低分子有机酸)摄入细胞内,形成乙酰 CoA,然后从 NADH$_2$ 接受电子,合成 PHBs 等有机颗粒,并贮存在细胞内。在好氧条件下,聚磷细菌分解 PHBs,合成大量 ATP;这些 ATP 小部分直接用于生命活动,大部分用于吸收胞外磷酸盐并合成异染粒,即好氧摄磷(图 12-16)。过量摄磷(luxury phosphorus uptake)是指聚磷细菌所摄取的磷酸盐超过其生长所需的现象。

从能量的角度看,过量摄磷是一个能量增值的过程。虽然在吸收胞外基质和合成 PHBs 的过程中,聚磷细菌通过水解异染粒和利用 NADH$_2$ 消耗了部分能量,但它以 PHBs 的形式贮存了更多能量。在随后的 PHBs 好氧分解中,释放的能量用于摄取胞外磷酸盐并合成聚磷,能量增量由潜在的 PHBs 形态转化为实在的聚磷形态。换言之,经过厌氧释磷与好氧摄磷的一次循环,细胞内聚磷的数量增加了。在厌氧条件下,聚磷水解得越彻底,吸收的胞外基质越多,合成的 PHBs 量越大;在好氧条件下,PHBs 氧化分解得越完全,释放的能量越大,合成的聚磷越多,摄磷作用越强。

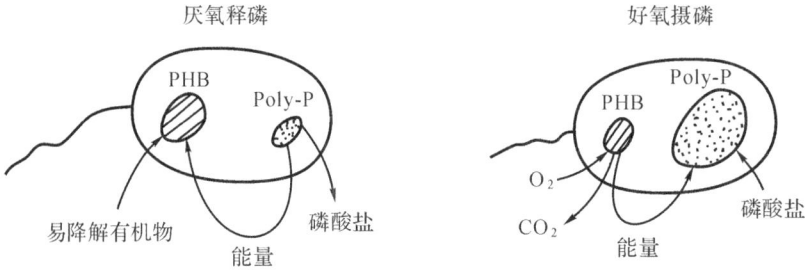

图 12-16 聚磷细菌的厌氧释磷与好氧摄磷

(二)生物除磷工艺

1.生物除磷工艺原理

在常规的好氧生物处理中,只有少量磷用于微生物生长,大部分磷以磷酸盐的形式随出水排入受纳水体。一般活性污泥中磷含量仅为 $1.5\%\sim2.0\%$。但当厌氧-好氧交替运行时(图 12-17),聚磷细菌积累磷的水平可比普通活性污泥高 $3\sim7$ 倍。利用聚磷细菌的过量摄磷作用(干细胞含磷量可达 $6\%\sim8\%$,甚至 10%),再通过排放剩余污泥即可实现生物除磷。由于存在厌氧释磷,因此排放剩余污泥前,需维持有氧状态。

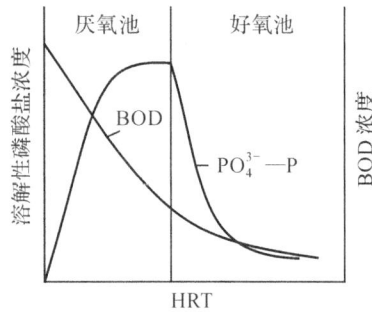

图 12-17 厌氧释磷与好氧摄磷过程中磷酸盐和 BOD 浓度的变化

2.生物除磷工艺类型

厌氧-好氧(A－O)生物除磷工艺(图 12-18)是流程最简单的生物除磷工艺,池型构造与常规活性污泥法相似。典型的 A－O 生物除磷系统包括反应池和二沉池,反应池划分为厌氧区(约占 20%)和好氧区(约占 80%)。进水与回流污泥混合后流经厌氧区,再进入好氧区,最后进入二沉池,通过固液分离,部分污泥从二沉池回流到厌氧区,部分污泥以剩余污泥的形式从二沉池底部排出,实现生物除磷。

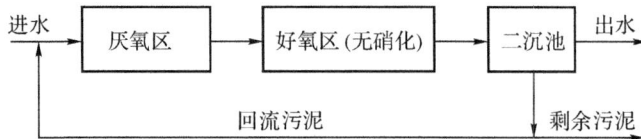

图 12-18 没有硝化作用的厌氧-好氧生物除磷工艺

第二节　废气生物处理

废气处理有物理法、化学法和生物法三种类型。废气生物处理主要用于恶臭气体上。

一、生物除臭原理

生物除臭本质上是各种微生物将恶臭物质用作养分,使其彻底分解或使其转化成无臭物质的过程。生物除臭可分为 3 个阶段:① 臭气中的恶臭物质与水接触并溶于水中(由气相转移到液相中)。② 溶于水中的恶臭物质被微生物吸附和吸收。③ 进入菌体的恶臭物质被微生物分解和利用。

不同的恶臭物质需要不同营养类型的微生物来分解和转化。例如,当恶臭物质为硫化氢时,可利用自养型硫化细菌将其氧化成硫酸盐;当恶臭物质是甲硫醇时,则可利用异养型微生物先将其转化成硫化氢,再利用自养型微生物将硫化氢氧化成硫酸盐。如果恶臭物质是氨,可先使其溶于水中,然后利用硝化细菌将其氧化成亚硝酸和硝酸,再利用反硝化细菌将亚硝酸和硝酸还原成氮气。

二、生物除臭技术

根据微生物的存在状态,生物除臭技术可分为自然生长型生物除臭技术、附着生长型生物除臭技术和悬浮生长型生物除臭技术。

(一)自然生长型生物除臭技术

自然生长型生物除臭技术是指将臭气通过生物处理系统,在自然生长的微生物作用下,将恶臭物质转化为无臭物质的一类除臭方法。常见的有土壤过滤除臭法、堆肥过滤除臭法和生物滤池除臭法。下面以土壤过滤除臭法为例加以介绍。

在土壤过滤除臭过程中,将臭气送入土壤内,恶臭成分被土壤颗粒吸附,并被自然生长的土壤微生物吸收和降解。土壤过滤装置(图 12-19)通常采用床式滤器。臭气由风机送入。先通过底部分布管,再进入扩散层。扩散层由粗细砾石组成。经过扩散层的均匀分布,臭气进入上部土壤层。土壤以选用腐殖土为好,有效厚度不应小于 50cm。在土壤中加入少量鸡粪和珍珠岩,可提高土壤对甲基硫醇、二甲基硫、二甲基二硫的去除效率。对于低浓度的工业废气,这是一种简单、稳定、经济的处理方法。

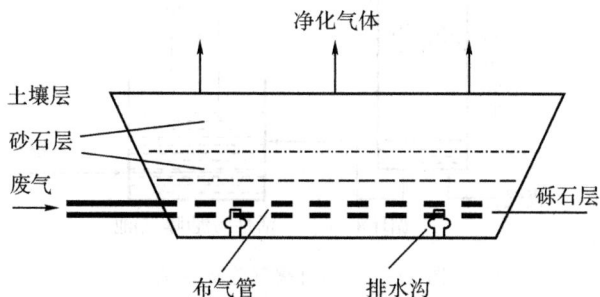

图 12-19　土壤过滤装置

（二）附着生长型生物除臭技术

附着生长型生物除臭技术是指将臭气通过安装人工填料（如陶粒、塑料球）的生物处理系统，在附着生长于填料表面的微生物作用下，将恶臭物质转化为无臭物质的一类除臭方法。常见的有生物滴滤池除臭法。

与土壤不同，人工填料一般本身不含微生物，生物滴滤池也不能像土壤过滤除臭系统那样直接投入使用。但通过筛选填料，可以为微生物的附着生长提供巨大的比表面；通过接种和培养，可以在反应器内持留活性更强、数量更大的各类微生物，因此除臭效率较高。

在生物滴滤池除臭系统（图 12-20）中，专门设置了循环液喷淋装置，既可补充滤床因通气而损失的水分，也可吸收臭气内的部分恶臭物质，同时也便于营养物质调控。

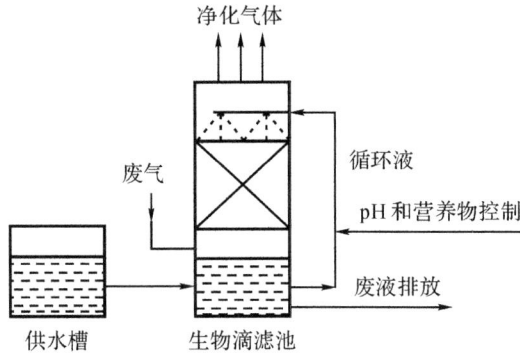

图 12-20　生物滴滤池除臭系统

（三）悬浮生长型生物除臭技术

悬浮生长型生物除臭技术是指将臭气通入活性污泥（曝气）池，在悬浮生长于活性污泥中的微生物作用下，将恶臭物质转化为无臭物质的一类除臭方法。下面以喷淋曝气除臭法为例加以介绍。

喷淋曝气除臭系统如图 12-21 所示。废气从喷淋吸收室的底部输入，穿过吸收室底部循环液，一部分恶臭物质被水溶解，另一部分恶臭物质继续上逸，被上部喷淋而下的循环液吸收。溶解吸收恶臭物质的循环液进入活性污泥（曝气）池，被活性污泥中的微生物转化为无臭物质。

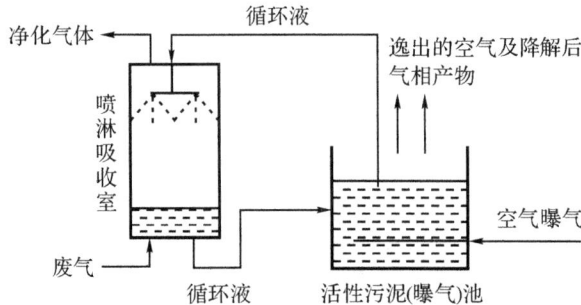

图 12-21　喷淋曝气除臭系统

第三节　废物生物处理

固体废物(solid waste)简称废物,是指人类生产和生活过程中丢弃的固态或半固态物质。城市生活垃圾(municipal garbage)则是城市日常生活中产生的固体废物。它含有大量有机物以及细菌、病毒、寄生虫卵、杂草种子等,是蚊蝇孳生的场所,微生物生长繁殖的温床,疾病传播的媒介。高温堆肥是城市垃圾处理的有效手段之一。

一、高温堆肥原理

高温堆肥(hugh temperature composting)又称好氧堆肥,它是指在有氧条件下,借助好氧微生物的作用,将垃圾堆体中不稳定的有机物腐熟为稳定的腐殖质类物质的过程。高温堆肥所需的微生物可以来自生活垃圾内固有的微生物种群,也可以来自人工投加的微生物菌剂。

（一）高温堆肥的生化反应

在高温堆肥过程中,涉及垃圾有机物分解,细胞物质合成以及细胞物质分解等生化反应。

1. 有机物分解

① 不含氮有机物($C_xH_yO_z$)

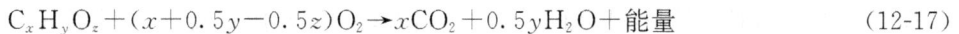

$$C_xH_yO_z+(x+0.5y-0.5z)O_2 \rightarrow xCO_2+0.5yH_2O+能量 \tag{12-17}$$

② 含氮有机物($C_sH_tN_uO_v \cdot H_2O$)

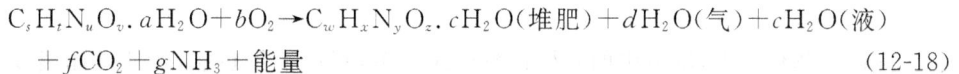

$$C_sH_tN_uO_v \cdot aH_2O+bO_2 \rightarrow C_wH_xN_yO_z \cdot cH_2O(堆肥)+dH_2O(气)+cH_2O(液)$$
$$+fCO_2+gNH_3+能量 \tag{12-18}$$

2. 细胞物质合成

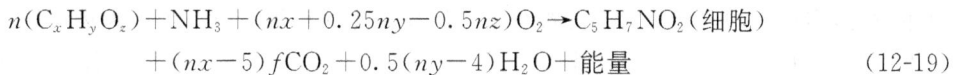

$$n(C_xH_yO_z)+NH_3+(nx+0.25ny-0.5nz)O_2 \rightarrow C_5H_7NO_2(细胞)$$
$$+(nx-5)fCO_2+0.5(ny-4)H_2O+能量 \tag{12-19}$$

3. 细胞物质分解

$$C_5H_7NO_2(细胞)+5O_2 \rightarrow 5CO_2+2H_2O+NH_3+能量 \tag{12-20}$$

（二）高温堆肥的微生物学过程

高温堆肥过程可分为发热阶段、高温阶段和降温阶段。

1. 发热阶段

堆肥初期,微生物生长旺盛,有机物被迅速分解,并释放出大量热能,堆体温度逐渐提高,称为发热阶段。在此阶段,被分解的有机物主要是堆料中的易分解成分,如单糖、淀粉、蛋白质等。堆料中的微生物以嗜温性好氧菌为主,包括细菌、放线菌和真菌等。随着堆体温度升高,嗜温性微生物逐渐被嗜热性微生物取代。堆体温度升到50℃以上时,即进入高温阶段。

2. 高温阶段

堆料中的复杂有机物(如纤维素、半纤维素、果胶质等)开始被微生物大量分解,同时开始腐殖质类物质的合成。由于持续释放热能,堆体温度升到50℃以上。在此阶段,嗜热性微生物成为优势菌群,常见的优势菌群有嗜热真菌和嗜热放线菌。堆体温度超过60℃时,嗜热真菌停止活动,嗜热放线菌和嗜热芽孢杆菌渐占优势。堆体温度上升到 70℃ 以上时,嗜热性微生物大量死亡或进入休眠状态,有机物的分解仍可在各种酶的作用下继续进行。但这种酶解作用很快衰退,热能释放量减少,堆体温度随之下降。温度降至 70℃ 以下时,处于休眠状态的嗜热性微生物恢复活动,热能释放量增大,堆体温度回升。如此循环,堆体可维持一个相当较长的高温阶段。

　　3.降温阶段

　　堆体维持高温一段时间后,堆料中可分解的纤维素、半纤维素、果胶质等有机物均被分解,剩下一些难分解的有机物(如木质素等)和新合成的腐殖质类物质。由于微生物降解作用减弱,热能释放量减少,堆体温度降低。当温度降至 40℃ 以下时,嗜温性微生物取代嗜热性微生物再次占据优势,并对残余有机物作进一步分解。最终堆料趋于腐熟,成为堆肥。

　　二、高温堆肥技术

　　高温堆肥技术的工序与功能如下。

　　1.前处理

　　生活垃圾中常常混杂着粗大的物料以及不能用于堆肥生产的物料,既影响处理机械的正常运转,影响发酵装置有效容积,也影响堆肥质量,必须在堆制前通过前处理加以去除。

　　前处理包括破碎、分选、筛分等工序。分选用于去除不能用于堆肥生产的物料;破碎用于增大堆料的表面积,促进微生物分解;筛分用于提高物料的均一性,以利发酵过程控制。从理论上讲,垃圾粒径越小,越有利于微生物附着;但粒径过小会影响堆体通气。堆料粒径一般控制在 12～60mm。

　　2.主发酵

　　在微生物作用下,堆料中的有机物被迅速分解,释放大量热能,致使堆体温度升高。通常把堆温开始上升到堆温开始下降所持续的微生物作用,称为主发酵(又称一次发酵)。经过主发酵,堆料中的有机物大部分被分解。以城市生活垃圾与家畜粪尿为物料的高温堆肥,主发酵时间为 4～12d。主发酵既可放置在露天进行,也可放置于发酵装置内进行;有机物分解所需的氧气可以通过翻堆提供,也可以通过风机供给。

　　3.后发酵

　　使主发酵中未分解的有机物进一步分解,并转化为腐殖质类稳定产物的微生物作用,称为后发酵(又称二次发酵)。后发酵的堆料高度一般为 1～2m,必要时采用翻堆或通风供氧。后发酵所需的时间取决于堆肥用途。若用于温床,则经过主发酵的堆肥无需再进行后发酵;但若用于大田,则必须进行后发酵。后发酵时间通常为 20～30d。

　　4.后处理

　　经过主发酵和后发酵处理,垃圾中的有机物被破碎,体积大大缩小。但其中所含的塑料、玻璃、陶瓷、金属、小石块等杂物依然存在,因此需要分选,去除杂物。

　　5.脱臭

　　堆料堆制中会产生臭味,需作脱臭处理。露天堆制时,堆料表面覆盖一层熟化堆肥即可进行堆肥过滤除臭,恶臭成分由熟化堆肥吸附,并被微生物分解。若以土壤代替熟化堆肥,即为土壤过滤除臭,其工作原理与堆肥过滤除臭相同。

6.贮存

堆肥使用具有季节性，冬季用量较小，需要暂时贮存。熟化堆肥可贮存于发酵仓内，也可用袋分装，两者都要求干燥、透气，否则影响堆肥质量。

复习思考题

1. 废水生物处理有哪些类型？
2. 在废水好氧生物处理中，为什么需要曝气？需氧量是多少？
3. 何谓活性污泥？简述其基本特性。
4. 简述活性污泥法对废水的净化过程。
5. 简述活性污泥膨胀的特征及其成因。
6. 简述生物膜的微生物组成和特征。
7. 简述生物膜净化污水的原理。
8. 简述厌氧生物处理过程与工艺条件。
9. 简述 UASB 反应器的构造和工作原理。
10. 简述硝化工艺类型。
11. 简述反硝化工艺类型。
12. 何谓 SHARON 工艺？有何特点？
13. 简述 SHARON 工艺的控制要点？
14. 简述厌氧氨氧化工艺的原理和特点。
15. 何谓好氧聚磷作用？
16. 简述废水生物除磷工艺原理。
17. 简述生物除臭原理。
18. 简述自然生长型、附着生长型和悬浮生长型生物除臭技术。
19. 简述高温堆肥的微生物学过程及其特点。
20. 简述高温堆肥工序及其功能。

第十三章　微生物与环境监测

环境监测(environmental monitoring)是了解环境现状的重要手段,它包括化学分析、物理测定和生物监测三个部分。微生物监测(microbial monitoring)是利用微生物对环境污染所发出的各种信息来判断环境污染状况的过程。微生物监测是环境监测的重要组成部分。本章介绍微生物在环境监测中的作用。

第一节　水体质量的微生物学检测

一、有机物污染指示菌及其检测

(一)细菌总数

细菌总数是指将 1mL 水样(原水样品或稀释水样)置于营养琼脂培养基上,在 37℃ 下培养 24h 所生长的细菌菌落总数。菌数越大,表示水体受有机物或粪便污染越严重,被病原菌污染的可能性也越大。但细菌总数指标仅仅具有相对的卫生学意义。测得水体中细菌总数大,只能说明该水体已被有机物或粪便污染,不能说明污染物的来源,也不能判定病原菌的存在。

细菌总数的测定结果常用"CFU(colony formation unit,菌落形成单位)/mL"或"个/mL"表示。因为在测定中,以成双(如双球菌)、成链(如链球菌)和成堆(如葡萄球菌)状态存在的细菌不可能完全分散成单体;水样与琼脂培养基混合时,也不可能保证每个个体彼此分离而单独长成菌落;培养基上长出的菌落可能来自一个细菌,也可能来自多个细菌;所以测定结果以"CFU/mL"表征较为确切。

细菌总数是一个相对指标。每种细菌都有独特的营养要求和生理特性,一种培养基和一种培养条件很难满足所有细菌的需要。但在实际工作中,细菌总数却是采用一种培养基和一种培养条件测定的。这样测得的细菌总数并不是水样中的实际细菌总数。在测定条件下不能生长或生长缓慢的细菌均可能被遗漏。另外,人工培养基与培养条件不同于自然水体,即使水样中的所有细菌都能生长,测定值也有别于实际细菌总数。

根据水样中的细菌总数,可将天然水体分为几类:① 细菌总数 $10^1 \sim 10^2$ CFU/mL,极清洁水体;② $10^2 \sim 10^3$ CFU/mL,清洁水体;③ $10^3 \sim 10^4$ CFU/mL,不太清洁水体;④ $10^4 \sim 10^5$ CFU/mL,不清洁水体;⑤ 大于 10^5 CFU/mL,极不清洁水体。我国《生活饮用水卫生标准》(GB5749－2006)规定,生活饮用水中的细菌总数不得超过 10^2 CFU/mL。

(二)腐生细菌数

自然水体中的腐生细菌数与有机物浓度成正相关。测得腐生细菌数或腐生细菌数与细菌总数之比值,可用于推断水体有机污染状况。研究证明,这种推断与实测结果相吻合。根据水体中的腐生细菌数,可将水体分为多污带、中污带和寡污带(表 13-1)。按照腐生细菌数与细菌总数之比值，又可将水体分为 α-腐生带、β-腐生带和多-腐生带（表 13-2）。

表 13-1　污水带的划分及其特征

污水带、特征	多污带	甲型中污带	乙型中污带	寡污带
腐生细菌数（个/mL）	数十万至数百万	数十万	数万	数十至数万
有机物	含大量有机物，主要是蛋白质和碳水化合物	主要是氨和氨基酸，有机物含量少	有机物含量极微	
溶解氧	极低或几乎没有，厌氧性	少量，半厌氧性	较多，需氧性	很多，需氧性
BOD₅	非常高	较高	较低	很低

表 13-2　细菌数与腐生带的划分

样点号	细菌总数（百万个/mL）		腐生细菌数（千个/mL）		腐生菌数/总菌数（%）	腐生水
	波动范围	平均	波动范围	平均		
1	1.7～3.3	2.5	0.2～1.9	1.1	0.04	β-腐生带
2	1.6～3.4	2.4	0.9～3.0	2.0	0.08	β-腐生带
3	1.9～3.0	2.5	0.2～6.0	2.9	0.11	β-腐生带
4	4.3～5.0	4.6	9.7～16.5	13.3	0.30	α-腐生带
5	1.8～3.6	2.6	1.4～6.2	3.0	0.11	β-腐生带
6	3.5～6.8	4.8	59.2～175.2	116.0	2.42	多-腐生带
7	3.1～4.4	3.7	19.2～20.5	20.0	0.54	α-腐生带
8	2.0～2.7	2.3	10.3～36.2	20.2	0.84	α-腐生带
9	2.3～6.9	4.0	10.8～147.6	64.9	1.62	多-腐生带

二、粪便污染指示菌及其检测

人畜粪便中携带着多种微生物，其中一些是肠道内的正常菌群，对人类健康无害；一些是病原菌，对人类健康有害。如果将带有致病菌的粪水排入水体，就会污染水源，引发多种肠道疾病，甚至导致水传性疾病暴发流行。因此，监测水体粪便污染情况很有必要。

（一）粪便污染指示菌

受污染水体中的病原菌数量很少，直接检测不仅操作烦琐、检测困难，而且结果阴性也不能保证水样中不含致病菌。在水质卫生学检查中，通常采用易检出的肠道细菌作为指示菌，取代对致病菌的直接检测。若水样中检出指示菌，即认为水体曾受粪便污染，可能存在致病菌。

作为粪便污染指示菌，应当满足如下条件：① 该菌大量存在于人粪中，数量多于病原菌；② 该菌不存在于未被人粪污染的水体中，但易从被人粪污染的水体中检出；③ 该菌在水体中不会自行繁殖；④ 该菌在水体中的存活时间长于致病菌，对氯与臭氧等消毒剂以及其他不利因素的抵抗力强于致病菌；⑤ 该菌检测简捷；⑥ 该菌适用于淡水、海水等各种水体。令人遗憾的是，迄今还没有发现完全满足上述条件的粪污指示菌。

在卫生细菌学检验中，大肠菌群（coliform group，简称 coliform）、粪链球菌（*Streptococcus faecalis*）、产气荚膜梭菌（*Clostridium perfringens*）常用作粪污指示菌。大肠菌群在粪

便中的数量较多;随粪便排出体外后,存活时间与肠道病原菌大致相同;检验方法简单易行,是比较适合的粪污指示菌。

(二)大肠菌群

大肠菌群是指一群好氧及兼性厌氧的革兰氏染色阴性的无芽孢杆菌。在 37℃ 下培养 24h,它们能使乳糖发酵产酸产气。大肠菌群以埃希氏菌属(*Escherichia*)为主,还有柠檬酸杆菌属(*Citrobacter*)、肠杆菌属(*Enterobacter*)、克雷伯氏菌属(*Klebsiella*)等。

在粪便中,大肠菌群数量很大,成人每日随粪便排出的菌数多达(5～100)×10^{10} 个。在环境中,大肠菌群的存在与人类的活动有关。在人迹罕至的高山土中,几乎不存在大肠菌群。越靠近人类的居住区和生产区,大肠菌群的数量也越大。在经常施用粪肥的菜园土中,大肠菌群非常丰富。

在某些情况下,有必要对大肠菌群做进一步鉴定。常用的鉴定试验有:吲哚试验、甲基红试验、VP 试验(Voges-Proskauer test)以及柠檬酸钠利用试验(表 13-3)。检出大肠埃希氏菌,说明水体最近曾被粪便污染。

表 13-3　大肠菌群鉴定

菌　种	吲哚试验	甲基红试验	V. P. 试验	柠檬酸钠利用试验	氧化酶试验	运动性试验
大肠埃希氏菌	+	+	－	－	－	±
弗氏柠檬酸杆菌	－	+	－	+	－	+
产气肠杆菌	－	－	+	+	－	+
克雷伯氏菌	±	－	+	+	－	－

为了排除自然环境中原有大肠菌群的干扰,在检测中可将培养温度提高至 44℃。能在 44℃ 生长并发酵乳糖产酸产气的大肠菌群主要来自粪便,称为"粪大肠菌群"(fecal coliform)。能在 37℃ 生长并发酵乳糖产酸产气的大肠菌群,称为总大肠菌群(total coliform)。据调查,在人粪中,粪大肠菌群占总大肠菌群数的比例为 96.4%。

(三)大肠菌群检测

1. 大肠菌群检测方法

常用的大肠菌群检测方法有发酵法与滤膜法。

① 发酵法　又称多管发酵法或三管发酵法。以不同稀释度的样品分别接种乳糖胆盐发酵培养基数管。培养 24h 后,观察培养结果。若观察到乳糖发酵产酸产气现象,判为阳性反应。记下阳性反应的试管数,查专用统计表,算出大肠菌群的最大可能数(MPN)。

② 滤膜法　选用孔径为 0.45～0.65μm 的微孔滤膜,抽滤一定数量水样,使水样中的细菌截留在滤膜上。将滤膜贴在选择性培养基上,培养 24h 后直接计数大肠菌群菌落,算出每 100mL 水样中所含的总大肠菌群数(见第七章图 7-5)。

2. 大肠菌群检测指标

在水质卫生学检测中,常用"总大肠菌群指数"和"总大肠菌群值"作为指标。总大肠菌群指数是指 100 mL 水中所含的大肠菌群细菌的个数。总大肠菌群值是指检出一个大肠菌群细菌的最少水样量(毫升数)。两者间的关系可表示为:

$$总大肠菌群值 = \frac{100}{总大肠菌群指数} \tag{13-1}$$

我国《生活饮用水卫生标准》(GB5749—2006)规定:在生活饮用水中,总大肠菌群、耐热大肠菌群和大肠埃希氏菌都不得检出,即0CFU/100mL。

第二节 空气质量的微生物学检测

空气中的微生物主要来自人类的生活和生产过程。它们附着于尘埃或液滴上,随载体悬浮于空气中。在湿度大、灰尘多、通风不良、日光不足的情况下,空气中的微生物不仅数量较多,而且存活时间也较长。微生物污染空气,可使空气成为传播呼吸道传染病的媒介。直接检测空气中的病原菌,目前尚有困难。在空气环境质量评价上常以细菌总数作为指标。

一、空气细菌检测方法

空气中细菌总数常用撞击法和平皿沉降法检测。

① 撞击法 又称裂隙式撞击法。利用抽气泵吸引,迫使一定量空气通过狭缝或喷嘴,在出口处形成高速喷射气流,空气中携带微生物的悬浮颗粒依靠惯性撞击并黏附于转动的营养琼脂培养基上,37℃培养24h,观察菌落数,计数结果以"CFU/m^3"表示。

在裂隙式撞击法采集的空气样品中,携带微生物的悬浮尘粒可随人体呼吸进入呼吸道,危害人类健康,因此这种采样法具有重要的卫生学意义。另外,这种采样法不受气流影响,采样量准确,已成为国际首选的空气细菌采样法。

② 平皿沉降法 依靠地心引力将空气中携带微生物的悬浮颗粒沉降到营养琼脂培养基平皿中,37℃培养24h,观察菌落数,计数结果以"CFU/皿(9cm)"表示。平皿沉降法已沿用100多年,因简单易行,曾在国际上普遍应用,但该法误差较大,已逐渐淘汰。

应当注意,采用上述两种细菌检测方法所得的结果不同,数据不能换算。

二、空气细菌总数指标

调查结果显示,人群在室内聚集20min,室内空气中的细菌总数可达$4×10^3 CFU/m^3$和33CFU/皿,二氧化碳浓度可达0.08%。此时,24.1%的室内人员会产生异臭感和不舒适感。当细菌总数达到$6×10^3 CFU/m^3$或75CFU/皿,二氧化碳浓度达到1.5%时,55%的室内人员会产生异臭感和不舒适感。

前苏联室内空气细菌总数指标为:清洁空气,冬季细菌总数少于$4.5×10^3 CFU/m^3$,夏季细菌总数少于$1.5×10^3 CFU/m^3$;污染空气,冬季细菌总数大于$7×10^3 CFU/m^3$,夏季细菌总数大于$2.5×10^3 CFU/m^3$。日本细菌总数指标:清洁空气,细菌总数少于30CFU/皿;普通空气,细菌总数少于75CFU/皿。我国《室内空气质量标准》(GB/T18883—2002)规定,室内空气细菌总数少于$2.5×10^3 CFU/m^3$。

第三节 化学污染物的微生物学检测

世界上的化学物质已有数千万种,而且还在迅速增加。许多化学物质对生物具有毒性,对数量巨大的化学物质逐一进行毒性检测,采用传统的动物实验法极难做到。为此,一些快速准确的微生物学检测法应运而生。

一、污染物毒性的细菌学检测

(一)发光细菌检测法的原理

发光细菌的发光强度是菌体健康状况的一种反映。在正常情况下,这类细菌在对数生长期的发光能力很强。然而,在环境不良或存在有毒物质时,其发光能力减弱,衰减程度与毒物毒性及其浓度成比例关系。通过灵敏的光电测定装置,检测发光细菌受毒物作用时的发光强度变化,可以评价待测物质毒性的大小。这种采用发光细菌检测污染物毒性的方法,称为发光细菌检测法。

目前应用最多的发光细菌是明亮发光杆菌($Photobacterium\ phosphoreum$)$T_3$ 小种,其发光反应为:

$$FMNH_2 + RHO + O_2 \xrightarrow{\text{细菌荧光酶}} FMN + RCOOH + H_2O + 光 \tag{13-2}$$

荧光素(FMN)、长链醛(RHO)和荧光酶是细菌发光的基本要素。

(二)发光细菌检测法的应用

发光细菌检测法的操作程序是:① 配制污染物的系列稀释液;② 复苏冻干菌种,配制工作菌剂;③ 添加稀释液与菌剂,测定发光强度;④ 计算相对发光强度,确定污染物半抑制浓度 IC_{50};⑤ 根据有关标准评估污染物毒性。

基于发光细菌检测法的毒性等级划分标准见表 11-4。

表 11-4　毒性等级划分标准

IC_{50}	毒性级别	等　级
<25%*	很毒	1
25%~75%*	有毒	2
75%~100%*	微毒	3
>100%*	无毒	4

＊　稀释后百分浓度。

二、污染物致突变性的细菌学检测

有关人类癌症的起因众说纷纭,其重要诱因之一是人们所接触的化学污染物具有致突变性。因此,检测污染物的致突变性很有必要。

(一)Ames 试验法的原理

Ames 试验法是由美国 Ames 教授创建的一种致突变测定法。该法利用组氨酸营养缺陷型鼠伤寒沙门氏菌($Salmonella\ typhimurium$)可发生回复突变的性能;在没有受到致突变物作用时,这些菌株不能在不含组氨酸的培养基上生长;受到致突变物作用后,它们通过基因突变而回复为野生型,可在不含组氨酸的培养基上生长(图 13-1)。野生型与组氨酸营养缺陷型沙门氏菌之间的关系如下:

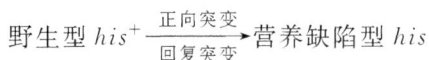

$$野生型\ his^+ \xrightarrow[\text{回复突变}]{\text{正向突变}} 营养缺陷型\ his$$

（二）Ames 试验法的应用

1. Ames 试验法的优点

① 准确性高。有人曾对 175 种已知致癌物进行 Ames 试验，157 种呈阳性反应，吻合率达 90%。对 108 种已知非致癌物质进行 Ames 试验，94 种呈阴性反应，吻合率为 87%。Bartsch 等对 180 种物质（其中 26 种是已知致癌物）进行 Ames 试验，25 种呈阳性反应，吻合率达 95%。

② 样品量少。只需微克至毫微克水平的污染物即能检出致突变性。

③ 能检出联合毒性。除能检出单一物质（包括天然及人工化合物）的致突变性外，还能检出多种混合物（如污水、染发剂、香烟浓缩物等）的致突变性，较好地反映多种污染物的联合效应。

2. Ames 试验法的应用案例

在污染物的致突变性检测中，Ames 试验法的作用日趋明显。1964 年日本开始使用呋喃基糠酰胺作为食品添加剂。为了评价其安全性，曾分别用大鼠、小鼠做过数次致癌性试验，结果都呈阴性。1974 年进行 Ames 试验，只用一小片曾添加呋喃基糠酰胺的鱼腊肠，即检出呋喃基糠酰胺的强烈致突变反应。应用大规模的动物试验证实，呋喃基糠酰胺确属致癌物。此后，日本政府宣布禁用此种添加剂。

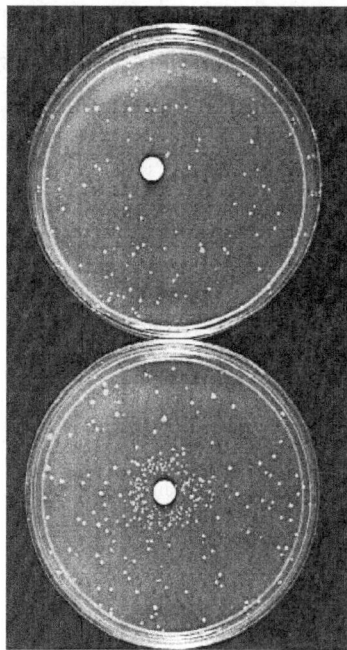

图 13-1　Ames 试验法检测结果

上图对照滤纸圈上不加化学物质，下图试验滤纸圈上添加化学物质。添加化学物质后，滤纸圈周围的菌落数明显增加。

（引自 Madigan M T, *et al*. Brock Biology of Microorganisms, eleventh edition. Prentice-hall, Inc.，2006）

第四节　目标微生物的分子生物学检测

随着 SARS（Severe Acute Respiratory Syndromes，严重急性呼吸综合征）病毒和甲型 H1N1 流感病毒的全球蔓延，生物污染物的严重危害已活生生地展现在人们面前，而随着环境工程和生物修复技术的成功应用，微生物治污的神奇威力也已充分显现于众多行业，目标微生物的跟踪检测历来是人们扬利抑害的重要法宝。

一、PCR-DGGE 技术

PCR-DGGE 技术是 PCR（polymerase chain reaction）技术和 DGGE（denaturing gradient gel electrophoresis）技术的组合。该技术已成为环境微生物研究的重要手段，在污染菌跟踪检测中的应用越来越多。

（一）PCR-DGGE 技术的原理

PCR-DGGE 技术原理如图 13-2 所示。16S rRNA 是原核生物核糖核蛋白体的组成成分，其大小约为 1500bp。每种原核微生物都有特定的 16S rRNA 序列。从样品中提取微生物总 DNA，用特异性引物对 16S rDNA（编码 16S rRNA 的基因）进行 PCR 扩增，再采用

DGGE 技术分离扩增产物,通过测序获得样品中的 16S rDNA 序列信息,再与 16S rDNA 数据库中的序列数据进行比对,建立系统发育树,即可鉴定样品中的原核微生物种类。

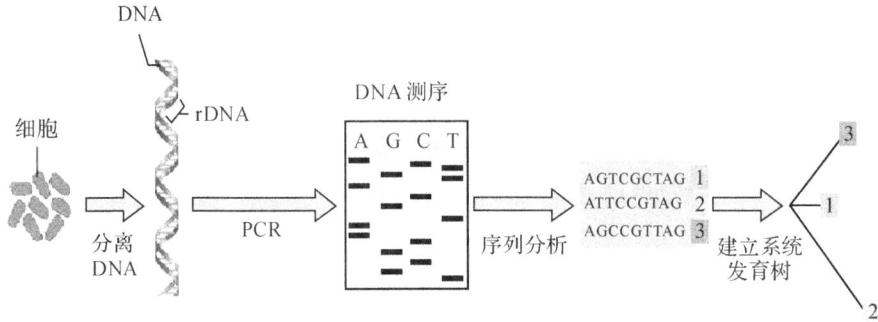

图 13-2　PCR-DGGE 技术原理

(引自 Madigan M T.*et al*. Brock Biology of Microorganisms,eleventh edition. Prentice-hall,Inc., 2006)

（二）PCR-DGGE 技术的应用

1. 检测致病菌

土壤、水体和大气中存在病原菌,要积极预防,需要定期检测菌群动态(种类、数量、变化趋势)。采用常规分离培养法检测,不仅费时(一般需几天到数周)、费力,而且无法检测一些生长缓慢或不能人工培养的微生物。应用 PCR-DGGE 技术可有效弥补上述常规检测法的缺陷,使检测时间缩短至 2～4h。

单核细胞增生利斯特氏菌(*Listeria monocytogenes*)是一种引起人类脑膜炎的致病菌,广泛存在于蔬菜、肉类和家禽上。1992 年,Niederhauser 等人应用 PCR-DGGE 技术扩增该致病菌中的 *hlyA* 和 *iap* 基因,检测时间只需几个小时。采用这种技术检测 100 个样品,阳性检出率显著高于经典培养法。

2. 检测基因工程菌

根据实用要求,人们构建了许多基因工程菌。要考察这些基因工程菌的生态安全性,必须定期监测基因工程菌的动态。应用 PCR-DGGE 技术可简便而快捷地检测已知基因结构的基因工程菌。

1989 年,Chaudry 等人将一个基因工程菌接种于经过过滤除菌的湖水及污水中,定期取样,采用 PCR-DGGE 技术扩增该工程菌的标记物(0.3kb DNA 片段)。跟踪监测结果表明,接种 10～14 天后,仍可在样品中检测到该基因工程菌。

二、BIOLOG 技术

BIOLOG 技术由美国 BIOLOG 公司于 1989 年研发成功,最初根据各种细菌的代谢指纹(metabolic finger print)来鉴定被分离纯化的微生物种群,至今已能鉴定包括细菌、酵母和霉菌在内的 2000 多种环境微生物。

（一）BIOLOG 技术的原理

BIOLOG 技术通过微孔板(microplate)实施。微孔板上有 96 个孔穴,预先在 96 个孔穴内加四唑染料,并在其中 95 个孔穴内分别加 95 种碳源物质,剩下 1 个孔穴不加碳源物质作为对照。将微生物接种至微孔板的各孔穴内,若微生物能够利用其中的碳源物质,则可通过氧化还原反应使四唑染料变为紫色,颜色深浅可反映微生物对碳源物质的利用程度。由于微生物对不同碳源物质的利用能力取决于菌种特性,因此反过来可以根据微生物对 95 种碳源物质的利用能力来鉴定菌种。

（二）BIOLOG 技术的操作

BIOLOG 技术的操作程序见表 11-5。

表 11-5　BIOLOG 技术的操作程序

操作程序	说　明
平板选择	针对 G^+ 和 G^- 细菌选择不同平板（BIOLOG GP 或 BIOLOG GN）。
样品制备	从环境介质中提取微生物,控制适宜浓度（以浊度表示）。
样品添加	取一定体积菌液（一般 $150\mu L$/孔）,平行加入各孔穴。
培育与读数	恒温培育,用微平板读数器记录各孔穴吸光度值的变化。

三、FISH 技术

FISH（fluorescence in situ hybridization）技术是 20 世纪 80 年代在原位杂交技术基础上发展起来的分子细胞学技术,至今已成为污染菌检测的有效工具。

（一）FISH 技术的原理

FISH 技术的基本原理是利用荧光素标记的 DNA 探针直接在染色体、细胞或组织水平与特定靶核酸序列的分子进行杂交,再通过荧光显微镜观察,确定靶核酸序列在各个结构水平上的空间分布（图 13-3）。由于每种细菌的 16S rRNA 都有独特的序列,利用这些独特序列制成探针,可以鉴别或跟踪样品中的目标细菌。

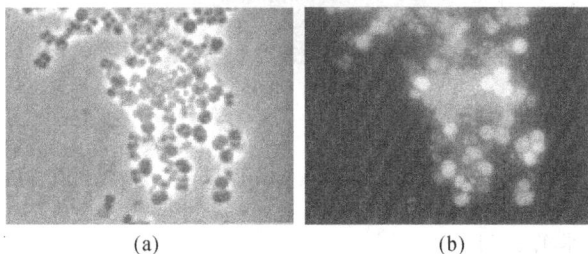

(a)　　　　　　　　　　(b)

图 13-3　同一样品的相差显微照片（a）和 FISH 显微照片（b）

（引自 Madigan M T.*et al*. Brock Biology of Microorganisms,eleventh edition. Prentice-hall,Inc. ,2006）

（二）FISH 技术的操作

FISH 技术的操作程序:① 探针设计选择。它直接关系到杂交特异性和杂交效率,是影响 FISH 技术成败的关键。16S rRNA 是理想的分子探针,探针长度宜为 15～30 碱基。② 荧光素标记。常用的荧光染料有异硫氰酸荧光素（FITC）,常用的标记方法有化学法和酶促法。③ 细菌固定。将细菌置于玻片上,并用甲醛等固定液固定。④ 预处理。去除核酸表面的蛋白质是杂交前预处理的关键,细胞内的蛋白质往往与核酸共存,会影响探针与核酸的结合。⑤ 杂交。置于玻片上进行,杂交液体积应尽量少。⑥ 结果检测。通过荧光显微镜观察杂交信号。

四、基因芯片技术

基因芯片概念首先由 Fodor 提出,第一块基因芯片于 1996 年问世。基因芯片现已广泛用于包括环境微生物学在内的许多领域。

(一)基因芯片技术的原理

基因芯片(gene chips)又称 DNA 微阵列(DNA microarrays),是指按照预定位置固定在支持物表面的千万个核酸探针组成的微点阵(图 13-4)。在一定条件下,支持物表面的核酸探针可以与样品中的互补序列杂交。若核酸探针带有标记,就能在专用的芯片阅读仪上检测到杂交信号。由于基因芯片带有大量核酸探针,因此采用基因芯片技术可以一次检测许多核酸序列。

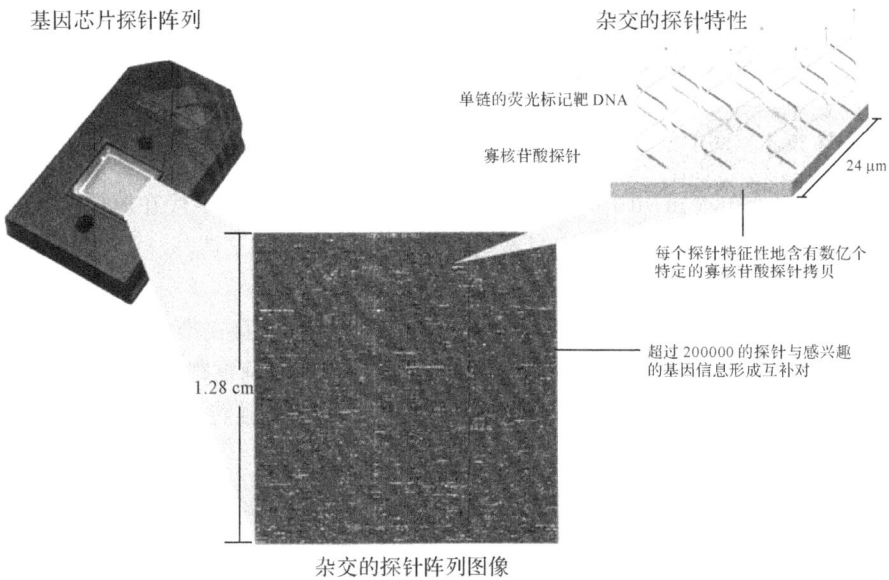

基因芯片探针阵列　　　　　　　　　　　　杂交的探针特性

单链的荧光标记靶 DNA

寡核苷酸探针

24 μm

每个探针特征性地含有数亿个
特定的寡核苷酸探针拷贝

超过 200000 的探针与感兴趣
的基因信息形成互补对

1.28 cm

杂交的探针阵列图像

图 13-4　基因芯片

(引自 Prescott L M, *et al*. Microbiology, fifth edition. 高等教育出版社, 2002)

(二)基因芯片技术的应用

基因芯片可同时、快速、准确地分析数以千计的核酸序列。通过 PCR 扩增检测靶基因,采用寡核苷酸基因芯片与扩增产物杂交,杂交结果可通过 ScanArray 3000 芯片扫描仪读取并与标准杂交图谱比较,从而判定样品中的细菌种属。对所分离的 20 株细菌进行基因芯片杂交检测,并同时用传统方法对这些菌株进行鉴定,两者的鉴定结果高度一致,吻合率达 95%。

复习思考题

1. 简述水质细菌总数和腐生细菌数检测的意义。

2. 我国《生活饮用水卫生标准》(GB5749—2006)规定,生活饮用水的细菌总数是多少?

3. 作为粪便指示菌的理想条件有哪些?

4. 总大肠菌群与粪大肠菌群有何差异?

5. 简述水样中大肠菌群的检测方法与大肠菌群指标。

6. 简述空气中细菌的检测方法与我国的空气细菌总数指标。

7. 简述发光细菌检测法的原理

8. 简述 Ames 试验法的原理和优点。

9. 简述 PCR-DGGE 技术的原理。

10. 简述 FISH 技术的原理和操作程序。

11. 简述 BIOLOG 技术的原理和操作程序。

12. 简述基因芯片技术的原理。

参考文献

［1］Atlas M，Bartha R. Microbial Ecology（third edition）. The Benjamin/Cummings Publishing Company，Inc. California，USA，1993.

［2］Madigan M T，Martinko J M，Parker J. Brock Biology of Microorganisms（eleventh edition）. Prentice-hall，Inc. New Jersey，USA，2006.

［3］Prescott L M，Harley J P，Klein D A. Microbiology（fifth edition）. 北京：高等教育出版社，2002.

［4］Maier R M，Pepper I L，Gerba C P. Environmental Microbiology（second edition）. Academic Press，San Diego，California，USA，2009.

［5］Hurst C J. Manual of Environmental Microbiology（second edition）. ASM Press，Washington DC，USA，2002.

［6］马庆生主编. 生物学大辞典. 南宁：广西科学技术出版社，1999.

［7］尹先仁，秦钰慧主编. 环境卫生国家标准应用手册. 北京：中国标准出版社，2000.

［8］王兰主编. 现代环境微生物学. 北京：化学工业出版社，2006.

［9］王家玲主编. 环境微生物学（第二版）. 北京：高等教育出版社，2004.

［10］孙铁珩，李培军，周启星等著. 土壤污染形成机理与修复技术. 北京：科学出版社，2005.

［11］池振明主编. 微生物生态学. 北京：科学出版社，2005.

［12］邢来君，李明春编著. 普通真菌学. 北京：高等教育出版社，1999.

［13］张朝武主编. 卫生微生物学（第三版）. 北京：人民卫生出版社，2004.

［14］沈萍主编. 微生物学. 北京：高等教育出版社，2000.

［15］沈韫芬主编. 原生动物学. 北京：科学出版社，1999.

［16］闵航主编. 微生物学. 杭州：浙江大学出版社，2005.

［17］陈峰，姜悦主编. 微藻生物技术. 北京：中国轻工业出版社，1999.

［18］周群英，高廷耀编著. 环境工程微生物学（第二版）. 北京：高等教育出版社，2000.

［19］郑平，冯孝善主编. 废物生物处理. 北京：高等教育出版社，2005.

［20］郑平，徐向阳，胡宝兰. 新型生物脱氮理论与技术. 北京：科学出版社，2004.

［21］曾光明，黄国和，袁兴中，杨朝晖，胡天觉，谢更新. 堆肥环境生物与控制. 北京：科学出版社，2006.

［22］裘维蕃主编. 菌物学大全. 北京：科学出版社，1998.